U0178678

国家社科基金后期资助项目
出版说明

后期资助项目是国家社科基金设立的一类重要项目，旨在鼓励广大社科研究者潜心治学，支持基础研究多出优秀成果。它是经过严格评审，从接近完成的科研成果中遴选立项的。为扩大后期资助项目的影响，更好地推动学术发展，促进成果转化，全国哲学社会科学工作办公室按照"统一设计、统一标识、统一版式、形成系列"的总体要求，组织出版国家社科基金后期资助项目成果。

全国哲学社会科学工作办公室

国家社科基金
GUOJIA SHEKE JIJIN HOUQI ZIZHU XIANGMU
后期资助项目

国际空难损害赔偿的理论与实践

Theory and Practice of International
Air Disaster Damage Compensation

郝秀辉 著

法律出版社
LAW PRESS · CHINA

—— 北京 ——

图书在版编目（CIP）数据

国际空难损害赔偿的理论与实践／郝秀辉著. -- 北京：法律出版社，2022

ISBN 978 - 7 - 5197 - 5989 - 6

Ⅰ. ①国⋯ Ⅱ. ①郝⋯ Ⅲ. ①旅客机－飞行事故－赔偿法－研究－世界 Ⅳ. ①V328.2

中国版本图书馆 CIP 数据核字（2021）第 200455 号

国际空难损害赔偿的理论与实践 GUOJI KONGNAN SUNHAI PEICHANG DE LILUN YU SHIJIAN	郝秀辉 著	策划编辑 周丽君 责任编辑 周丽君 装帧设计 臧晓飞

出版发行 法律出版社	**开本** 710 毫米 × 1000 毫米　1/16
编辑统筹 法律应用出版分社	**印张** 18　　　**字数** 310 千
责任校对 王　丰	**版本** 2022 年 1 月第 1 版
责任印制 吕亚莉	**印次** 2022 年 1 月第 1 次印刷
经　销 新华书店	**印刷** 北京建宏印刷有限公司

地址：北京市丰台区莲花池西里 7 号（100073）

网址：www. lawpress. com. cn　　　　　　销售电话：010 - 83938349

投稿邮箱：info@ lawpress. com. cn　　　　客服电话：010 - 83938350

举报盗版邮箱：jbwq@ lawpress. com. cn　　咨询电话：010 - 63939796

书号：ISBN 978 - 7 - 5197 - 5989 - 6　　　　　　定价：79.00 元

凡购买本社图书，如有印装错误，我社负责退换。电话：010 - 83938349

基金项目
国家社会科学基金后期资助项目，项目批准号：14FFX049

前　言

在国际航空运输发展的历史长河中,空难始终是一个难以彻底克服的困难,是一场难以想象但必须直面的挑战,更是一个难以完全弥补却也必须救济的"伤痛"。国际空难所致损害后果是显而易见的,法律救济是必要且可行的。

近年来,全球空难事故频发,引起全世界的高度关注,尤其是 MH370 客机失联、MH17 客机被击毁和波音 737MAX 客机先后失事等,真切地揪住了官方、民间、媒体、当事者、律师、学者和法官等各方的神经,无数遍地梳理、筛选、拷问国际空难事故的界定、航空代码共享运输责任、精神损害、恐怖劫机、航空产品责任、空难事故调查等一切相关问题。国际空难的损害赔偿救济体系的建构,不仅需要对现行国际空难赔偿责任制度进行检讨和反思,更需要对其制度基础、历史演变和未来发展趋势予以准确的判断和精准的把控。纵观国际航空法的发展不难发现,国际空难的损害赔偿问题,在理论和实践中不断地遭遇新的挑战和危机。例如,1988 年的洛克比空难、2001 年的"9·11"空难、2009 年的法航空难、2013 年的韩亚空难等重大空难,都曾对现有国际法律救济制度提出各种责难和诘问。2014 年的马航空难更是对国际空难损害赔偿机制提出了突破性挑战,即 MH370 客机"失联"暴露出波音飞机在设计和制造上的固有缺陷。2018 年以来波音 737MAX 客机失事引发的全球停飞事件,不仅使波音公司的信誉严重受损,面临航空产品责任追索诉讼,而且使审批和监管严重失职的美国联邦航空局也遭遇了被诉危机。国际空难的法律救济所涉问题异常复杂和繁多,涵括国际航空公法和国际航空私法,兼跨实体法和程序法,因此,长期以来始终是航空法学研究的重中之重。

国际空难的发生史是国际航空安全技术的演进史;尽管空难为航空技术的改进和发展作出了必要的贡献,但空难毕竟使人类付出了惨重的损失和代价。空难事故所致的各种损害,必须给予公平、正义的损害赔偿救济,应是立法者、司法者和学者共同追求的价值与目标。国际空难损害赔偿优先适用的国际航空公约体系,几经修订,实现了现代化改造。但两套国际航空私法体系下的相关公约制度和条文,从法释义学路径上长期以来存在理解的混淆或混乱,法官为保护特定当事人的利益,不断采用多元的论证方法与论证路径,但一些研究存在重复性、混乱性和毫无知识增进性的现象。本书研究,力图通过立法本意探求与司法判例考察的双重视角,厘清相关术语的内涵与外延,明晰国际空难损害赔偿的历史演变、发展现状和未来趋势,为中国后民法典时代创新中国航空法的立法与提升航空法学学科建设提供些许智力支持。

本书以国际空难损害赔偿为主线,以大量国际空难损害赔偿判例为研究素材,以国际航空公约制度的演进和发展为研究基点,从空难事故的理解切入,对国际空难损害赔偿的法律关系、国际航空旅客和地(水)面第三人损害赔偿的两套公约体系进行系统梳理,围绕责任原则、责任主体、赔偿范围、免责事由、司法救济机制等基础理论问题予以深入研究;同时,特别研究了国际航空代码共享运输的空难损害赔偿责任、恐怖劫机所致空难损害赔偿责任和国际空难损害赔偿的国家责任三类特殊的空难损害赔偿责任问题。

本书在体例上共计十章。

第一章,国际航空损害赔偿视域下"事故"的理解与适用。主要研究了国际航空公约关于"航空事故"内涵的立法意旨、我国对"航空事故"术语的立法界定与学理解释、损害赔偿诉讼中"航空事故"认定的争议要点。

"空难事故"是一个具有法律意义的概念,是确定国际航空运输承运人赔偿责任的基础性概念;本书对"空难事故"与"航空事故"在同一意义上使用。"航空事故"的发生关系到航空损害赔偿责任有无的认定、责任性质、归责原则、赔偿责任范围、法律选择与适用等重要问题,有非常重要的实践意义。无论是航空安全管理或航空事故调查的立法,还是航空损害赔偿的私法规定,立法者意图要区分"航空事故"和"航空事件"的使用对象。但因各公约都没有对相关术语进行明确定义,最终导致这种区别使用的意义不显,造成理解和适用的各种争议不断。我国民航运输损害责任立法主要采用"事件"术语,字义过宽,隐藏一定的法律漏洞,在确定相关航空运输损害赔偿责任时,需要根据"事件"的意外性和航空风险相关性及受损权益保障的必要性,进行限缩解释和适用,"事件"比"事故"术语更能扩大损害赔偿请求权,司法实践对事故的界定和掌握必须灵活。

第二章,国际空难损害赔偿法律关系。主要研究了国际空难损害赔偿法律关系的界定和意义、国际空难损害赔偿法律关系的特征、国际空难损害赔偿法律关系中争议解决适用的国际公约体系。航空法律关系理论是航空法学理论的基础,也是航空法学理论的总纲;它是研究航空立法和各种航空法律关系的主线;把握这个基础和主线,对正确理解和适用航空法律有指导意义。国际空难事故损害赔偿法律关系体现出涉案主体广泛、国际航空公约优先适用、赔偿责任主体特定但存在替代责任、空难所致赔偿责任常出现竞合等特征。国际空难事故损害赔偿可适用的法律文件体系包括华沙/蒙特利尔公约体系和对第三人损害赔偿的罗马公约/普通风险/非法干扰公约体系,两套公约体系目前均完成了制度的现代化改造。

第三章,国际空难损害赔偿责任的归责原则。主要研究了国际空难致旅客损害赔偿的过失推定责任原则、国际空难致旅客损害赔偿的严格责任原则、国际空难致旅客损害赔偿的双梯度责任原则、空难致地(水)面第三人损害赔偿的责任原则。国际航空承运人因空难事故致害旅客和地(水)面第三人的损害赔偿责任制度,一直以来均围绕受害人权益的保护和航空运输业的行为自由发展两个视角展开。不同责任归责原则的立法制度是不同历史时期的社会基础和权益保障价值目标追求的反映和体现。

第四章,国际空难损害赔偿的索赔主体和责任主体。主要研究了国际空难损害赔偿的索赔主体、国际空难损害赔偿的一般责任主体和特殊主体。空难事故的受害人包括机上旅客、机组人员和地(水)面第三人,不同受害人的索赔主体和赔偿请求权基础存在差异。国际航空公约对索赔人的范围均没有明确,都留给国内法解决。空难事故的责任主体称谓和范围有所不同,对地(水)面第三人损害赔偿的责任主体常采"航空器经营人"术语,对旅客/托运人损害赔偿的责任主体常采"航空承运人"术语。为扩大空难事故损害赔偿的救济,航空器(包括航空产品)的设计者、生产者、销售者和维修者以及航空器的出租者,在诉讼实践中也会成为被追索的特殊责任主体,而且常常被以过失为由突破责任限额的限制。

第五章,国际空难损害赔偿的限额与范围。主要研究了空难损害赔偿责任限额、惩罚性赔偿、航空旅客和地(水)面第三人的精神损害赔偿问题。在国际空难损害赔偿的两大公约体系中,责任限额赔偿制度一直以来是华沙/蒙特利尔公约体系和罗马公约体系的核心制度之一。责任限额赔偿制度是严格责任原则的一种对价,实质上是对全部赔偿原则的修正与衡平,与过失推定责任或严格责任相配运行。责任限额不是对承运人责任有无或者责任构成认定的限制,而是对损害赔偿请求法定的最高数额限制。

责任人可放弃和突破限额;但约定额度只能高于而不能低于法定最高额,从而构成对缔约自由的某种限制。关于空难事故的惩罚性赔偿问题,《华沙公约》虽没有明确规定,但其立法目的是不支持的。《蒙特利尔公约》对惩罚性赔偿的明确排除是绝对的。但以美国为代表的一些法院常援引国内法,引入惩罚性赔偿突破公约的责任限额。空难事故对航空旅客和第三人的精神损害索赔诉求日益增多。空难致航空旅客死亡产生的精神损害赔偿,实质是对死者近亲属精神痛苦的一种慰藉方式。空难事故致旅客身体伤残情形下的精神损害赔偿,华沙/蒙特利尔公约体系和司法实践均有支持。旅客的纯粹精神损害赔偿存在司法认定的争议,其涉及旅客精神利益的全面保护和航空承运人、保险人及整个航空运输业的利益平衡,一些国内法已经通过判例给予支持。空难致第三人的精神损害赔偿虽经历曲折的立法与司法抉择,但国际国内法都呈现了由坚决禁止—严格限制—特定条件下支持的发展态势。目前这种精神损害赔偿虽然要跨越许多标准和规则,但态势转变已表明人类立法和司法的进步,也体现了人类对各种精神权益损害救济的积极努力和不懈追求。任何国家立法或司法判例是否认可第三人的精神损害赔偿请求权,公共政策的考量发挥很大作用。

第六章,国际空难损害赔偿的免责事由。主要研究了空难损害赔偿免责事由的法理基础、可采用的通用免责事由和特殊免责事由。免责事由的界定关系到损害赔偿责任的承担问题。免责事由是基于航空承运人或航空器经营人的利益需求而设计的对其比较有利的思维方式,可以更好地实现利益平衡,并符合公平与效益的要求。免责事由虽可用来抗辩,但与抗辩事由并非同一概念。在适用严格责任原则的航空运输领域,免责事由受到严格限制。我国《民用航空法》上除受害人故意外,还有受害人过失、已尽一切必要措施、不可能采取此类措施、武装冲突或者骚乱、货物固有缺陷或质量瑕疵、受害人自身健康状况等其他免责事由。

第七章,国际空难损害赔偿的司法救济机制。主要研究了国际空难损害赔偿司法救济的意义、国际空难损害赔偿诉讼的管辖权、空难损害赔偿的"过失"判断及判例考察、空难损害赔偿诉讼中司法调查问题、空难事故调查报告对损害赔偿司法认定的影响。司法救济是空难事故损害赔偿的最后和最公平的救济路径。空难损害赔偿诉讼管辖权关系到受害人的救济成本和赔偿数额问题。司法调查可以找到空难事故的原因、损害及二者的因果关系,对判定相关责任主体及其过失有无和事故调查报告应否采用等问题具有重大意义。但司法调查面临很多技术难题难以独立完成,其刑事追责的倾向会使航空安全受到损害,背离航空事故调查的预防事故再次发生的真正目的。事故调查报告不是确认事故损害赔偿责任的必要前提和唯一依据,对空难损害赔偿数额的认定有较大的影响力。

第八章,国际航空代码共享运输空难损害的赔偿责任。主要研究了国际航空代码共享运输责任制度的历史变迁、代码共享运输承运人的责任性质及其连带责任的理论基础与判例。国际航空公约虽无"代码共享"的明示,但实质上1966年《瓜达拉哈拉公约》确立了该种运输的赔偿责任机制。代码共享航空运输的赔偿责任是一种特殊的部分单向性连带责任。该种责任以代码共享法律关系为基础,并可通过合同拘束力扩张理论、侵权连带责任理论、并存债务承担理论和合同体系扩张理论给予正当性的解释。在司法实践中,对缔约承运人和实际承运人责任承担的判定,常基于立法目的、实际需要、诉讼成本、旅客维权便捷性等因素综合考量。代码共享连带责任的适用会因不同责任限额产生相应的责任风险,需要代码共享协议有效防范。代码共享运输与连续运输是两种不同性质的运输,实践中常有二者交织的情形出现,此时应以连带责任规则的适用优先。

第九章,恐怖劫机致空难损害的赔偿责任。主要研究了航空承运人在恐怖劫机中过失的构成、恐怖劫机可否归为不可抗力予以免责。航空器经营人或所有人负有航空安全注意义务,该种义务源于立法、判例、规章或习惯。对于恐怖劫机事件,依据现有航空技术和历史经验应该能够有效地预防而未能预防或未能回避劫机损害的发生,就产生过失赔偿责任。该种过失责任因恐怖劫机不属于不可抗力而无法免责。

第十章,国际空难损害赔偿的国家责任。主要研究了国际空难损害赔偿国家责任的正当性、责任要件和责任实现的障碍和路径。此处国家责任主要表现为国家对国际空难的损害赔偿责任。有关国家责任的规则要解决的是国际不法行为的实施对受害国或国际社会产生的法律后果。主权责任理论是空难损害赔偿国家责任的源泉和基础,国际公约禁止对民用航空器使用武力。在因武装力量的不当行为、国家航空器不当操作与他国民用航空器空中相撞、不法分子对他国民用航空器非法干扰、机关或个人错误/失误行为等造成国际航班空难发生的情形下,会发生国际空难损害赔偿的国家责任。国际空难损害赔偿的国家责任的实现路径,包括政治解决、国际诉讼、相互协议解决等。

本书是笔者主持的国家社科基金后期资助项目"国际空难损害赔偿的理论与实践"(14FFX049)的研究成果。在本书的撰写过程中,虽然尽力采用判例分析法、历史考察法和逻辑分析法等多种研究方法,不局限于理论复述和立法条文的简单解读,也大量借鉴了国内外研究资料,力图克服相关研究内容重复性累加之弊,但限于笔者认知和研究水平,仍有不如意之处,敬请各位专家学者和同人批评指正。

目 录 Contents

第一章　国际航空损害赔偿视域下
"事故"的理解与适用

在国际航空运输活动中,因不可抗力、乘客自身健康状况及机组人员在飞行中的不当行为,常常发生航空损害赔偿纠纷。但华沙/蒙特利尔公约的责任体制,均以"航空事故"为基础确定国际航空运输承运人的赔偿责任,"航空事故"成立与否决定着受害人寻求救济的成功与否,故航空损害赔偿法又被称为"航空事故法"。①

在航空损害赔偿的视角上,究竟什么样的"航空事故"才能被称为"事故责任",缺乏明确的判断。"航空事故"与"空难"两个术语有无异同? 航空承运人是否应对所有发生的"空难/航空事故"承担赔偿责任? 对这些问题的厘清,不仅关系到对"空难/航空事故"术语的界定与理解,还关系到航空损害赔偿责任的认定、责任性质、归责原则、赔偿责任限额等问题,也直接影响法律的选择与适用、承运人是否应"预先给付"等问题。因而,在处理航空运输损害赔偿案件时,航空事故是一个具有法律意义的概念。②

在航空运输实践中,有的将"空难"与"航空事故"、"航空失事"混用,有的采用"飞行事故",有的又称"航空事件"。显然,这些用语或概念具有很强的实用性和目的性,但刑法或行政管理法对"飞行事故/航空事故"的界定,能否构成航空损害赔偿责任的适用标准,值得深入研究。相关国际航空公约和国内法律规范并未明示或暗示上述各类用词的含义和区分,这不仅是理论研究的重大缺陷,也是司法实践中棘手的重大问题。因此,华沙/蒙特利尔公约和各国内法中"航空事故"一词的内涵与外延的理解与界定,是一个值得深入研究的基础性问题。

第一节　国际航空公约关于"航空事故"内涵的立法意旨

对"航空事故"术语的不同界定,不仅决定航空承运人的有无赔偿责

---

① See Charles F. & Kent W. Krause, *Aviation Tort and Regulatory Law*, 2nd edition, West Group, 2002; Lee S. Kreindler, *Aviation Accident* Law, Matthew Bender & Co., Inc. Pub, 1996.

② 参见王瀚:《国际航空运输责任法研究》,法律出版社 2012 年版,第 234 页。

任,也会限制或扩大其赔偿责任范围,因此,明确"航空事故"的内涵,探究和正确解释"航空事故"的立法本意,有非常重要的实践意义。

本节主要从芝加哥公约体系、华沙公约体系和罗马公约体系三类系列公约文本考察"航空事故"的含义和适用范围,以便明晰航空承运人损害赔偿责任认定的"事故"基础。

一、芝加哥公约体系下"航空事故"的内涵与释义

(一)芝加哥公约体系的框架与构成

《国际民用航空公约》通称为芝加哥公约,是有关国际民用航空的重要国际公约,是国际民用航空活动的宪章性文件。作为公约常设机构的国际民用航空组织,其理事会依据芝加哥公约第37条、第54条和第90条规定,通过了系列"国际标准和建议措施",为方便起见,定为公约的附件,现有19个附件。

虽然公约对"国际标准和建议措施"没有强加任何义务,但缔约各国对国际标准中所包含的规范的统一应用,对国际航行的安全、正常或效率是有利的,因此,依据公约第38条,一个国家若不遵守国际标准,则有义务将任何差异通知理事会,以便各国了解各缔约国与国际标准之间的差异,这对航行安全也是重要的。

(二)"航空事故"的界分和含义

在芝加哥公约话语体系下,使用了"航空器事故"(aircraft accident)、"事故征候"(incident)、"严重事故征候"(serious incident)三个术语,[1]这三个术语主要源于芝加哥公约附件13《航空器事故和事故征候调查》和附件19《安全管理》第1章的相关定义。三个术语的使用主要侧重于航空事故调查和航空安全管理之目的,并从此目的上看,这三个术语有明确区分的必要和意义。

1.航空器事故

所谓"航空器事故",是指在任何人登上航空器准备飞行直至所有这类人员下了航空器为止的时间内,所发生的与该航空器的运行有关的事件,包括:[2]

---

① 以下定义参见1944年芝加哥公约国际标准和建议措施及其附件13《航空器事故和事故征候调查》(第9版)和附件19《安全管理》;《航空器事故和事故征候调查手册》(Doc.9756);《事故和事故征候报告手册》(Doc.9156);《国际民航组织安全管理手册》(Doc.9859);《地区事故/事故征候调查组织手册》(Doc.9946);《事故和事故征候的人为因素调查》(240-AN/144)等。

② 参见芝加哥公约附件13《航空器事故和事故征候调查》(第9版)第1章定义。

（1）在航空器内或与航空器的任何部分包括已脱离航空器的部分直接接触，或直接暴露于喷气尾喷的情形下，人员遭受致命伤或重伤。但由于自然原因、由自己或他人造成的受伤，或对由于藏在通常供旅客和机组使用区域外的偷乘飞机者造成的受伤除外。

（2）航空器受到损害或结构故障，包括对航空器的结构强度、性能或飞行特性造成不利的影响，和通常需要大修或更换有关受损部件。但当损坏仅限于发动机整流罩或附件的损坏造成的发动机故障或损坏除外；或当损坏仅限于螺旋桨、翼尖、天线、轮胎、制动器、整流片、航空器蒙皮的小凹坑或穿孔除外。

（3）航空器失踪或处于完全无法接近的地方。

2. 事故征候

"事故征候"，不是事故而是与航空器的操作使用有关，会影响或可能影响飞行安全的事件。

3. 严重事故征候

"严重事故征候"，是指涉及可表明具有很高事故发生概率的事故征候，即对于有人驾驶航空器而言，从任何人登上航空器准备飞行直至所有这类人员下了航空器为止的时间内，或对于无人驾驶航空器而言，从航空器为飞行目的准备移动直至飞行结束停止移动且主要推进系统停车的时间内所发生的与航空器运行有关的事件。

根据国际民航组织航行委员会对芝加哥公约附件13《航空器事故和事故征候调查》附篇C严重事故征候实例清单的修订，严重事故征候的实例包括：（1）为避免相撞或不安全情况，必须作出规避机动或本应作出规避动作的危险接近；（2）未被归类为事故的相撞；（3）几乎发生的有控飞行撞地；（4）在被关闭或占用的跑道、滑行道或未指定的跑道上中断起飞；（5）在被关闭或占用的跑道、滑行道或未指定的跑道上起飞；（6）在被关闭或占用的跑道、滑行道或未指定的跑道上着陆或尝试着陆；（7）在起飞或起始爬升过程中出现严重故障而未达到预定性能；（8）驾驶舱、客舱和货舱起火/冒烟或发动机起火，即使这些火灾被灭火剂扑灭；（9）需要机组人员紧急使用氧气的情况；（10）未被列为事故的航空器结构破损或发动机碎裂，包括非包容性涡轮发动机失效；（11）严重影响航空器运行的一个或多个系统出现的多重故障；（12）机组在飞行中丧失工作能力；（13）燃料储量或分布情况需要驾驶员宣布紧急状态，如燃料不足、燃料用尽、燃料短缺或无法使用机上所有可用燃料；（14）严重程度为A类的跑道侵入；（15）起飞或着陆事故征候，如跑道前接地、冲出跑道或偏出跑道；（16）造成或有可能造成航空器操纵困难的系统故障、天气现象、飞行超出批准的飞行包线或其他情况;(17)空中引导与领航必不可少的某一冗余系统中的一个以上的系统出现故障;(18)无意或作为预防或应急措施,有意释放吊挂负载或航空器外部搭载的任何其他负载。

结合上述三类术语的定义看,"航空事故"应是一个具有开放性、体系性和规范性的集合性概念。从航空安全管理视角和事故调查的目的和程序出发,"航空器事故"、"事故征候"与"严重事故征候"三个术语有明确界分,如事故与严重事故征候之间明显存在结果的不同。

(三)"航空事故"术语的特定适用目的

芝加哥公约附件13《航空器事故和事故征候调查》对"航空事故"等术语的定义,显然不是为确定航空事故致害赔偿责任之目的,完全是为了航空安全和预防航空事故再次发生的事故调查之目的。

从芝加哥公约附件13的相关界定,不难发现其至少明确了"航空事故"应包含的几个要素:

(1)航空事故与航空器密切相关,即与航空器操作有关的造成人员伤亡或航空器受到损害或结构性破坏或航空器失踪的事件;

(2)空难事故原因的技术调查虽然是为预防同类事故的再次发生而非惩罚,但事故原因的调查结果可能成为司法实践中法官确定航空承运人赔偿数额的考量因素,对航空承运人的赔偿责任产生重要影响;

(3)航空器事故以及事故征候和严重事故征候的划分对事故调查和航空安全管理是有意义的。

二、华沙公约/蒙特利尔公约体系下"航空事故"的内涵

(一)华沙公约/蒙特利尔公约体系的构成

从1929年至1999年形成的华沙公约/蒙特利尔公约体系,是国际航空运输私法领域的重要公约,也是国际航空运输承运人对旅客/货主(合同的相对人)承担损害赔偿责任的依据。该体系包括1929年《华沙公约》及其修订的1955年《海牙议定书》、1961年《瓜达拉哈拉公约》、1966年《蒙特利尔协议》、1971年《危地马拉议定书》、1975年蒙特利尔四个议定书等八个议定书或修订文件①,以及1999年《蒙特利尔公约》(此为华沙体制现代化的成果)。

---

① 这些文件通常统称作"华沙体制",参见赵维田:《国际航空法》,社会科学文献出版社2000年版,第231页。

在华沙公约/蒙特利尔公约体系下,"航空事故"的发生是航空承运人损害赔偿责任构成的必备要件。

（二）航空"事故"和"事件"术语的由来与变化

从《华沙公约》的备忘录考察,国际航空法专家技术委员会在《华沙公约》最初草案中并没有出现"事故"（accident）术语。[1] 在1929年会议中,专门围绕与航空飞行、航空器运营有关的"事故"责任问题展开探讨。生效的1929年《华沙公约》有意区分了"事故"（accident）与"事件"（occurrence）两个概念的差异,将"事故"（accident）一词用于引起旅客伤亡责任的情形,"事件"（occurrence）一词用于有关登记行李或货物毁灭、遗失或损坏的情况。至于《华沙公约》为何区分使用这两个术语,已经没有任何资料可查。[2]

公约起草者注意到"事故"（accident）和"事件"（occurrence）两个术语的差异,前者强调与人身伤害有关的意外事件,后者泛指与财产损失或人身伤害有关的各种相关情况,事件的外延大于事故的外延。大多数情况下,登记行李和货物的毁损或灭失并不是造成旅客人身伤害的事故造成的。[3] 从保险法视角考察,事件（occurrence）,特指普通智力与合理谨慎的人能充分相信可依保险单提出索赔请求的、造成财产损失或人身伤害的意外事件。[4]

修订《华沙公约》的1971年《危地马拉议定书》在起草时,代表建议将《华沙公约》第17条"事故"（accident）术语换为"事件"（event）术语,最终,《危地马拉议定书》用"事件"（event）取代了"事故"（accident）,并取消了"与航空有关的"要件,从而创设了航空承运人的绝对责任体制,造成航空承运人责任范围的实质性扩大。[5] 但因批准国不足,《危地马拉议定书》至今未生效。相较于"accident"术语,"event"术语意味着航空承运人的责任范围确实在扩大,因有些"事件"（event）不一定构成"事故"（accident）。

---

① See Michel Attal, *The Interpretation of a treaty by a National Jurisdiction (France and the United States)*, Whittier Law Review(2007).

② See Lawrence Goldrisch, *Warsaw Convention Annotated*, Martinus Nijhoff Publishers, 1988, p. 130.

③ 参见郝秀辉:《航空器致第三人损害的侵权责任研究》,中国政法大学出版社2010年版,第20~22页;俞娣:《国际航空运输承运人对空难事故的法律责任研究》,上海社会科学院2015年硕士学位论文,第3页。

④ 参见薛波主编:《元照英美法词典》,法律出版社2003年版,第995页。

⑤ 参见许塑:《国际航空运输法中"事故"的法律问题研究》,中国政法大学2011年硕士学位论文,第6~7页。

在蒙特利尔第 4 号议定书中,结合航空公司的责任免除,"事故"的法律地位发生了变化,"事故"的界定应比以往更加严谨,因为没有事故的发生,乘客必然没有对航空公司的诉因,事故发生时,航空公司对乘客的可恢复性损害应承担无限制责任。

1999 年《蒙特利尔公约》草案对人身伤害与行李或货物损害分别使用了"事故"(accident)与"事件"(event)两个术语。① 在蒙特利尔大会上对《蒙特利尔公约》草案的研究和审议中,大会以绝对多数票同意在第 17 条第 1 款保留了人身伤害中的"事故"术语,②即"造成旅客死亡或者身体伤害的事故发生在航空器上或在上、下航空器的过程中,承运人应当承担责任",和 1929 年《华沙公约》对"事故"术语的使用保持一致。但是,在第 17 条第 2 款有关行李和货物毁损方面,则使用了"事件"(event)术语,以此替换了 1929 年《华沙公约》中"事件"(occurrence)术语。

由此可见,1999 年《蒙特利尔公约》和 1929 年《华沙公约》对"事故"(accident)和"事件"(event/occurrence)两术语的使用还是保持了内涵与外延的实质一致性。③ 但是,《华沙公约》及其修订的系列文件都没有对"事故"(accident)和"事件"(event/occurrence)进行任何定义和解释。

(三)"航空事故"术语的私法意旨

在华沙公约/蒙特利尔公约体系中,无论是"事故"(accident)术语,还是"事件"(event/occurrence)术语,都没有明确定义,也未明确是否沿用芝加哥公约附件 13《航空器事故和事故征候调查》的"事故"界定与内涵。公约的立法者对事故和事件术语的开放性规定,也许是有意将"事故"的判断标准留给法官及学者来解释。

几十年来,在《华沙公约》和《蒙特利尔公约》适用时,均遭遇了"事故"或"事件"术语如何解释的难题,一直成为有争议的问题。本书在此尝试从目的解释方法和历史解释方法,探求国际航空运输公约中"事故"术语的立法意旨。

根据《维也纳条约法公约》(Vienna Convention on the Law of Treaty)④

---

① See Donald R. Andersen, *Recent Developments in Aviation Law*, Journal of Air Law and Commerce(2009).

② See ICAO Doc. 9775 – DC/2, Warsaw Conference Preparatory Material, Vol. III, p. 169 – 170.

③ I. H. Ph. Diederiks-Verschoor, *An Introduction to Air Law*, revised by Pablo Mendes de Leon in cooperation with Michael Butler, published by Kluwer Law International, 2012. p. 153.

④ 本公约于 1969 年 5 月 23 日签订,1980 年 1 月 27 日生效。中国于 1997 年 9 月 3 日交存加入书,1997 年 10 月 3 日对中国生效。

对条约的解释方法的规定,条约应依其用语按其上下文并参照条约之目的及宗旨所具有之通常意义,善意解释之。① 据此,有学者坚持条约的解释通则应是"依其目的,善意地予以解释,使其发生合理的效果"。②

《华沙公约》缔结之目的在于"统一国际航空运输承运人对航空飞行事故引发伤亡赔偿责任的规则",这是《华沙公约》的最初意图。如果使航空承运人受制于各缔约国迥异的责任规则,则是对华沙体制的严重背离和破坏。③ 除统一责任规则目的外,《华沙公约》还意在对航空器运营的受害人给予法律救济,并同时平衡航空承运人的权益。因此,《华沙公约》对"事故"术语的使用应是严格谨慎的,《华沙公约》第17条的"事故"赔偿,不仅需要原告证明"事故"及其所致身体伤害的存在,还需证明"事故"发生于上下航空器或飞行过程中。无论华沙体制如何变化,无论新的责任限额、双梯度责任体制、证明责任的转移还是公约的优先适用性的出现,都没有改变"事故"一词原有的限制性含义。④ 因此,对"事故"术语做狭义的限缩解释而非扩张解释,应符合公约本意,不宜宽泛认定。

历史解释方法,不是简单地从某个立法者的意思来确定,而应依据客观的资料中表现出来的立法者的整体意思来确定;所有书面形式的立法资料都可以用于确定立法者的真意。历史解释应当参考的资料包括有:法律本身的演进历史;立法草案的说明;立法过程中立法者就特定问题产生的争议;立法当时的社会环境。⑤

依据历史解释方法,不难发现《华沙公约》使用"事故"术语的限缩性内涵。考察公约缔结的谈判记录,"事故"一词是在航空器运营背景下使用的,尽管公约起草者没明确说明"事故"与航空器运营、航空飞行的关系,但这并未减损"事故"本身的限定性含义。⑥ 公约起草们正是因为了解到"事故"是由飞机驾驶中的错误引起,或由航空器运营中的缺陷引起,

① 《维也纳条约法公约》第31条第1款。
② 李浩培:《条约法概论》,法律出版社2003年版,第361页。
③ See Tory A. Weigand, *Accident, Exclusivity, and Passenger Disturbance under the Warsaw*, American University International Law Review(2001).
④ See Donald R. Andersen, *Recent Developments in Aviation Law*, Journal of Air Law and Commerce(2009).
⑤ 参见王利明:《法律解释学》,中国人民大学出版社2016年版,第255~257页。
⑥ See Jeffery C. Long, *The Warsaw Convention Liability Scheme: What It Covers, Attempts to Waive It And Why the Waivers Should Not Be Enforced until the Airlines are Financially Stable*, Journal of Air Law and Commerce(2004).

或由不可抗力引起,①故将航空器运营中普遍发生的"事故"责任归于航空承运人,并要求承运人只有证明自己和他的代理人为避免损失的发生,已经采取一切必要的措施或不可能采取这种措施时,方能免责。

《华沙公约》对旅客伤亡使用了比"事件"术语含义更狭窄的"事故"术语,显然是为了避免加大承运人的责任,这与当时航空器的安全性能不高的航空技术状况密切相关。随着航空技术的提高,1999年《蒙特利尔公约》开始使用"事件"一词,也表现出立法者要强化保护旅客合法利益的立法意图。司法实践和学者的解释也逐渐由严格主义向宽松主义转化,意欲作出符合立法本意的解释。

三、罗马公约体系下"航空事故"的内涵与理解

(一)罗马公约体系的构成

空难不仅会造成机上旅客人员的伤亡和财产损失,航空器坠毁也可能会对地(水)面第三人的人身、财产和环境造成损失或损害,而前者往往成为人们和法律关注的焦点,后者却常常被忽略和遗忘。前者由华沙公约体制及其现代化的《蒙特利尔公约》提供了统一的责任规则,后者则由罗马公约及其现代化成果为第三人的损害赔偿责任提供了一个全球规则。

迄今为止,有关航空器致地(水)面第三人损害赔偿责任领域的国际航空法文件有:1933年《罗马公约》②、1938年《布鲁塞尔议定书》③、1952年《罗马公约》④、1978年《蒙特利尔议定书》⑤、2009年《一般风险公约》⑥和《非法干扰公约》⑦。这些文件中,1952年《罗马公约》是对1933年《罗马公约》的修订,《一般风险公约》是1952年《罗马公约》现代化版。⑧

(二)"航空事故"与"事件"术语的演变

国际社会于1925年开始关注航空器对地(水)面第三方造成损害的赔

---

① See Tory A. Weigand, *Accident, Exclusivity, and Passenger Disturbance under the Warsaw*, American University International Law Review(2001).
② 全称为《统一有关航空器对地(水)面第三方造成损害的某些规则的公约》。
③ 全称为《对统一有关航空器对地(水)面第三方造成损害的某些规则的国际公约的附加议定书》。
④ 全称为《关于外国航空器对地(水)面第三方造成损害的公约》。
⑤ 全称为《修订关于外国航空器对地(水)面第三方造成损害的公约的议定书》。
⑥ 全称为《关于航空器对第三方造成损害的赔偿的公约》。
⑦ 全称为《关于因涉及航空器的非法干扰行为而导致对第三方造成损害的赔偿的公约》。
⑧ 参见郝秀辉:《航空器致第三人损害的侵权责任研究》,中国政法大学出版社2010年版,第37~39页。

偿问题,当时在巴黎召开的第一届国际航空私法会议专门对此进行讨论。① 在国际航空公约的立法史上,国际航空法专家技术委员会在公约起草中最先使用"事故"(accident)一词的,是关于航空承运人对地(水)面的"人或物"致害赔偿责任的公约草案。草案规定,航空器发生"事故"(accident)引起地(水)面的损害,航空承运人需承担赔偿责任。②

但是,考察罗马公约文本,发现罗马公约体系下的各文件从始至终并未使用"accident"术语。1952 年《罗马公约》使用了"incident"术语,但未进行定义。综观 1952 年《罗马公约》全文,可以理解为"accident"和"incident"在同一意义上采用,均为"事故"。其第 1 条第 1 款规定可以理解为:凡是飞行中的航空器或从飞行中的航空器坠落下的人或物所造成地(水)面损害的,均为公约意义上的事故。但是,并非事故的所有后果均可索赔,只有损害是事故(incident)的直接后果方可赔偿,如果所受损害只是航空器遵照现行空中交通规则在空中通过的结果,则受害人无权要求赔偿。

2009 年的《一般风险公约》和《非法干扰公约》均使用了"事件"(event)一词,并对其进行不同定义。一般风险公约对"事件"(event)定义为"飞行中的航空器由于非法干扰行为以外的原因而造成损害的情形"③;而《非法干扰公约》将"事件"(event)定义为"因涉及飞行中航空器的非法干扰行为而导致损害的情形"④,这也意味着航空承运人对地(水)面第三人的责任范围在扩大。

通过罗马公约体系下系列公约文本与华沙公约/蒙特利尔公约体系的文本对事故和事件术语的使用情况比较来看,公约起草者对有合同关系的航空旅客及其行李或货物的保护,与没有合同关系的地(水)面第三人的人身和财产的保护,是有所差异的,前者的保护区别对待人身伤害和财产损坏,后者无区别对待,无论是事故(incident)还是"事件"(event)所致的后果,航空承运人均负赔偿责任。但是,从公约文本对航

---

① Ide,"*The History and Accomplishments of the Internationali Technical Commitee of Aerial Legal Experts(CITEJA)*",3 JALC(1932).

② See Brett C. Rowan,*Caution*,*Your Civil Liberties May Have Shifted During the Flight*:*Judicial Interpretation of the Warsaw Convention*,Washington University Global Studies Law Review (2008).

③ 原文为:an "event" occurs when damage is caused by an aircraft in flight other than as a result of an act of unlawful interference.

④ 原文为:an "event" occurs when damage results from an act of unlawful interference involving aircraft in flight.

空事故相关术语的使用和变化上,可以发现一个共同发展趋势,即是航空承运人对合同相对人——旅客/货主和第三人的责任范围在扩展,后者的权益保障在加强。

小结

从国际航空公约对航空事故、航空事件等术语的使用来看,芝加哥公约附件13《航空器事故和事故征候调查》与1929年《华沙公约》、1999年《蒙特利尔公约》和1952年《罗马公约》对"accident"和"incident"词语的采用是稍有差别的,如"incident"在芝加哥公约附件13中被视为"事故征候",但罗马公约直接使用"incident"作为事故术语,1929年《华沙公约》和1999年《蒙特利尔公约》两个公约中的"incident"也被视为"事故",与"accident"含义同一,是按照同一术语和同一含义使用的,①此点与芝加哥公约附件13不同。本书也将"accident"和"incident"两个词语在同一含义上使用,均按"事故"对待,即航空事故,也被称为航空失事或者空难事故,是指一切航空活动中,因航空器的操作或者飞行引起的意外损失或者灾祸。② 但是,从有关规范乘客和地(水)面第三人损害赔偿责任的华沙公约/蒙特利尔公约体系和罗马公约体系的公约文本看,因航空器致害情形和原因不同,航空承运人承担责任的"事故"要求不同。因航空器失事或自航空器上落下或投下物品造成损害时,事故的判断乃是基于损害事实,并不要求事故(致害原因)是否具有"意外性",因为航空器失事致害通常是最严重的损害,故不问损害原因,即使是不可抗力原因所致,承运人均应对受害人负责。但对乘客在上下航空器或飞行中因事故伤亡的,承运人只对"意外事故"的原因致害的部分承担责任,对于可归责于乘客的事由或因乘客的过失而发生的损害,承运人减免赔偿责任。

第二节　我国对"航空事故"术语的
立法界定与学理解释

一、航空安全管理视角下"航空事故"相关术语的立法界定

从航空事故调查和航空安全立法视角,对有关"航空事故"定义的立

---

① I. H. Ph. Diederiks-Verschoor, *An Introduction to Air Law*, revised by Pablo Mendes de Leon in cooperation with Michael Butler, published by Kluwer Law International, 2012, p. 154.

② 参见王瀚:《国际航空运输责任法研究》,法律出版社2012年版,第234页。

法层级和类型进行立体化考察,有助于辨析"航空事故"相关术语的差异和效力。

我国民用航空基本法层面对"航空事故"术语未定义,1996年《民用航空法》仅有一条事故调查的授权性规定(第156条)。

在行政法规层面,2007年《生产安全事故报告和调查处理条例》作为系统规范生产安全事故报告和调查处理的综合性行政法规,也适用于民航事故调查。2010年伊春"8·24"空难就是根据该条例组成特别重大飞机坠毁事故调查组并发布空难事故调查报告的,①该条例将生产安全事故划分为特别重大事故、重大事故、较大事故和一般事故四个等级,并规定"国务院安全生产监督管理部门可以会同国务院有关部门,制定事故等级划分的补充性规定"。

在民航规章层面,有关航空事故相关术语历经"民用航空器飞行事故"、"民用航空器事故"、"民用航空地面事故"、"事故征候"和"一般事件"等概念的界定和演变。

1990年《中国民用航空飞行事故调查条例》和2000年《民用航空器飞行事故调查规定》(CCAR-395)规范的主要是飞行事故。2007年的《民用航空器事故和飞行事故征候调查规定》(CCAR-395-R1)将"民用航空器飞行事故"和"民用航空地面事故"统称为"民用航空器事故",标志着我国"民用航空器事故"已不局限于"飞行事故",而是扩展到了"地面事故"。

2020年4月1日施行的《民用航空器事件调查规定》(CCAR-395-R2),是依据《安全生产法》《民用航空法》《生产安全事故报告和调查处理条例》,参考芝加哥公约附件13,在2007年《民用航空器事故和飞行事故征候调查规定》的基础上修订而成。CCAR-395-R2在原"事故和征候"调查的基础上,将"一般事件"的调查囊括其中,②统称为"民用航空器事件",包括民用航空器事故、民用航空器征候③以及民用航空器一般事件④。其中对事故的定义基本保持了与芝加哥公约附件13《航空器事

---

① 参见郝秀辉:《海峡两岸航空法之比较研究》,法律出版社2013年版,第183页。
② 将"一般事件"的调查囊括其中,主要是考虑到调查是发现问题隐患、采取改进措施、保障安全的重要手段,在民用航空器运行阶段或机场活动区内发生的造成航空器损伤或人员受伤的一般事件,虽然其严重程度达不到事故或征候,但同样对民航安全造成了风险和隐患。
③ 本规定所称征候,是指在民用航空器运行阶段或者在机场活动区内发生的与航空器有关的,未构成事故但影响或者可能影响安全的事件。
④ 本规定所称一般事件,是指在民用航空器运行阶段或者在机场活动区内发生的与航空器有关的航空器损伤、人员受伤或者其他影响安全的情况,但其严重程度未构成征候的事件。

和事故征候调查》的一致性。其中所称事故,是指在民用航空器运行阶段或者在机场活动区内发生的与航空器有关的下列事件:(1)人员死亡或者重伤;(2)航空器严重损坏;(3)航空器失踪或者处于无法接近的地方。事故等级分为四类:特别重大事故、重大事故、较大事故和一般事故。①

比较而言,我国和国际民用航空组织(ICAO)、美国、欧盟对航空器事故的定义相同,但我国将航空器事故分为四个等级,而 ICAO、美国和欧盟对事故不分等级,也没有地面事故的概念。ICAO、美国和欧盟对航空事故的判定都是借助人员伤亡情况和对航空器损坏程度两个指标,对死亡、重伤和航空器损坏的定义完全相同。②《民用航空器事件调查规定》(CCAR - 395 - R2)可以说是《生产安全事故报告和调查处理条例》的“补充性规定”,事故等级划分与条例保持相同。

关于“事故征候”的界定问题,2015 年《民用航空器事故征候》(行业标准 MH/T 2001—2015)将民用航空器事故征候定义为“在航空器运行阶段或在机场活动区内发生的与航空器有关的、不构成事故但影响或可能影响安全的事件”。事故征候的类型分为严重事故征候和一般事故征候,其中严重事故征候即指运输航空严重事故征候;一般事故征候包括运输航空一般事故征候、通用航空事故征候、航空器地面事故征候三类。③《民用航空器事件调查规定》(CCAR - 395 - R2)对事故征候的定义与行业标准(MH/T 2001—2015)完全相同,同时明确“征候分类及等级的具体划分按照民航局有关规定执行”,其中将“在民用航空器运行阶段或者机场活动区内发生航空器损伤、人员受伤或者其他影响飞行安全的情况,但其严重程度未构成事故征候的事件”,统称为“一般事件”,这与《民用航空安全信息管理规定》(2016 年修订)第 42 条的定义保持了一致。

比较而言,芝加哥公约附件 13、美国国家运输安全委员会(NTSB)④法规和欧盟理事会指令对“事故征候”有完全相同的定义,即“不是事故而是与航空器的运行有关,影响或可能影响运行安全的事件”。中国规章、芝加哥公约附件 13 和欧盟理事会指令中有“严重事故征候”的概念,NTSB 法

---

① 参见 CCAR - 395 - R2 第 3 条、第 4 条。

② 参见姚红宇:《中外民航事故调查法规的对比研究》,载《中国民用航空》2001 年第 9 期。

③ 《民用航空安全信息管理规定》(2016 年修订)第 42 条。

④ 美国国家运输安全委员会,总部设在华盛顿,1968 年成立,直属国会领导,是美国专门负责运输(包括空运、海运、陆运)事故调查的组织机构。其中,民用航空器飞行事故调查是重要组成部分,在事故调查人员的数量,技术素质以及拥有的调查分析设备和调查手段上均有相当大的优势。

规没有"严重事故征候"的概念。

二、损害赔偿责任视角下"航空事故"相关术语的使用和解释

我国《民用航空法》关于航空承运人对旅客人身伤亡的、随身携带物品毁灭、遗失或者损坏的责任的原因事实使用了"事件"术语①,这与《华沙公约》针对旅客和行李货物分别使用"事故"和"事件"术语有所不同。《民用航空法》关于对地面第三人损害的赔偿责任,使用了"事故"术语。② 我国《民用航空法》的"事件"包括通常人为的航空事故(如坠机、碰撞)外,还包括尚不能构成"事故"的那些航空事件,如空中颠簸等。③

从相关民航规章来看,《中国民用航空货物国际运输规则》(CCAR – 274)第 36 条使用了"事件"术语;《中国民用航空货物国内运输规则》(CCAR – 275TR – R1)第 47 条使用了运输"事故"术语;《中国民用航空旅客、行李国内运输规则》(CCAR – 271TR – R1)第 50 条使用了"行李运输事故记录"说法,但第 51 条又规定"事件"术语。

在《民事案件案由规定》中,涉及航空领域纠纷事由包括四大类,即第116 类运输合同纠纷(含航空旅客运输合同纠纷、航空货物运输合同纠纷、多式联运合同纠纷、联合运输合同纠纷);第 119 类委托合同纠纷(含货运代理合同纠纷、民用航空运输销售代理合同纠纷);第 379 类高度危险责任纠纷(含民用航空器损害责任纠纷和高度危险活动损害责任纠纷);第 391类航空运输损害责任纠纷(含航空运输人身损害责任纠纷和航空运输财产损害责任纠纷)。但上述案由均未使用"事故"用语。

综上,在我国民用航空运输赔偿责任立法规范中,"事故"与"事件"术语的使用没有严格区分,界限不清,也没有专门的事故责任立法,事件的外延比事故的外延要宽泛得多,按照航空事故等级标准,航空活动中还存在大量影响航空安全但尚未构成特定等级"事故"的不安全事件。因此,我国民航运输损害责任立法主要采用"事件"术语,字义过宽,将隐藏一定的法律漏洞,在确定相关航空运输损害赔偿责任时,需要根据"事件"的意外性和航空风险相关性以及受损权益保障的必要性,进行限缩性解释和适用,"事件"比"事故"术语更能扩大损害赔偿请求权。

---

① 《民用航空法》第 124 条和第 125 条。
② 《民用航空法》第 124 条和第 157 条。
③ Jiang Bo, *International Air Carrier's Liability to Passengers*, Sichuan University Press, 2008, p. 132.

三、"航空事故"与相关术语的比较与辨析

(一)航空立法实践使用相关术语的状况和意图探究

从前述内容不难发现,在国内外航空立法实践中,经常使用"航空器事故"(aircraft accident)、"事故征候"(incident)、"航空事件"(air event)、"空难事故"(air disaster)、"航空器失事"(aircraft crash)等各种术语和用词。例如,芝加哥公约第 26 条使用了"航空器事故"(aircraft accident)术语,芝加哥公约附件 13《航空器事故和事故征候调查》除使用"航空器事故"(aircraft accident)术语外,还使用了"事故征候"(incident)和"严重事故征候"(serious incident)术语。我国《民用航空器事件调查规定》(CCAR395 – R2)与芝加哥公约附件 13 保持了同样用语。1999 年《蒙特利尔公约》出现"事件"(event)术语后,2009 年的《关于航空器对第三方造成损害的赔偿的公约》和《关于因涉及航空器的非法干扰行为而导致对第三方造成损害的赔偿的公约》,也使用了"事件"(event)术语。我国《搜寻援救民用航空器规定》和《民用运输机场突发事件应急救援管理规则》(CCAR – 139 – II – R1)也使用了"航空器失事"术语,但没有明确统一定义。

比较而言,无论是航空安全管理或航空事故调查方面的立法,还是航空损害赔偿的私法领域的规定,立法者似乎意图要区分"航空事故"和"航空事件"的使用对象,如 1929 年《华沙公约》对"事故"(accident)和"事件"(occurrence)的区别对待,1971 年《危地马拉议定书》用"事件"(event)对"事故"(accident)用语的取代,以及 1999 年《蒙特利尔公约》用"事件"(event)对《华沙公约》"事件"(occurrence)术语的替换,但是,因为各公约都没有对相关术语进行明确定义,最终导致这种区别使用的意义不明显,还造成了理解和适用的各种争议不断。不过幸运的是,国际航空公约文本越来越多地采用"事件"(event)术语,还是能够显示出起草者意欲强化国际航空运输承运人的损害赔偿责任,加大对航空旅客和地(水)面第三人权益的保障和救济,因为"事件"(event)比"事故"(accident)的内涵与外延更为宽泛一些。

(二)航空事故等相关术语的争议和辨析

对上述航空事故及其各种相关术语,学界的译法和含义理解存在差异。有学者将芝加哥公约第 26 条"accident"一词汉译为"失事",也有学者认为准确译法应为"事故",该条文虽未明确定义事故,但暗示事故包括造成人员伤亡和飞机受到重大损坏两种情形。同时,该学者将芝加哥公约附

件 13《航空器事故和事故征候调查》使用的"incident"译为"事件",并认为"事件"是指飞行中虽未造成事故后果,但危及飞机安全的一切反常情况;并特别强调芝加哥公约附件 13 定义的"事故"与"事件",仅适用于航空事故调查这个有限范围,航空其他领域如《华沙公约》第 17 ~ 18 条中的"事故"或"事件"则另有不同含义;《华沙公约》第 18 条所使用的"事件"一词比第 17 条"事故"一词的含义要宽很多,但《华沙公约》本身并未明示或暗示出两个术语的含义。①

也有学者区分使用"航空事故"和"航空失事"两个术语,认为"航空事故"绝大多数情形是出于航空器失事,但其范围则较失事为广,包括从航空器中投掷物品所致之地(水)面上损害(法国 1955 年《民用航空法》第 36 条第 1 项)。②

不容否认,实践中通常将"航空事故""航空事件""空难""航空失事"等术语混用,有时并不区分,但因所有航空事故都与运行的航空器有关,所以立法将"航空事故"称为"航空器事故",以此也可以解释得通。虽然这些术语有时可以混用,但从概念外延和损害结果等方面考察,这些术语还是存在一定差异。

俗称的"空难"(crash)是最严重的"航空事故",但不是所有的"航空事故"都是"空难","航空事故"的外延要大于"空难"或"航空失事"。"空难"与"航空失事"、"坠机"同义,是指航空器在起降、飞行过程中由于不可抗拒的原因或人为因素,如发生机械故障、遭遇自然灾害或其他意外事故造成人员伤亡和财产损失的灾难性事件的统称。例如,2010 年伊春空难又称为"伊春坠机事故",2013 年韩亚航空客机失事被称为"韩亚空难"。

"航空事件"(event)的外延比"航空事故"(accident)的外延要宽泛,是指法律规范规定的在航空活动发生或可能发生的人身伤亡(无论严重程度)或财产损失的意外情况。从体系解释来看,《华沙公约》第 17 条将事故(accident)引起的旅客人身损害归责于承运人,第 18 条将事件(occurrence)引起的行李和货物损失归责于承运人,这说明公约起草者认识到这两个词的差别,事故(accident)要具有意外性,其范畴小于事件(occurrence)。除事故外,事件还包括航空活动中发生的尚未构成"事故"的"事故征候"(incident)和"严重事故征候"(serious incident)。"严重事

---

① 参见赵维田:《国际航空法》,社会科学文献出版社 2000 年版,第 75 ~ 77、318 页。
② 参见邱聪智:《从侵权行为归责原理之变动论危险责任之构成》,中国人民大学出版社 2006 年版,第 102 页。

故征候"和"事故"之间的区别仅在于结果。从有利于受害人利益的保护、扩大其损害赔偿请求权的视角上看,"事件"术语的采用和解释值得重视和研究。①

　　航空事故调查立法中"航空事故"等相关术语的含义虽然有时也会被利用在航空损害赔偿的私法实践中,但这些术语具有不同的意义。例如,航空事故的等级对事故调查和航空安全改进有重大意义,但对损害赔偿意义不大。航空事故调查对航空承运人、航空器运营人、飞行人员、飞机制造人与维修人、空中交通管制部门、航空港等诸多主体的确定,关乎航空损害赔偿责任主体的认定和责任原则的适用。因此,"航空事故"(accident)和"航空事件"(event)等立法术语在航空损害赔偿责任法中具有重要法律地位,是一个基础性、关键性的概念。如果造成旅客或第三人伤亡和货物毁损的原因不构成"事故"或"事件",航空承运人或航空器运营人将不承担赔偿责任,如果构成"事故"或"事件",又将涉及事故的举证责任、其与损害的因果关系等问题,故这些术语的解释值得各涉案法院高度重视。

　　本书所用"空难"术语含义更为广泛,与"航空事故"(air accident)在同一意义上使用,也可称"航空器事故"(aircraft accident),或"航空事件"(air event)。

四、"航空事故"的特点

　　在航空损害赔偿诉讼中,"航空事故"是确定航空承运人责任有无的重要前提,因此该术语常常成为诉讼各方争论的核心焦点之一。根据国际航空公约和国内立法,可从以下方面把握其特点。

　　(一)航空事故具有意外性

　　航空事故是"事故"的一种,具有"事故"的意外属性。《元照英美法词典》将"事故"定义为"未能预期的、偶然发生的事件,狭义上指以合理的谨慎未能预见之事,或在没有人力作用情况下由不可控制的自然力单独作用的意外发生之事。"②《布莱克法律词典》将事故(accident)解释为是一个非故意、不可预见的非正常事件,即正常情形下不会发生的事件,这种不可预见的致害事件不可归责于受害人的错误、过失或不行为。③

---

① 参见郝秀辉:《航空器致第三人损害的侵权责任研究》,中国政法大学出版社2010年版,第20~22页。

② 薛波主编:《元照英美法词典》,法律出版社2003年版,第12页。

③ See Bryan A. Garner, *Black's Law Dictionary*, 9th edition, WEST, p. 16.

航空事故的发生具有随机性,是人们难以预测的突发事件,航空事故在何时、何地、基于什么因素而发生并不确定。任何事故都是人们不希望发生的事件,更不是承运人或旅客或货主积极追求的事件,而是人们意料之外、不寻常的外部事件。

(二)航空事故的发生有时空限定性

国际航空运输中发生的事故损害赔偿,《华沙公约》和《蒙特利尔公约》均规定,航空事故发生的期间须为"上下航空器和航空器飞行中"。但是,对"上下航空器和航空器飞行中"的具体含义没有明确,因此,造成司法实践中产生各种认定争议。后来实践证明,公约对承运人的责任期间的这种含糊措辞好处之一,即是为后来适应机场结构变化情况提供了灵活解释的可能性。①

根据《华沙公约》和《蒙特利尔公约》,"上下航空器"并不包括受害旅客离港至到港期间所有范围,这要求事故发生应与航空器本身有紧密的时空关系。在"上下航空器"期间发生旅客伤亡是否构成公约意义上的"事故"?司法实践中,法院通常会考虑以下要素进行判断:在事故或受伤期间,乘客的行为是否与登机和离机有关;受伤期间乘客所在之处与登机口的距离以及乘客是否在承运人控制区域内;在受伤时,承运人对旅客行使控制的程度,乘客是按承运人的指示行动还是受到承运人的限制;实际登机或离开飞机的紧急情况。

据此判断,旅客在机场公共区域受伤的,一般不被认定是"上下航空器",如在机场的公共电动扶梯上或航站楼的洗手间。② 如果事故在预定航班出发前一个多小时发生,通常也不被认定为上机期间。乘客登机期间的判断,根据《华沙公约》,应考虑旅客是否在登机口心脏病发作,国际航班旅客是否已完成机场内所有登机步骤。③ 根据《蒙特利尔公约》,旅客抵达机场后,在从飞机到海关区域的自动扶梯上行走滑落受伤的,被认定为"下机"。④

我国《民用航空法》第124~125条对"上下航空器和航空器飞行中"也没有明确具体含义,但对"航空运输期间"进行了明确定义,是指在机场内、民用航空器上或者机场外降落的任何地点,托运行李、货物处于承运人

---

① 参见赵维田:《国际航空法》,社会科学文献出版社 2000 年版,第 322 页。

② McCarthy v. Northwest Airlines, Inc., 56 F. 3d 313 (1st Cir. 1995); Zuliana de Aviacion v. Herrera, 763 So. 2d 499 (Fla. Dist. Ct. App. 3d Dist. 2000).

③ Rajcooar v. Air India Ltd., 89 F. Supp. 2d 324 (E. D. N. Y. 2000).

④ Ugaz v. American Airlines, Inc., 2008 WL 4097619 (S. D. Fla. 2008).

掌管之下的全部期间。航空运输期间,不包括机场外的任何陆路运输、海上运输、内河运输过程;但是,此种陆路运输、海上运输、内河运输是为了履行航空运输合同而装载、交付或者转运,在没有相反证据的情况下,所发生的损失视为在航空运输期间发生的损失。

美国完全按芝加哥公约附件13的建议,将航空器事故的时间范围主要根据"运行"定义,即指任何人登上航空器准备飞行,直至这类人员下了航空器为止的时间内,所完成的各项活动。在这段时间内所发生的与本次运行有关的人员伤亡和航空器损坏,均计入不同等级的事故或事故征候。①

在航空器对地面第三人损害的赔偿责任中,事故的发生主要是针对"飞行中"的航空器。根据我国《民用航空法》第157条第2款,"飞行中",是指自民用航空器为实际起飞而使用动力时起至着陆冲程终了时止;就轻于空气的民用航空器而言,飞行中是指自其离开地面时起至其重新着地时止。

(三)航空事故是航空运输的固有风险

在航空运输活动中,无论航空技术如何发达,依然会存在一些与航空飞行或航空器有关的难以避免的特定风险,如坠机、飞机爆炸、冲出跑道、气流颠簸等。

(四)航空事故与航空运营有关

飞机座舱高压密封系统非正常变化、飞机突然俯冲或猛然降落、机上发生紧急情况需要撤离乘客、引擎发出非正常的噪音,这些都是与航空运营有关的情况。

(五)航空事故具有不同程度的损害性

航空事故尤其是严重的空难一旦发生,将给航空公司带来重大经济损失。在国际航空运输中,世界各航空公司普遍使用的空客和波音飞机,载客人数均在百人以上,飞机及其相关设备要适应飞行时遇到的各种严酷环境和复杂条件,对飞机质量的要求是高标准、高可靠性和安全性,飞机的制造成本和销售价格高昂,如波音747远程宽机身大型喷气式客机单价为1亿多美元,空客A-380客机单价近3亿美元。故空难造成飞机毁损和人员伤亡的赔偿、医疗费、事故善后处理费等直接经济损失是巨大的。空难事故还可能带来惊人的相关间接经济损失,如航空公司安全形象受损、机

① 参见王居:《美国国家运输安全委员会概况及其在航空事故调查中的几个问题》,载《民航经济与技术》1994年第1期。

票出售率下降、被拒进入他国开辟航线、被保险公司提高保险费标准,甚至被拒投保或宣告破产等。例如,1947 年成立的马来西亚航空公司(以下简称马航)在 2013 年曾获得由 Skytrax 评出的五星级航空公司,但在 2014 年 3 月 8 日发生马航 MH370 客机失联事件和 7 月 17 日的马航 MH17 客机被击落事件后,迫于经营压力,不得不进行重组、停牌、退出交易。

(六)航空事故具有大规模侵权的属性

航空事故尤其是严重的空难事故,作为引发大规模侵权损害赔偿关系的法律事实,具有大规模侵权的属性。大规模侵权具有侵权行为的一次多发性和同质性、因果关系的推定性、损害后果的复杂性和概率计算方式等重要特征。① 空难事故的受害主体广泛。一旦发生严重的空难,往往是机毁人亡,不仅机上所有人员(包括机组人员和乘客)难以生还,坠机还会造成大量地(水)面第三人的人身伤亡和财产损害。空难对多人的致害均为同一地点和同一时间发生,从而体现出鲜明的损害"同质性"。例如,2001 年 9 月 11 日,恐怖分子劫持民航客机袭击美国纽约世界贸易中心的恐怖事件,遇难者人数众多,呈群体性,包括机上旅客、机组人员、地(水)面人员伤亡,总数高达 2996 人,对美经济损失达 2000 亿美元。② 又如,2009 年法国航空公司的空客 A330 客机空难造成机上 216 名乘客和 12 名机组人员全部丧生;2014 年 3 月 8 日,马航 MH370 航班失联造成机上 227 名乘客和机组人员 12 名失联至今;2014 年 7 月 17 日,马航 MH17 航班在乌克兰靠近俄罗斯边界坠毁,机上载有 283 名乘客与 15 名机组人员共 298 人全部遇难;1999 年大韩航空 6136 号货机(KAL6316)坠毁上海闵行区莘庄镇并爆炸,造成 3 名韩国机组人员当场死亡,现场居民 5 人死亡、42 人受伤,近千户居民房屋被损。

(七)航空事故的原因具有复杂性

航空事故又称航空器事故,航空器是由无数部件组成的复杂系统,它的运行环境和人机互动交织在一起更增加了复杂性。航空事故发生虽表现很突然,但航空器及其部件的失效、基本设计的缺陷、航空器的外部因素和人为过失等,都是致发事故的危险因素或潜在隐患。有学者将航空事故

---

① "大规模侵权"是指基于一个不法行为或者多个具有同性质的事由,给大量的受害人造成人身损害、财产损害或者同时造成上述两种损害。参见朱岩:《大规模侵权的实体法问题初探》,载《法律适用》2006 年第 10 期。

② 联合国报告称"9·11"令美国经济损失 2000 亿美元,载 http://www. chinanews. com/2001 - 11 - 16/26/139178. html。

类型划分为：起飞事故、风切变①事故、鸟击事故、各种复杂的飞行员人为差错事故、空中相撞事故、（空中）危险接近事故（cases of near misses）、航空器空中解体事故、航空器撞击山峰、峡谷、树木、建筑物、电线电缆或其他空中障碍物等事故。② 航空事故的这种分类标准即是事故的发生原因，但实践中发生的航空事故通常是诸多因素混合造成，事故原因具有多样性和复合性，而且也无法列举全部的事故原因类型。概况而言，航空事故的原因可分为人为因素和客观因素，其中人为因素是诱发空难事故的最主要原因。

有些空难事故发生的原因纷繁复杂，难以快速确定，甚至始终无法明确事故原因，空难和损害结果之间的因果关系往往依据推定。例如，失联的马航 MH370 航班经多年搜寻也无法寻到踪迹和原因，2015 年 1 月，马来西亚民航局宣布马航 MH370 航班失事，并推定机上所有 239 名乘客和机组人员已遇难；2018 年 7 月 30 日，马来西亚政府虽然公布最新报告，但调查组还是未找到飞机残骸和乘客。③ 马航的 MH17 航班坠毁的空难最终技术调查报告称，马航 MH17 客机是被一枚山毛榉导弹击落，空难联合调查组 2016 年发布中期调查结果，认为击落 MH17 客机的山毛榉导弹来自俄罗斯，但遭到俄罗斯否认。④

有的空难事故明显是人为因素造成，包括飞行员失误、地勤人员检修失误、通信故障、机械故障、劫机或恐怖主义袭击等人为原因，有些事故起因还不是一次故障或一个人为因素，可能是多行为的结合。例如，2010 年 8 月 24 日，河南航空 E190 航班的伊春空难即是多个人为因素所致。⑤

有的空难事故起因于小鸟撞击、恶劣天气等各种异常自然现象，可称为事故的客观原因。例如，湍流所致航空事故在起飞爬高、巡航、下降进近等阶段都有发生，特别是下降中旅客不系安全带受伤的情况严

---

① 风切变，是指风速和/或风向的突然改变。
② See S. M. Speiser & C. F. Krause, *Aviation Tort Law*, The Lawyers Co-operative Publishing Co. & ancroft-Whitney Co. 1978, p. 119 - 197.
③ MH370 调查组：《因未找到飞机残骸和乘客，这次非最终报告》，载 https://baijiahao. baidu. com/s? id = 1607402602712294407&wfr = spider&for = pc，最后访问日期：2021 年 6 月 30 日。
④ 《俄称 MH17 客机空难前"没有任何物体"靠近客机》，载 https://world. huanqiu. com/article/9CaKrnK3Lfl，最后访问日期：2021 年 6 月 30 日。
⑤ 根据原国家安全生产监督管理总局 2012 年 6 月 29 日发布的《河南航空有限公司黑龙江伊春"8·24"特别重大飞机坠毁事故调查报告》，造成事故的直接原因有三个：（1）机长在低于公司最低运行标准下实施；（2）飞行机组在未看见机场跑道、没有建立着陆必需的目视参考下，穿越最低下降高度实施着陆；（3）飞行机组在飞机撞地前出现无线电高度语音提示，且未看见机场跑道的情况下，仍未采取复飞措施。

重。湍流产生原因比较复杂,包括尾流湍流、由积云/积雨云产生的湍流、由地形波产生的湍流、伴随喷气流而产生的湍流等,湍流不仅影响飞行的舒适性,有时会对飞行安全形成重大威胁。根据日本运输省航空事故调查委员会的统计,1983~1992年,日本航空公司(JAL)、日本空运系统公司(JAS)、全日空航空公司(ANA)三家航空公司因湍流发生的航空事故共11起,其中乘客受伤67名(重伤10名)、乘务员30名(重伤7名)。①

当然,航空实践中发生的湍流事件并不是必然被认定为构成"事故"。例如,在Margan v. Lufthansa German Airlines②案中,湍流不被认定为"事故";而在Brunk v. British Airways③案中,湍流就被认定为"事故"。湍流是否构成"事故",更多取决于湍流的严重程度,轻微或中度湍流实际上不一定构成《华沙公约》第17条的"事故"。④

除了以湍流的严重程度这个事故判断标准外,还须考察客舱内旅客受伤事故是否因湍流引起和机组人员是否采取了妥善的安全措施。如何判断承运人一方是否遵守了确保安全的措施?对此,可从机组人员是否提供了工作手册中的以下预防措施予以判断,包括:(1)机长是否预先了解和查看了确切的气象情报资料,是否对有湍流的空域进行了分析预测,是否避开了有湍流的航线和高度;(2)乘务员在起飞前是否也了解天气情况,是否做好了飞机因气流关系发生不平稳的安全防范准备;(3)机长和客舱乘务员是否对乘客通过适当的广播方式对乘客发出了"系好安全带"的使用指示,并是否确认和检查了乘客对安全带的使用情况。

第三节 损害赔偿诉讼中"航空事故"认定的争议要点

《华沙公约》中规定的"事故"(accident),经过数十年的国际航空法实践,已经成为国际航空法上的一个特定概念。"事故"成立与否决定受害人寻求救济的可能,也会决定航空承运人赔偿责任的有无。《华沙公约》

---

① 张纪慧:《湍流与飞行事故》,载http://www.safehoo.com/ltem/15787.aspx,最后访问日期:2008年5月21日。

② 181 Federal Supplement 2d 396 (S. D. N. Y 2002).

③ No. Civ. A. 00-00764 (HHK),2002 Westlaw 554536 (D. D. C. 15 April 2002).

④ Magan v. Lufthansa German Airlines,339 F. 3d 158 (2nd Cir. 2003). See also Girard v. American Airlines,Inc.,2003 Westlaw 21989978 (E. D. N. Y 2003). 转引自I. H. Ph. Diederiks-Verschoor,*An Introduction to Air Law*,revised by Pablo Mendes de Leon in cooperation with Michael Butler,published by Kluwer Law International,2012. p. 155。

和 1999 年《蒙特利尔公约》第 17 条都规定"对于旅客因死亡、受伤或任何其他身体损害而产生的损失,如果造成这种损失的事故(accident)或事件(event)是发生在航空器上或在上、下航空器的过程中,承运人应承担责任。"但是,什么是公约意义的"事故"(accident),《华沙公约》和《蒙特利尔公约》均没有界定。如何解释?这取决于各国国内法的规定和法院的司法实践。几十年来,"事故"术语的含义在实践中遭到各国国内法不同程度的曲解,围绕"事故"的各种争议,由"事故"这一概念引发的法律问题愈加复杂,突出表现为对"事故"的认定问题。[①]

一、航空事故发生时的时空范围的争议

《蒙特利尔公约》和《华沙公约》对航空"事故"发生的时空要素的规定保持一致,即造成旅客死亡或者身体伤害的事故发生在航空器上或在上下航空器的过程中,承运人应当承担责任。[②] 由此,判断国际航空承运人责任的有无,需要满足的"事故"要件应有如下要求。

(一)事故发生在航空运输中

尽管国内航空运输和国际航空运输所适用的法律不同,但发生的"事故"要求必须是在航空运输中,航空运输的标的包括旅客和货物。

法国判例曾认为,仅是于一个飞行中的航空器之上的物理存在,并不足以构成"运输",置身于航空器上的实质目的必须是"运送",而不是其他的类似于飞行技术教学或试航。[③] 国际航空运输承运人对空难事故承担法律责任的一个重要前提是"事故"发生在国际航空运输中。根据 1929 年《华沙公约》第 1 条、1999 年《蒙特利尔公约》第 1 条以及我国《民用航空法》第 107 条的规定,国内航空运输和国际航空运输区分的关键即是"航空运输合同的约定,而非航空运输的实际运输情况"。[④] 根据航空运输合同约定,无论运输有无间断或者有无转运,运输的出发地、目的地或约定的经停地之一不在一缔约国境内的运输,即为国际航空运输。

---

① 参见许堃:《国际航空运输法中"事故"的法律问题研究》,中国政法大学 2011 年硕士学位论文,第 10 页。

② 1999 年《蒙特利尔公约》第 17 条。

③ See Georgette Miller, *Liability in International Air Transport—the Warsaw System in Municipal Courts*, Kluwer, 1977, p. 8. 转引自陈宇:《国际航空运输概念界定——兼论 1999 年〈蒙特利尔公约〉的适用》,载《法学家》2006 年第 3 期。

④ 俞娣:《国际航空运输承运人对空难事故的法律责任研究》,上海社会科学院 2015 年硕士学位论文,第 2 页。

（二）事故发生在航空器上或在上下航空器过程中

华沙公约/蒙特利尔公约体系下,航空承运人对旅客人身伤亡损害赔偿的法定责任期间是事故发生"在航空器上或上下航空器过程中",但对二者的含义与认定方式未作规定,责任期间的认定问题由各国法院通过其解释实践发展补充,并呈现对承运人责任期间逐渐采取扩大解释的实践趋势。①

在司法实践中,"在航空器上"的认定争议较小,通常是指旅客实际进入机舱门至走出机舱门的整个期间。在 1955 年 Scarf *v.* Trans World Airlines,Inc. 案②中,旅客因受螺旋桨的强烈气流影响从舷梯跌下受伤,美国法院确认事故发生于责任期间内。1972 年 Herman *v.* Trans World Airlines 案③中,航空器被劫持改变航向迫降在约旦境内沙漠,旅客一周内被困于航空器上,美国法院认定劫机事故发生"在航空器上"的责任期间内。在 Fishman *v.* Delta Air Lines 案中,乘务员在飞机上烫伤了乘客的耳朵,旅客下机后承运人拒绝提供医疗救助,法院裁定适用《华沙公约》第 17条规定。④

但是,实践中对"上下航空器过程中"常常发生争议。综观司法实践,对航空"事故"发生时空范围的判断标准和要求,历经了由"狭义解释论"向"广义解释论"的发展历程,其目的即是扩张对航空旅客权益的救济。即为了使受到伤害的旅客有得到赔偿的依据,法院越来越倾向于宽泛地认定"事故"。⑤ 例如,在 1966 年 Maché *v.* Air France 案中,原告下机后在两名空乘人员引导下穿过停机坪走向航站楼入口途中,意外跌入机场路面维修施工区域的地下管道而严重摔伤。法国最高法院并未支持其主张,认为旅客受伤的事故发生的地点不存在航空运输的固有风险,并且事故发生地点处于承运人责任期间以外。⑥

到 20 世纪 70 年代初期,在 1975 年 Day *v.* Trans World Airlines,Inc. 案

---

① 参见郑派:《国际航空旅客运输承运人责任研究》,华东政法大学 2015 年博士学位论文,第 77页。

② Scarf *v.* Trans World Airlines,Inc. ,233 F. 2d 176 (2nd Cir. 1956).

③ Herman *v.* Trans World Airlines,69 Misc. 2d 642,330 N. Y. S. 2d 829 (N. Y. Sup. Ct. 1972).

④ Fishman *v.* Delta Air Lines,Inc. ,132 F. 3d 138,141 –142(2d Cir. 1998).

⑤ See Julian Hermida,*A Proposal Toward Redefining the Model of Application of International Law in the Domestic Arena*,Singapore Journal of International and Comparative Law,2003.

⑥ Maché *v.* Air France,26 R. G. A. 275 (C. A. Pan's,18Jun. 1963),quoted in Georgette Miller,Liability in International Air Transport,Kluwer-Deventer,1977,p. 139.

和 1976 年 Evangelinos *v.* Trans World Airlines, Inc. 案中,①旅客在希腊机场值机排队办理行李运输和接受安检时,发生恐怖袭击中受伤。美国法院否决了承运人提出处于机场航站楼尚未踏入登机通道的旅客在处于"登机过程中"而在其责任期间范围外的主张,而是根据旅客活动性质(activity)、承运人的管控状态(control)和旅客的活动场所(location)"三要素标准",对承运人责任期间作出扩大解释,以实现对消费者权益的保护。②

但到 20 世纪 80 年代,司法判例的认定标准又有所反复。例如,在 1989 年 Shinn *v.* El Al Airlines 案③中,原告在航空港公共区域的恐怖袭击中受伤,向法院起诉称伤害是由符合《华沙公约》界定的"事故"造成的,但法院裁决航空公司不对原告伤害承担赔偿责任,理由在于:一是原告所在的公共区域航空港不在被告控制范围;二是登机还没有临近,原告既不在登机口也不是经过登机口。

进入 21 世纪以来,司法实践在认定承运人责任期间的问题上,延续了适用三要素标准。例如,2002 年 King *v.* American Airlines 案④中,原告乘坐承运人的摆渡车从航站楼前往航空器的途中受伤,法院认定事故发生在上下航空器过程中。在 2003 年 Kalantar *v.* Lufthansa German Airlines 案⑤中,两名原告在候机厅的自动扶梯上受伤,法院认定事故发生于承运人责任期间内。在 2007 年 Bunis *v.* Israir GSA. , Inc. 案中,飞机到港后,承运人没有在舱门提供轮椅,旅客步行到行李提取区后心脏病发作的,法院认定属于《华沙公约》第 17 条的事故。⑥ 在 2008 年 Ugaz *v.* American Airlines 案中,乘客在离开飞机后前往海关途中,意外坠下不可操作的自动梯,则被认定为乘客是处于下机过程中。⑦ 在 2009 年 Seales *v.* Panamian Aviation 案⑧中,原告因其枪支在行李传送带上无人看管而被逮捕,法院裁定,在行李传送带上运送枪支和弹药是在下机过程中发生的。

---

① Day *v.* Trans World Airlines, Inc. , 528 F. 2d 31 (2d Cir. 1975); Evangelinos *v.* Trans World Airlines, Inc. , 550 F. 2d 152 (3rd Cir. 1977).

② 参见郑派:《国际航空旅客运输承运人责任研究》,华东政法大学 2015 年博士学位论文,第 81 页。

③ Shinn *v.* El Al Airlines, 21 Av. Cas. (CCH)18,331 (D. Colo. 1989).

④ King *v.* American Airlines, 284 F. 3d 352 (2nd Cir. 2002).

⑤ Kalantar *v.* Lufthansa German Airlines, 276 F. Supp. 2d 5 (D. D. C. 2003).

⑥ Bunis *v.* Israir GSA. , Inc. , 511 F. Supp. 2d 319(E. D. N. Y. 2007).

⑦ Ugaz *v.* American Airlines, 576 Federal Supplement 2d 1354 (S. D. Fla 2008).

⑧ Seales *v.* Panamian Aviation, Case No. 07 – CV – 2901, 2009 Westlaw 395, 821 (E. D. N. Y. , Feb. 18, 2009).

当然,有关旅客活动性质的要素判断,如果旅客有关活动与登机行为不够密切,不适用 1999 年《蒙特利尔公约》。例如,在 2007 年 Dick v. American Airlines 案中,乘客在登机口之间乘坐自动扶梯时受伤,被认定为不在上下航空器过程中。[①]

(三)"事故"发生地与事故后果发生地不一致,以发生地为依据

因实践中的事故发生地和事故后果发生地可能会出现不同一的情形,则以"事故"本身发生的特定地点为依据,而不是以旅客发生身体伤害或死亡时所在的地点为依据。例如,在 1975 年 Husserl v. Swiss Air 案[②]中,美国法院认定劫机事故发生在航空器上,即使损害后果在一段时间后出现,对于判断事故是否属于法定的责任期间没有直接关系,不影响《华沙公约》的适用。如果旅客下飞机后发生的事故是机上事故不可分割的组成部分,完全可以依据《华沙公约》第 17 条提起诉讼。[③]

二、"航空事故"是否须与航空器运营相关

(一)司法实践对"事故"与航空器运营相关性认定的争议

有人认为,《华沙公约》第 17 条"事故"暗含"有航空承运人参与或至少与航空器运营有关"的内在要求至今没有改变。[④] 那么,根据《华沙公约》和《蒙特利尔公约》第 17 条,"事故"必须为航空运输的固有风险产生吗?"事故"是否要求应与航空器运营或航空飞行相关?对此,各法院的意见和认定是不一致的。例如,在从韩国首尔到美国洛杉矶的一个航班上,一位妇女遭到邻座乘客的性骚扰,对该航空公司提起索赔诉讼,但审理法院认为,这不构成《华沙公约》第 17 条的"事故",航空人员在航班运营中没有任何不正常的作为或不作为,事故必须与航空运营有关。但是,在 KLM Royal Dutch Airlines v. Kelly Morris 案中,英国最高法院得出了不同的结论。16 岁的莫里斯小姐在从吉隆坡飞往阿姆斯特丹的航班上睡着了,醒来时发现身旁男子的手正在从其臀部向膝盖进行抚摸,后来,她的医生发现她患上了严重抑郁症。英国最高法院认为,发生在莫里斯小姐身上的事件是航空旅行固有的特殊风险,构成《华沙公约》第 17 条所指的"事故"。[⑤]

[①] Dick v. American Airlines,476 Federal Supplement 2d 61(D. Mass. 2007).

[②] Husserl v. Swiss Air Transport Company,Ltd.,485 F. 2d 1240(2nd Cir. 1973).

[③] Jack v. Trans World Airlines,Inc.,854 F. Suoo. 654,663(N. D. Calif. 1994).

[④] See Jonathan E. De May,*Recent Developments in Aviation Law*,Journal of Air Law and Commerce,2008.

[⑤] I. H. Ph. Diederiks-Verschoor,*An Introduction to Air Law*,Revised by Pablo Mendes de Leon in cooperation with Michael Butler,published by Kluwer Law International,2012,p. 155.

（二）与航空器运营相关的"事故"情形之认定

在司法实践中,下列情形已经被认定属于《华沙公约》第 17 条"事故":①(1)因移动扶梯被拆除致旅客从飞机上摔下;②(2)舷梯有水湿滑,乘务员拒绝为旅客提供帮助,旅客下机时在舷梯上滑倒;③(3)因医疗原因要求调换座位而被机组拒绝;④(4)承运人弄丢旅客需要随身携带的带有呼吸设备的手提行李;⑤(5)旅客向头顶行李舱放置行李时踩到其他旅客的脚趾;⑥(6)旅客将其座椅放倾斜;⑦(7)劫机;⑧(8)恐怖事件;⑨(9)炸弹恐吓;⑩(10)机舱里的灯光透镜脱落;⑪(11)吃机上餐食时误吞鱼骨;⑫(12)向醉酒旅客提供酒精饮料致其摔倒在同伴身上;⑬(13)茶从餐盘滑落掉进旅客怀中;⑭(14)气流颠簸时热茶从餐盘滑落飞溅到旅客身上;⑮(15)前座旅客放低座椅靠背时,热茶从餐盘滑落;⑯(16)咖啡洒在旅客怀里;⑰

---

① George N. Tompkins, Jr. , *Liability Rules Applicable to International Air Transportation as Developed by the Court in the United States—from Warsaw* 1929 *to Montreal* 1999 , Kluwer Law International B. V. , 2010 , p. 150 – 153.

② Chutter *v.* KLM Royal Dutch Airlines , 132 F. Supp. 611 (S. D. N. Y. 1955).

③ Gezzi *v.* British Airways , PLC , 991 F. 2d 603 , 604 (9th Cir. 1991).

④ Olympic Airways *v.* Husain , 540 U. S. 644 (2003) ; see also, In re Deep Vein Thrombosis Litigation , Vincent *v.* American , Inc. , 32 Avi. 15 , 697 (N. D. Calif. 2007).

⑤ Prescod *v.* AMR , Inc. , 383F. 3d 861 , 867 – 869 (9th Cir. 2004).

⑥ Kwon *v.* Singapore Aielines , 356F. Supp. 2d 1041 , 1044 – 1045 (N. D. Calif. 2003).

⑦ Zarlin *v.* Air france , 32 Avi. 15 , 488 (S. D. N. Y. 2007) (一乘客在与后排乘客交换座位后已被安置坐好,但该旅客又选择回到原来座位,如该旅客一直坐在交换后的座位上,就不会发生伤害,故倾斜座椅不属于"不寻常"或"不可预见").

⑧ Adler *v.* Malev Hungarian Airlines , 23 Avi. 18 , 157 (S. D. N. Y. 1992) ; Husserl *v.* Swiss Air Transport Co. , 351 F. Supp. 702 (S. D. Y.) , aff'd , 485 F. 2d 1240 (2d Cir. 1973) ; Krystal *v.* British Overseas Airways Corp. , 403 F. Supp. 1322 (C. D. Calif. 1975).

⑨ Day *v.* Trans World Airlines , Inc. , 528 F. 2d 31 (2d Cir. 1975) , cert. denied , 429 U. S. 890 (1976) ; Evangelinos *v.* Trans World Airlines , Inc. , 550 F. 2d 152 (3d Cir. 1977).

⑩ Margrave *v.* British Airways , 643 F. Supp. 510 , 512 (S. D. N. Y. 1986) ; Salerno *v.* Pan American World Airways , 606 F. Supp. 656 , 657 (S. D. N. Y. 1985) ; Terrafranca *v.* Virgin Atlantic Airways , Ltd. , 151 F. 3d 108 (3d Cir. 1988).

⑪ Morley *v.* Bahamasair Holdings , Ltd. , No. 95 – 0273 (S. D. Fla. 1996).

⑫ Rhodes *v.* American Airlines , Inc. , 1996 WL 1, 088, 897 (E. D. N. Y. 1996).

⑬ Oliver *v.* Scandinavian Airlines System , 17 Avi. 18 , 283 (D. Md. 1983).

⑭ King *v.* American Airlines. , 284 F. 3d 352 (2d Cir. 2002).

⑮ Robinson *v.* Virgin Atlantic Airways , Ltd. , 31 Avi. 17 , 359 (S. D. N. Y. 2006).

⑯ Wipranik *v.* Air Canada , 32 Avi. 15 , 450 (C. D. Calif. 2007) (尽管前座旅客试图避免,但餐盘仍未托住饮料,这是不可预见的).

⑰ Diaz Lugo *v.* American Airlines , Inc. , 686 F. Supp. 373 (D. P. R. 1988).

（17）乘务员将热水洒在旅客身上；①（18）航空餐食致旅客食物中毒；②（19）旅客在洗手间摔倒并致人身伤害，证据表明旅客摔倒的原因是卫生间地面湿滑，可能是因肥皂而非气流颠簸；③（20）旅客正在使用卫生间时，因错误的烟雾报警，乘务员拧开洗手间门致使旅客裸露状态示人。④

但是，在司法判例中，下列事件虽与航空运营有关，但属于航空运营正常操作要求，故被认定不属于《华沙公约》第 17 条的"事故"⑤：对旅客侵害性安全检查，作为标准和常规安全程序的一部分；⑥始发地机场之前关于恐怖袭击的口头报道造成本未受影响的飞机延迟起飞以及机上旅客受限制；⑦立跳式起飞程序——开电源、放刹车、松刹车。⑧ 但也并非所有航空运营正常操作发生的事件都不被认定为事故，如在 Waxman v. Mexicana de Aviation, S. A. de C. V 案中，一名旅客被他前面座位背部突出放置的注射器刺伤膝部。原告称（并试图避免本案适用《华沙公约》第 22 条的责任限额）该事件不构成"事故"。法院认为，伤害产生于承运人对飞机的日常清洁工作中且存在过失，产生伤害的这个事件（event）可以构成"事故"（accident）。

三、"航空事故"是否应为外在于乘客的不可预见且非同寻常的事件

在国际航空损害赔偿中，依据《华沙公约》和《蒙特利尔公约》的规定，"事故"不必是造成伤害的唯一原因但却必须是主要原因。⑨ 但"事故"不等同于机上发生的"事件"，"事故"应强调的是不可预料且不同寻常的外在于乘客的事件。⑩

---

① Fishman *v.* Delta Airlines, Inc. ,938 F. Supp. 228（S. D. N. Y. 1996）.

② Halmos *v.* Pan American World Airways, Inc. ,727 F. Supp. 122（S. D. N. Y. 1989）.

③ Sharma *v.* Virgin Atlantic Airways,31 Avi. 17,539（C. D. Calif. 2006）.

④ Laor *v.* Air France,31 F. Supp. 2d 347,350（S. D. N. Y. 1998）.

⑤ George N. Tompkins, Jr. , *Liability Rules Applicable to International Air Transportation as Developed by the Court in the United States—from Warsaw* 1929 *to Montreal* 1999, Kluwer Law International B. V. , 2010,p. 150 – 153.

⑥ Tseng *v.* EI Israel Airlines Ltd. ,122 F. 3d 99,103（2d Cir. 1997）,rev'd on other grounds,525 U. S. 155（1999）.

⑦ Sakaria *v.* Trans World Airlines, Inc. ,8 F. 3d 164（4th Cir. 1993）,cert. denied,511 U. S. 1083（1994）（抵达数日后发生致命心脏病与任何机上"事故"没有因果关系）.

⑧ Agravante *v.* Japan Airlines International Co. ,Ltd. ,32 Avi. 15,301（D. C. Guam 2007）.

⑨ See Nicole Lachance, *The Sky is the Limit*：*Accident, Bodily Injury and Liability under the Montreal Convention*,Annals of Air and Space Law,Vol. 26,2001.

⑩ See Tory A. Weigand, *Accident, Exclusivity, and Passenger Disturbance under the Warsaw*, American University International Law Review,2001.

但是,比较有关规范乘客和地(水)面第三人损害赔偿责任的华沙公约/蒙特利尔公约和罗马公约体系的公约文本,不难发现,因航空器致害情形和原因不同,航空承运人承担责任的"事故"要求不同。《罗马公约》中,因航空器失事或自航空器上落下或投下物品致损害时,事故的判断乃是基于损害事实,并不要求事故(致害原因)是否具有"意外性",因为航空器失事致害通常是最严重损害,故不问损害原因,即使是不可抗力原因所致,承运人均应对受害人负责。但在《华沙公约》和《蒙特利尔公约》中,对乘客在上下航空器或飞行中,因事故伤亡的,承运人只对"意外事故"的原因致害承担责任,对于可归责于乘客的事由或因乘客的过失而发生的损害,承运人减免赔偿责任。

(一)司法实践中乘客责任"事故"的认定争议

美国法院是最早对航空"事故"下定义的。在 1977 年的"德马林斯诉荷兰皇家航空公司"①和"沃绍诉环球"②两案中,旅客在飞机机舱加压或减压时耳朵受伤变聋,此是否构成"事故",曾引发争论。法院则将事故定义为"一种异常的、意外的、不按事物常规发生的事件或外部事实情况,凡属机上正常情况下经常发生的、或纯属旅客健康状况引起的、或与飞行无关的事情或事件,都不是事故。"这个定义是综合英、法等国传统法律概念并按航空特点表述的,并受到普遍肯定与引用。

后来,在 1985 年的 Saks v. Air France 案③中,对于 Saks 在飞机下降过程中机舱正常减压时感觉耳朵疼痛并最终被医生诊断为左耳永久失聪的情况,三个法院判决出现了争议。联邦第九巡回上诉法院认定正常的座舱减压符合"事故"的定义,④其认定依据的是 1944 年芝加哥公约附件 13 对"事故"的定义,认为"事故"是航空旅行中的危险,机舱正常压力变化构成"事故"。而本案的联邦地区法院和联邦最高法院均认定原告 Saks 因正常座舱减压致其左耳永久失聪,并不构成《华沙公约》第 17 条的"事故",认为事故是"一种与航空风险相关、乘客自身以外的、不可预见的、不同寻常的事件"。最高法院还驳斥了联邦第九巡回上诉法院以芝加哥公约附件 13 中定义作根据的论点,指出该附件的"事故"定义仅"明确适用于飞机事故调查,而不适用于《华沙公约》规定的承运人对旅客责任。旅客无法证明损害是航空器任何异常运营引起的,旅客在航空器正常操作情形下因身

---

① De Marines v. KLM. CCH avi. , Vol. 14 , p. 18 ,212(1977).
② War Show v. TWA. CCH avi. , Vol. 14 , p. 18 ,297(1977).
③ Air France v. Saks ,470 U. S. 392 (1985).
④ Saks v. Air France ,84 L. Ed. 2d 289 (1985).

体内部反应引起的失聪,不是公约意义上的事故"。①

美国联邦最高法院在 Saks 案中对事故限缩解释的定义也被其他国家所借鉴。根据联邦最高法院对本案的进一步解释,《华沙公约》第 17 条"事故"的构成不是固定不变的,法院要在评估旅客伤害的所有情势后才可自由裁量。例如,在 Gotz 诉三角航空公司案中,一名旅客在中转航班登机过程中,把手提行李放进行李舱中时,为避免撞到另一旅客过度伸臂,致肩周受伤,要求事故赔偿。审理法院遵循 Saks 诉法航案中的"事故"定义,重点看事件发生是否为飞机操作中故障和反常的结果。法院认为,联邦法规要求手提行李要装载在头顶的行李舱内,原告的伤害产生于法定的放置行李的正常操作,完全是原告个人行为所造成的,该突发事件不是"事故"造成的。② "事件"的外延比"事故"的外延大得多,法院采用"事故"比"事件"术语对承运人更为有利。

(二)"事故"的不可预见性和非同寻常性之认定

在司法实践中,基本上将"事故"定义为一个事件、外界情势,这种事件与一般事物发生过程不同,它的发生无法预见。如果发生的事件是通常的、可以期望的一般事件,不会被认定为事故,构成《华沙公约》中的"事故",必须是发生在航空器上的事件且是不同寻常和无法预见的。因此,乘客所受伤害如是因为乘客与飞机之间的正常接触造成的,司法判决不属于《华沙公约》第 17 条"事故"。例如,机上乘客滑倒、跌倒或摔倒均不属于"事故",除非滑倒、跌倒或摔倒是外在于乘客的非同寻常事件造成的;飞机起飞前,乘客整理安全带时,因滑倒磕碰在固定座位的架子(处于正常状态)上造成膝盖受伤,不构成"事故"③;乘客在登机期间被留在过道的行李绊倒不是事故,因行李箱出现或靠近过道并非无法预见或不寻常④;因天气导致延误也并非不寻常或无法预见的事件,不是"事故"⑤;承运人拒绝旅客携带两件行李,旅客诉称航空承运人拒绝其携带第 2 件行李是造成身体伤害的事件,该事件"并非无法预料或不寻常的事件",该旅客应清楚承

---

① Saks *v.* Air France,470 U. S. 392,404 (1985);Saks *v.* Air France,470 U. S. 392,404,105 S. Ct. 1338,84 L. Ed. 2d 289 (1985).

② 参见董念清:《试析〈华沙公约〉中的"事故"》,载《民航经济与技术》2000 年第 11 期。

③ George N. Tompkins Jr. , *The* 1999 *Montreal Convention*:*Alive*,*Well and Growing*,Air and Space Law 34,No. 6 (2009),p. 424.

④ Sethy *v.* Malev Hungarian Airlines,27 Avi. 18,050(S. D. N. Y. 2000),aff'd,13 Fed. ,Appx. 18 (2d Cir. 2001).

⑤ Chendrimada *v.* Air-India,802 F. Supp. 1089,1093(S. D. N. Y. 1992):

运人对经济舱旅客只能随身携带 1 件行李的要求①。

在 Dias v. Tranbrasil Airlines 案中,乘机旅客因客舱空气不好感染肺炎而死亡,被告辩称"客舱空气不好是航空业普遍现象并已成为飞机运行的正常情形",但纽约州南区联邦地区法院认为,客舱内空气质量不好致旅客染病致命是旅客身外的不能预料且不寻常的事件,构成《华沙公约》第 17 条意义上的"事故"。

美国法院对于《蒙特利尔公约》的适用与对《华沙公约》的适用基本相同,对《华沙公约》第 17 条"事故"的理解依然坚持是乘客不能预见或不同寻常的外部事件。因此,乘客离机时,在飞机客舱的地板上被一个柔软的毛毯包滑倒,不属于第 17 条"事故";一个正在爬升的乘客在未运转的自动梯上摔倒,也不构成第 17 条"事故"。② 大多数英国判例也坚持将事故解释为:不可预见、非同寻常和偶然的事件,不是乘客自身原因造成的,是航空器正常运营的异常反应。③

(三)"事故"原因的乘客外在性之认定

在司法判例中,下列事件已经被认定不属于《华沙公约》第 17 条的"事故"④:(1)因公务舱座椅过于舒适致旅客一直未离开座椅,并声称因此导致深静脉血栓(DVT)病发;⑤(2)旅客被驱赶出贵宾休息室;⑥(3)旅客进食时被噎到;⑦(4)客舱的常规性、正常性压力变化导致耳朵损伤;⑧(5)在飞机上坐的时间太长导致已有食管裂孔疝加重;⑨(6)被落在飞机上

① Jovanovic v. Swiss Airline,29 Avi. 18,474 (3d Cir. 2004).
② See George N. Tompkins Jr., The 1999 Montreal Convention:Alive,Well and Growing,Air and Space Law 34,No.6 (2009),p.421 – 426.
③ Chaudhari v. British Airways PLC,CCRTI 96/0229/G,7 [C. A. (Civil) Willesden County 16 April 1997].
④ George N. Tompkins, Jr., Liability Rules Applicable to International Air Transportation as Developed by the Court in the United States—from Warsaw 1929 to Montreal 1999, Kluwer Law International B. V., 2010,p.150 – 153.
⑤ Louie v. British Airways,Ltd.,29 Avi. 18,337(D. Alaska 2003).
⑥ Small v. America West Airlines,Inc.,32 Avi. 15,878(D. N. J. 2007).
⑦ Scarboro v. Swissair Swiss Air Transport Co.,28 Avi. 16,147(N. D. Ga. 2002).
⑧ DeMarines v. KLM Royal Dutch Airlines,580 F. 2d 1993 (3d Cir. 1978)(耳朵受伤);Warshaw v. Trans World Airlines,Inc.,442 F. Supp.400(E. D. Pa. 1977)(听力损耗).
⑨ Abramson v. Japan Airlines Co.,Ltd.,739 F. 2d 1930(3d Cir. 1984),cert. denied,470 U. S. 1059(1985);在有关经济舱综合征的诉讼中,Halterman v. Delta Airlines,Inc.,32 Avi. 15,309 (N. D. Calif. 2007)(DVT);Scherer v. Pan American World Airways,Inc.,387N. Y. S. 2d 580 (N. Y. A. D. 1st Dep't. 1976)(血栓性静脉炎症状的加剧);Margrave v. British Airways,643 F. Supp.510(S. D. N. Y. 1986)(炸弹恐吓和机械故障导致航班延误 5 小时,严重背部疼痛);Toteja v. British Airways,1999 WL 1,425,399(D. Md. 1999)(腿部肿胀).

的鞋所绊倒;①(7)因为机长指认旅客在飞行中吸食大麻致使旅客被政府扣留;②(8)醉酒旅客被其同伴猛击;③(9)饮酒(酒精饮料)后在卫生间摔倒;④(10)因旅客个人严重疾病状况被拒绝上机,根据承运人的政策和程序此种情况应有医疗陪护;⑤(11)心脏病病发;⑥(12)在旅客心脏病病发时未能给予充分的医疗救助或未使飞机转向降落,机上医疗装备不足,飞机继续飞往预定目的地,旅客在机上心脏病病发而死亡;⑦(13)旅客在正常旅行过程中因自身特异体质遭受严重的后背疼痛;⑧(14)旅客在航班上自然死亡;⑨(15)因前排座椅斜躺,旅客尝试就座致膝盖受伤⑩;(16)旅客在试图打开飞机上的遮光板时摔倒在其他旅客身上;⑪(17)无证据证明机上旅客因自身之外的原因造成昏厥⑫;(18)乘客在飞行中发生心源性猝死⑬。

关于航空承运人医疗救助中的"事故"认定问题,对承运人消极救助的行为是否构成"事故",司法认定并不统一。判断承运人拒绝对乘客进行医疗救助的行为是否属于不可预料的非正常的事故,主要是看乘客的健康状况是否因为正常的机舱环境而恶化。

总而言之,司法实践对机上事故的界定和掌握必须灵活。例如,乘客因喝醉滑倒受伤,不能认为是"事故"⑭,但喝醉乘客滑倒在其他旅客身上

---

① Craig v. Compagnie Nationale Air France, 45 F. 2d 435 (9th Cir. 1994)(在飞机座位前方、下方、附近地面上发现书、鞋、手提包及其他物件是可以想见的)。

② Curley v. American Airlines, Inc. ,846 F. Supp. 280 (S. D. N. Y. 1994)。

③ Price v. British Airways, 1992 WL 170, 679(S. D. N. Y. 1992)。

④ Padilla v. Olympic Airways, 765 F. Supp. 835 (S. D. N. Y. 1991)。

⑤ Patel v. British Airways, 30 Avi. 16,379 (E. D. N. Y. 2005)。

⑥ Tandon v. United Airlines, Inc. , 926 F. Supp. 366 (S. D. N. Y. 1996); Fischer v. northwestAirline, Inc. ,623 F. Supp. 1064(N. D. Ⅲ. 1985)(非旅客自身之外)。

⑦ Ronai v. Delta Airlines, Inc. , 27 Avi. 18,344(E. D. N. Y. 2000); McDowell v. Continental Airlines, Inc. ,54 F. Supp. 2d 1313,1318 – 1320(S. D. Fla. 1999)。

⑧ Margrave v. British Airways, 643 F. Supp. 510(S. D. N. Y. 1985)。

⑨ Walker v. Eastern Airlines, Inc. ,775 F. Supp. 111(S. D. N. Y. 1991), reargument denied, 785 F. Supp. 1168 (S. D. N. Y. 1992)。

⑩ Potter v. Delta Airlines, Inc. ,98 F. 3d 881(5th Cir. 1996)。

⑪ Ramos v. Transmeridian Airlines, Inc. ,385 F. Supp. 2d 137 (D. P. R. 2005)。

⑫ Mazza v. Swiss Air Transport Co. , Ltd. ,86 Civ. 6551(S. D. N. Y. 1988)。

⑬ 根据词义的基本解释,"猝死"意为平时貌似健康的人,因潜在的自然疾病突然发作或恶化,而发生的急骤死亡,即器官不堪负荷而身亡。世界卫生组织定义为急性症状发生后即刻或者6小时内发生的意外死亡。因此,航空承运人根据1999年《蒙特利尔公约》的规定不应承担赔偿责任。

⑭ Padilla v. Olympic Airways, 765 F. Supp. 835 (S. D. N. Y. 1991); Schwartz v. Lufthansa German Airlines, 24 Avi. (CCH)17,841(C. D. Cal. 1993)。

并造成其他旅客伤害,该伤害属于"事故"①。同样,如果乘客被机上其他乘客脱下的鞋子绊倒,如是在航空器正常飞行中乘客脱下鞋子,一般也不认定为事故。② 在Potter v. Delta Airlines 案③中,甲乘客因为前面的乙乘客拒绝提升座椅,致甲乘客从其座位中出来时受伤,也不被认定为事故。此种情形与乘客之间相互进行身体攻击的情形不同,后者是因客舱内机组人员没有以合理方式解决乘客问题造成的事故。

(四)旅客因深静脉血栓死亡是否构成"事故"的探讨

1. "经济舱综合征"的由来

"经济舱综合征"一词最早出现于2000年,一名28岁英国妇女乘机从澳大利亚经二十多个小时旅行后,到伦敦机场昏倒在地,2小时后在英国医院不治死亡。这名妇女的特殊病症被命名为"经济舱综合征"。

"经济舱综合征"的学名为深静脉血栓症,④是指长期空中飞行时,乘客静脉内产生大量血栓,这些血栓流经身体内一些重要器官时,造成血管堵塞,血液在深静脉中非正常严重凝结,严重时可能危及生命。"经济舱综合征"一直威胁着飞机乘客的健康。有资料显示,乘机旅客患下肢深静脉血栓的发病率逐年增加,其中年龄65岁以上、静脉曲张、高脂血症、肥胖、心血管疾病等人群,是潜在高危人群,连续飞行时间越长,危险性越大,DVT与肺栓塞的发生关系密切。⑤ 荷兰莱登大学临床流行病学一个研究小组的医学研究显示,"经济舱综合征"发病原因除旅客在狭窄机舱内久坐外,机舱低气压和缺氧也是致病的主因。⑥

2. "经济舱综合征"的损害纠纷

有关资料显示,英国每年因"经济舱综合征"死亡的人数为300~2000人;每年抵达悉尼机场的旅客中,约有400例"经济舱综合征"发生;在日本

---

① Oliver v. Scandinavian Airlines System,17 Avi. (CCH)18,283 (D. Md. 1983).
② Craig v. Compagnie Nationale Air France,45 F. 3d 435(9th Cir. 1994).
③ Potter v. Delta Airlines,98 F. 3d 881 (5th Cir. 1996)25 Avi. 17,744.
④ 深静脉血栓(Deep Vein Thrombosis,DVT),是在深静脉血管内,血液发生凝固或血液中某些有形成凝集及形成固体质块的过程。DVT通常出现在下肢,如骨盆、大腿和小腿,主要临床表现为臀部以下肿胀,下肢、腹股沟及患侧腹壁表浅静脉怒张,皮肤温度升高,一旦血液凝块从静脉壁上破碎、脱落,它会随着血流移动,有可能会附着在肺部,引起急性肺栓塞。大块血凝块脱落可致患者立即死亡,反复小块脱落可导致慢性血栓栓塞性肺动脉高压。DVT除了可能发展为肺栓塞外,也可能发展为"患肢后遗症",症状包括水肿、小腿色素沉着、静脉性溃疡和肢体残疾等。
⑤ 参见林燕:《与飞行有关的静脉栓塞的临床调查》,载《青岛医药卫生》2003年第1期。
⑥ 佚名:《机舱低压缺氧空气质量差乘客易患静脉血栓》,载 https://health. sohu. com/20060315/n242305380. shtml,最后访问日期:2021年6月30日。

东京国际机场,每年机场诊所医生要治疗 100～150 名出现血凝块的乘客;美国的"经济舱综合征"每年已影响近 200 万人的健康,因此,"经济舱综合征"被称为长途飞行的第一杀手。① 例如,2000 年,奥地利维也纳机场有四名乘客在飞机着陆时因深静脉血栓病死亡。2004 年,国泰航空公司日籍女乘客疑死于"经济舱综合征"。2010 年,从德国法兰克福飞上海浦东机场的中国国际航空公司航班落地后,在办理入境手续时,一名 62 岁德国籍男子在机场通道内突发疾病猝死,死因调查显示是"肺栓塞"。

尽管目前还没有明确证据表明空中旅行和"经济舱综合征"有必然联系,但一些医学专家认为,飞机中狭小活动空间和长时间飞行可能会导致血管阻塞。② 其实英国医学界早在 1940 年就注意到此问题,并从 1968 年开始研究长途飞行中枯坐不动的危险。1985 年,在英国最繁忙的希思罗机场附近工作的一些医生写信给英国著名医学周刊《柳叶刀》,反映乘客在长途飞行时易患深静脉血栓栓塞症,这些乘客没得到航空公司任何提醒和帮助,对于这种可能会致命的症状,航空公司应负有道义上的责任。③

3. "经济舱综合征"损害赔偿的司法认定

在实践中最早出现的此类诉讼,是德国法兰克福地区法院 2001 年审理的一名旅客因罹患血栓症致肺部栓塞对德国汉莎航空公司提出的损害赔偿诉讼,但该案判决驳回了原告的诉讼请求。随着人们对深静脉血栓症的关注度越来越高,一些航空公司因"经济舱综合征"相继被诉。例如,2002 年,56 名"经济舱综合征"的幸存者及其家属向英国伦敦高等法庭提起集体诉讼,联合向包括英国航空公司、荷兰皇家航空公司、达美航空公司和美利坚航空公司等 30 家航空公司索取数百万英镑的赔偿,诉称航空公司没有提醒乘客"经济舱综合征"的危险性,也没告诉乘客如何避免或采取行动减少或减轻危险。④ 2001 年,3 名"经济舱综合征"的受害者,对澳洲官方和荷兰皇家航空公司、澳洲昆达士航空公司和英国航空公司 3 家国际航空公司提出诉讼。2003 年,澳大利亚近 400 名"经济舱综合征"患者

① 佚名:《长途飞行严防四大杀手》,载中华康网,http://www.cnkang.com/dzjk/201012/42591.html?_t=t,最后访问日期:2021 年 6 月 30 日。
② 倪海云:《世界卫生组织将斥资 1100 万美元研究经济舱综合症》,载 http://news.carnoc.com/list/8/8402.html,最后访问日期:2019 年 12 月 20 日。
③ 参见张川杜、郑桂红:《患"经济舱综合症"是谁的错》,载 https://www.gmw.cn/01gmrb/2001-02/16/GB/02%5E18694%5E0%5EGMC2-112.htm。
④ 佚名:《56 名经济舱综合症受害者联合起诉 30 家航空公司》,载 http://news.carnoc.com/list/20/20898.html,最后访问日期:2020 年 12 月 29 日。

控告澳大利亚航空管理机构和航空公司,诉称澳大利亚民航安全局和航空公司未能事先就危险的深静脉血栓形成对乘客发出警告,在飞机上患深静脉血栓症应定为事故并予以赔偿。①

(1)肯定性判决

2002年,一名59岁男子出现深静脉血栓入院并无法工作,他认为这是悉尼飞往伦敦的3天商务行程造成的。昆达士航空公司和英国航空公司有关"经济舱综合征"在国际民航法中不属于"意外"的申诉,被澳大利亚维多利亚州最高法院驳回。②

(2)否定性判决

从司法实践考察,大多数判例都认为DVT不是事故,不属于不可预见、不寻常的、旅客自身之外事件引起的,是旅客自身对通常可预见的飞行内在反应的结果,承运人对此不承担责任,③如美国法院判决并不认可DVT病发构成航空"事故"。在Louie v. British Aieways 和Halterman v. Delta Airlines 等诉讼案④中,阿拉斯加州、加利福尼亚州等法院对于公务舱旅客未离开座椅导致DVT病发、血栓性静脉炎症状加剧、炸弹恐吓和机械故障导致航班延误造成严重背痛、腿部肿胀等情形,均判决不构成《华沙公约》第17条的"事故"。2002年,盖伊·卡曼在搭乘从洛杉矶飞往巴黎的国际航班后,被确诊患上深静脉血栓症——"经济舱综合征"。卡曼认为自己遭遇不幸属于飞行事故,应按《华沙公约》规定得到相应赔偿,即对大陆航空公司提起诉讼。基层法庭作出有利于大陆航空公司的判决,美国第九上诉巡回法庭维持原判。审判庭认为,卡曼无法证实所患深静脉血栓症属于意外事故,其无法证明患病是"意想不到或不寻常事件"所致。⑤

---

① 参见文心:《近四百名经济舱综合症患者控告澳航空当局》,载 https://www.chinacourt.org/article/detail/2003/02/id/39361.shtml.

② 佚名:《澳法庭对经济舱综合症裁决》,载 http://news.carnoc.com/list/22/22062.html,最后访问日期:2021年1月4日。

③ See George N. Tompkins, Jr., *Liability Rules Applicable to International Air Transportation as Developed by the Court in the United States—from Warsaw* 1929 *to Montreal* 1999, Kluwer Law International B. V.,2010, p. 173.

④ Louie v. British Aieways, Ltd.,29 Avi. 18,337(D. Alaska 2003);Halterman v. Delta Airlines, Inc.,32 Avi. 15,309(N. D. Calif. 2007);Scherer v. Pan American World Airways,Inc.,387 N. Y. S. 2d 580 (N. Y. A. D. 1st Dep't. 1976);Margrave v. British Airways,643 F. Supp. 510 (S. D. N. Y. 1986);Toteja v. British Airways,1999 WL 1,425,399(D. Md. 1999).

⑤ 参见杨孝文、任秋凌:《美法庭裁决航空公司无需对乘客静脉血栓症负责》,载 http://news.sina.com.cn/w/h/2006-08-03/161110621322.shtml,最后访问日期:2021年6月30日。

在美国国内航空运输中,承运人未能提示深静脉血栓症的风险,也不能依据国内法提起诉讼,如在 2004 年 Witty v. Delta Airlines 案件中,法院认为,美国联邦航空管理局(FAA)是美国唯一有权决定承运人在飞行前后和飞行中必须向旅客警示风险的管理机构,并没有要求对 DVT 风险进行提示,由此,承运人未向旅客警示或提醒 DVT 风险,不构成诉由。① 俄亥俄州法院在 2005 年 Baxley v. Delta Air Lines, Inc. 案件中,认为承运人未向旅客提示 FAA 不要求的 DVT 风险,不是"不可预见或不寻常的事故"。②

迄今为止,意大利、澳大利亚、以色列、加拿大和英国法院都在遵循美国的 DVT 判例法,各国的司法裁决认定,未能发出预防深静脉血栓的警告和指示不构成《华沙公约》第 17 条意义上的"事故"。③ 1999 年《蒙特利尔公约》在适用时,法院都遵循《华沙公约》规定,认为深静脉血栓和与此相关疾病如肺栓塞,以及未能警告深静脉血栓形成的风险,都不构成《华沙公约》第 17 条所指的意外事故④。例如,英国法院 2004 年驳回"经济舱综合征"患者的上诉,维持原审判决,裁定"经济舱综合征"患者不能要求航空公司作出赔偿。⑤ 2005 年,英国高级法院裁决认为,依照国际公约有关规定,可能致人死亡的深静脉血栓症并不是飞行事故,航空公司对此不负有任何责任。

在 Hu v. Air China Limited 案⑥中,一位乘客在从中国上海到意大利米兰的连续飞行后,在意大利马尔彭萨(Malpensa)机场的入境通行线等候期间昏厥死亡。尸体解剖证实死因是大面积肺栓塞。其家人对中国国际航空公司提起索赔,认为肺栓塞是由全程飞行中旅客座位不舒适造成的,家人认为被告未能对 DVT 的风险进行警告,深静脉血栓属于《蒙特利尔公约》第 17 条意义上的"事故",无论是根据《蒙特利尔公约》第 17 条还是适用当地法,航空公司应承担赔偿责任,但法院完全否决原告的请求,认为 DVT 和对 DVT 风险未进行警告都不属于《蒙特利尔公约》第 17 条的

---

① Witty v. Delta Airlines, Inc. 366 F. 3d 380 (5th Cir. 2004).

② Baxley v. Delta Air Lines, Inc. 30 Avi. 16,299(N. D. Ohio 2005).

③ Hu v. Air China Ltd., Judgment No. 399/2009 of 7 January 2009, Tribunal of Busto Arsizio [case 1118 (2007)];Meilan v. Air China,7 January 2009 (Busto Asizo Lombardy).

④ I. H. Ph. Diederiks-Verschoor, *An Introduction to Air Law*, revised by Pablo Mendes de Leon in cooperation with Michael Butler, published by Kluwer Law International,2012,p. 160,228.

⑤ 晨虹:《英国法院驳回"经济舱综合症"患者上诉》,载《法制日报》2003 年 7 月 11 日。

⑥ Hu v. Air China Limited., Judgment No. 399/2009 of 7 Jan. 2009, Tribunal of Busto Arsizio (Varese) in Case No. 1118 of 2007.

"事故"。①

在 2004 年 Rodriguez *v.* Anset Australia, Ltd. 案②中,法院没有判定航空公司未警示 DVT 风险是否构成《华沙公约》第 17 条下的"事故"。在 2005 年 Blotteaux *v.* Qantas Airways, Ltd. 案③中旅客就此提出索赔,法院以旅客未能提供警示充分与否的行业标准否定了旅客的索赔。在 2006 年 Cortez *v.* Air New Zealand Ltd. 案④和 Damon *v.* Air Pacific, Ltd. 案⑤中,法院认为未警示 DVT 风险并非《华沙公约》第 17 条所指"事故"。在 2007 年 Caman *v.* Continental Airlines, Inc. 案⑥中,法院明确判决在飞行前或飞行时未能提供 DVT 风险警示不构成《华沙公约》第 17 条"事故"的界定,这与行业标准或航空公司服务标准是否提供警示要求无关。

在 2008 年 Twardowski *v.* American Airlines, Inc. 案⑦中,美国第九巡回法院的判决成为美国 DVT 诉讼案的标志性判决,其明确判定:第一,航空承运人未能提示 DVT 风险不构成《华沙公约》第 17 条下的"事故";第二,对旅客提示 DVT 风险并不是承运人的法定义务;第三,无论民航当局要求承运人告知旅客 DVT 风险,还是航空承运人公开作出的安全承诺,都不能将"未及时告知旅客 DVT 风险"认定为公约的"事故"或"事件";第四,因承运人未有警示 DVT 风险的法定义务,故承运人没有必须以特殊方式告知该风险的义务;第五,未能提示 DVT 风险不承担责任,未能有效提醒旅客长途飞行久坐会造成 DVT 的风险也不应承担责任。

综观司法判例,诉讼争议焦点有二:一是深静脉血栓是否属于国际公约或国内航空立法或行业标准意义上的"事故"范畴;二是航空公司未对旅客警示深静脉血栓风险是否构成《华沙公约》第 17 条的"事故"。显然,司法判例对此都予以了否决。

但是,关于航空承运人对"经济舱综合征"的发生是否负有过失问题,学界有不同于司法判例的观点。有学者认为,要航空公司决定旅客有患此类潜在疾病的倾向相当困难,因此,航空公司在接收旅客方面存在过失或

---

① See George N. Tompkins Jr. , *The* 1999 *Montreal Convention*: *Alive*, *Well and Growing*, Air and Space Law 34, No. 6 (2009), p. 425.

② Rodriguez *v.* Anset Australia, Ltd. , 383 F. 3d 914 (9th Cir. 2004), cert. Denied, 544 U. S. 922 (2005).

③ Blotteaux *v.* Qantas Airways, Ltd. , 31 Avi. 17,447 (9th Cir. 2006).

④ Cortez *v.* Air New Zealand Ltd. (USA), 31 Avi. 18,134 (9th Cir. 2006).

⑤ Damon *v.* Air Pacific, 31 Avi. 18,135 (9th Cir. 2006).

⑥ Caman *v.* Continental Airlines, Inc. , 455 F. 3d 1087 (9th Cir. 2006), cert. Denied, 127 S. Ct. 1333 (2007).

⑦ Twardowski *v.* American Airlines, Inc. , 32 Avi. 16,585 (9th Cir. 2008).

者疏忽很难认定,但是航空公司应当十分清楚,航空器上的座位距离对平均身材的旅客而言狭小拥挤,而且他们也了解医疗证据已经初步认定,在狭小空间中长时间旅行是诱发深静脉血栓的风险因素之一,航空公司应当采取针对该危险的预防措施,如乘务员给予旅客某些指导和告示,告知旅客不要在座位底下放置行李以免影响腿的活动或伸直;或者告知旅客经常变化坐姿和不要服用酒精饮料、麻醉药或者安眠药等,以使"经济舱综合征"的危险降到最低。①

笔者认为,如果民航运输业内出现了 DVT 风险告知的相关行业标准,或者航空承运人的运输总条件中有关于告知旅客 DVT 风险的程序和流程,而航空承运人未能遵守该行业标准或航空运输总条件的承诺,对于旅客长途飞行久坐造成 DVT 的损害,应负过失赔偿责任。因为航空承运人应该比任何旅客都更清楚机上经济舱狭窄的座位会严重地影响人体血液循环,尽管其不是旅客都的专职医生,但其对航空旅行易引发血栓栓塞的风险应该负有告知义务和注意义务,毕竟航空公司对旅客提供的是综合服务,而不仅仅是把旅客从甲地运往乙地,还必须保证以安全和卫生的方式来完成运输。② 尤其是旅客如果在机舱内感染"严重急性呼吸系统综合征"(Severe Acute Respiratory Syndrome,SARS),航空公司可能负法律责任,因航空公司必须遵守国际卫生条例,以及它们经营航空服务的航空器进入其他国家的法律和规章(芝加哥公约第 11 条)。

四、"航空事故"是损害结果还是造成结果的原因

从词典的解释来看,事故是指任何一方都不希望发生、没有预见或不是故意的,有时因过失造成的事件,结果造成了伤害、损失、损害等。英国的林德利勋爵在 1903 年一个案例中说,"事故"一词在法律技术含义上尚无明确定义,一般来说,就法定赔偿责任而言,事故指造成伤害或损失的意外而未料到的事件。但也常用来指任何意外与未料到的损失或伤害本身,不指其原因;在造成伤害或损失的原因不明时,其本身肯定会被叫做事故。"事故"一词还常用来兼指原因与结果,无意将两者分开。就《华沙公约》第 17 条的"事故"而言,不论从立法历史还是从条文措辞"如果造成这类损失的事故"中,都应理解为是指作为事情原因的事故而言。③ 据此,旅客

---

① 参见解兴权:《经济舱综合症与航空承运人法律责任分析》,载《中国民用航空》2004 年第 12 期。

② 参见郝秀辉:《论航空人身侵权赔偿中的"过失"》,载《法商研究》2008 年第 4 期。

③ 参见赵维田:《国际航空法》,社会科学文献出版社 2000 年版,第 319 页。

被带离受劫持的飞机后遭到枪击,依据《蒙特利尔公约》第 17 条,这里的"事故"应是指劫机而不是指枪击。① 在英国 Chaudhari *v.* British Airways Plc.案中,法院认为,原告的损害是由于其自身健康原因导致的对正常航空运行的反应,《华沙公约》第 17 条的"事故",不是旅客死亡或身体伤害的结果,而是造成损害结果的原因,因而不构成"事故"。② 1999 年《蒙特利尔公约》第 17 条的"事故"内涵与此保持一致。

事件不是事故,其如果仅与乘客自身健康状况有关,与飞行无关,即原告不能证明事故原因或事故如何发生或事故为什么发生,承运人无须承担损害赔偿责任。例如,因旅客自身的原因发生的疾病,如致命的心脏病病发、哮喘病发、溃疡病发、急性阑尾炎、深静脉血栓等,即使在航空器上或上下航空器过程中出现症状或加重病情,也不属于《蒙特利尔公约》第 17 条的"事故"。③ 但司法实践的认定并不尽然,例如,澳大利亚有判例并不要求原告证明《蒙特利尔公约》第 17 条所要求的造成身体伤害的事件的原因,只需原告确定损害是由旅客以外的、不寻常的和意外的事件造成即可。④

---

① Pflug *v.* Egyptair Corp. ,961 F. 2d 26 ,29 – 30 (2d Cir. 1992).

② See Nicole Lachance, *The Sky is the Limit*:*Accident, Bodily Injury and Liability under the Montreal Convention*,Annals of Air and Space Law,Vol. 26 ,2001.

③ See George N. Tompkins, Jr. , *Liability Rules Applicable to International Air Transportation as Developed by the Court in the United States—from Warsaw 1929 to Montreal 1999*, Kluwer Law International B. V. , 2010 ,p. 135 – 136.

④ See I. H. Ph. Diederiks-Verschoor,*An Introduction to Air Law*,revised by Pablo Mendes de Leon in cooperation with Michael Butler, published by Kluwer Law International,2012 ,p. 227.

第二章　国际空难损害赔偿法律关系

第一节　国际空难损害赔偿法律关系的界定和意义

一、国际空难损害赔偿法律关系的界定

国际空难损害赔偿法律关系是国际航空法律关系的一种。国际航空法律关系是国际航空法律制度的一个基本法律概念,其他诸如国际航空法律规范、国际航空法律责任等法律概念,大多都直接或间接地与此概念相关联。

从一定意义上说,在航空领域,任何法律现象的存在都是为处理某一种航空法律关系,如航空赔偿责任规则是为航空损害赔偿法律关系的存在创造形式条件,对航空法律问题所作的技术性分析即对航空法律关系的具体操作。因此,要研究航空损害赔偿法律制度必须从航空损害赔偿法律关系入手。

国际空难损害赔偿法律关系,是指由法律规范所调整的在航空活动中基于一定的法律事实而产生的具有权利义务内容的社会关系。其中航空法律规范是航空法律关系发生的前提,没有航空法律规范的存在,就不会有航空法律关系的产生,如没有航空旅客运输法规的存在就不会在旅客与航空承运人之间发生旅客运输合同关系,也不会发生航空承运人对旅客损害赔偿的法律关系。法律事实是航空法律关系发生的原因,例如,没有空难事故的发生,便不会产生空难损害赔偿法律关系。[①]

二、国际空难损害赔偿法律关系的意义

航空法学要研究的问题颇为广泛,但中心问题是航空法律关系。航空法学不仅要研究作为航空法律关系发生根据的各种航空法律规范,而且还要研究发生航空法律关系的各种原因,研究航空法律关系的发生、变更与消灭。在一定意义上可以说,航空法学就是航空法律关系学。航空法律关

---

① 参见郝秀辉:《航空法律关系的思考与研究》,载《中国民航学院学报》2004 年第 1 期。

系理论是航空法学理论的基础,也是航空法学理论的总纲,它是研究航空立法和各种航空法律关系的主线,把握这个基础和主线,对正确理解和适用航空法律有指导意义。国际空难损害赔偿法律关系是航空法律关系类型之一,是航空法学研究的重要概念,既是全面理解空难损害赔偿法属性的基本路径,也是国际航空运输法律行为赖以进行的基础行为模式。

第二节　国际空难损害赔偿法律关系的特征

国际空难损害赔偿法律关系,是指在国际航空运输活动中,航空承运人或航空器运营人造成受害人财产损失或人身损害的空难事故(航空事故),基于这一法律事实,在赔偿责任人与受害人之间产生的损害赔偿救济关系。这种法律关系至少包含以下特征。

一、涉案主体的广泛性

在空难事故损害赔偿法律关系中,承担责任的主体可能包括直接从事航空运输的航空公司,还会涉及航空器制造者和设计者、航空器维修者、空中交通服务者、机场公司等。索赔主体可能涉及自然人、法人或其他组织,主要体现为航空器造成损害的第三人、航空旅客、航空货物托运人等。即使是同一空难受害的航空旅客,也可能因国籍不同而有所差异。例如,在韩亚空难中,乘客中有141名中国籍乘客、64名美国籍乘客和77名韩国籍乘客,这将对司法管辖权的选择带来差异化。根据《蒙特利尔公约》,美国法院对空难诉讼有司法管辖权的是:受伤或遇难乘客是美国永久居民、机票购买地在美国,或个人搭乘航班飞往美国且美国是行程的最终目的地。外籍乘客如要选择在美国起诉,除参考美国是否为其最终目的地外,还应参考其他因素。

自然人作为航空损害赔偿法律关系主体极为常见。他们通常以三种身份参加到航空法律关系中来:一是以旅客的身份;二是以航空业务从业者的身份;三是以受害人的身份。自然人成为航空法律关系主体,主要基于法律上的原因和法律上的某些事实。前者如自然人基于机票购买行为而成为航空旅客,后者如航空器坠落给地(水)面上的第三人造成损害时而使自然人成为航空法律关系的当事人。自然人在以不同的身份参与航空法律关系时,法律对其权利能力与行为能力的要求不同,法定的条件也不同。如果自然人作为旅客,患有烈性传染病或可能给航空器造成危害时,其权利能力就会被加以限制,即航空承运人有权拒绝其登机。如果自然人以航空器的空勤人员、地勤人员、航管人员、维修人员身份成为航空法律关系主体时，必须具备法定的条件和符合特定要求。如果自然人因航空事故以受害人身份成为航空法律关系当事人时，法律对其没有特别要求。

法人和非法人组织成为航空损害赔偿法律关系主体的情况也常见，通常其在以下三种情形下成为航空法律关系主体：一是具备从事航空业务许可证的航空公共运输企业、航空器设计制造企业、航空器维修企业等法人在从事航空活动时，可能会成为航空损害赔偿法律关系的主体；二是非从事航空业务的法人基于某些法律上的原因成为航空法律关系的主体，如与航空货运公司签订航空货运合同或包机合同的企业法人；三是某些企业法人基于法律上的事实成为航空损害赔偿法律关系的主体，如航空器坠落造成地（水）面财产损失的企业。

二、国际航空公约适用的优先性

在国际空难损害赔偿的法律适用中，因牵涉诸多主体，出现了法律规范适用的多样性，既有各国民法、合同法、侵权责任法等国内法，又有国际条约、国际惯例。但是，对于缔结或加入国际条约的国家而言，国际航空公约的适用具有优先性。例如，在1994年Cureley v. American Airlines案中，一位乘务员通知机长，怀疑原告在飞机下降过程中正在厕所里吸食大麻，飞机着陆后，机长通知地面人员，随即机场的墨西哥海关当局对原告扣留、搜身和威胁，结果发现是错误怀疑，原告依据州法对航空公司提起诉讼，法院认为，原告依据州法诉讼，《华沙公约》则不具有优先适用权，其伤害不属于《华沙公约》第17条意义上的"事故"造成。[1] 又如，在2013年韩亚空难发生后，在韩亚航空失事航班上的中国旅客，不管是从中国出发还是从韩国出发的，均可要求按照1999年《蒙特利尔公约》进行赔偿。一般而言，航空公司必须根据相关国内法及国际法对空难损害承担赔偿。韩亚空难可能适用的法律包括中、美、韩三国国内法及国际公约、国际惯例和通行做法。但是，目前中国、韩国、美国均为《蒙特利尔公约》的缔约国，此次空难是在国际航线的航班上发生的，以"国际运输"为调整对象的《蒙特利尔公约》，对在国际航空运输中旅客的人身伤亡或行李损失，或运输货物的损失，在恢复性赔偿原则基础上建立了公平赔偿的规范体系，因此，《蒙特利尔公约》作为赔偿的重要依据应优先适用。

---

[1]　Cureley v. American Airlines, Inc. , – F. Supp. – 24 Av. Cas. （CHH）18036（S. D. N. Y. 1994）.

三、赔偿责任主体的特定性与责任承担的替代性

从国际航空损害赔偿法律关系责任主体的特定性而言,只有符合航空法律规定的条件和资格,才能参与航空运输法律关系,才可能因航空事故而成为赔偿责任主体。

由于航空运输活动中,航空承运人对旅客、机组人员和地(水)面第三人以及运输的货物等,会依据法律要求或基于规避风险目的进行责任保险的投保,因此,在发生空难事故时,航空承运人面临的损害赔偿责任,常常是由保险公司通过保险赔偿金的方式予以支付,从而出现责任承担的替代。

四、旅客赔偿责任性质的竞合性

在空难事故损害法律关系中,针对有合同关系的旅客和无合同关系的第三人的损害,赔偿责任性质有所不同,后者只能是侵权责任,但在航空运输合同关系中,航空事故或事件引起的所载乘客或行李货物的损害赔偿责任,理论上会出现合同责任和侵权责任的竞合。

《华沙公约》的责任体制是以运输合同的存在为前提条件的,但在公约设计与制定时就已经预见到,在适用公约的航空事故或事件中,既可引起合同责任也可引起侵权责任。因此,《华沙公约》第24条规定:任何损害赔偿诉讼,不论其依据如何,只能依本公约所规定的条件与限制提出。这里的"不论其依据如何"有两重含义:一是强调华沙规则的强制性,凡公约范围的旅客、行李、货物的损害赔偿,只能适用华沙规则,排除适用一国国内法规则的可能;二是不论根据本公约,或合同,或侵权行为,或其他根据[1],只能依本公约所规定的条件与限制提出。1971年《危地马拉议定书》、1974年《蒙特利尔第4号议定书》以及1999年《蒙特利尔公约》都有如此规定,这既是对华沙体制实践经验的总结,也是对《华沙公约》第24条的阐明与正确解释。[2]

但是,各国国内法是应优先适用侵权责任还是依据合同责任制度赔偿,有不同的侧重点。在英美法系中,因普通法中的合同法规则比较严格,各国法院为保护消费者权益,更多适用侵权责任制度。我国《民用航空法》和《民法典》规定受害人可以自由选择侵权责任或合同责任。

---

[1] 如英国传统法律规则中有时把"公共承运人"的责任称作"寄托责任",但实际依据寄托责任起诉的案件极少。

[2] 参见赵维田:《国际航空法》,社会科学文献出版社2000年版,第255~256页。

五、涉案主体地位的平等性

无论是航空旅客运输法律关系还是航空货物运输法律关系,旅客与承运人、托运人与承运人都是在平等自愿的基础上订立航空运输合同,缔约主体法律地位平等,其双方的权利义务是对等的、相互的。在航空器对地(水)面第三人损害赔偿法律关系中,受害人与责任人的法律地位也是平等的。正是基于空难损害赔偿法律关系主体具有地位平等性,空难损害赔偿诉讼中会出现大量和解结果。

六、引起赔偿关系的航空事故的特定性

空难事故损害赔偿法律关系不会自动发生,其虽然是由航空法律规范调整而形成,但航空法律规范的存在不能直接引起这种法律关系的发生,须以航空法律事实的存在即航空事故的发生为客观依据。航空损害赔偿法律关系应是航空法律规范的规定和实际发生航空事故的共同结果。

但是,航空事故无论在国际航空公约还是各国国内法中,都有其特定的内涵和外延。例如,1929年《华沙公约》和1999年《蒙特利尔公约》第17条的"事故"虽然并未做明确定义,但具有特定的意义和理解,至少包含三层含义:一是存在旅客因伤亡或任何其他身体伤害而产生的损失;二是这种损失必须由"事故"引起,即损失与"事故"的因果关系;三是"事故"应发生在航空器上或上下航空器的过程中。我国1995年《民用航空法》对"事故"也有上述的理解和采用。当然,航空事故尤其是空难事故发生,不仅引起航空损害赔偿法律关系的发生,还会导致航空保险赔偿法律关系的发生。

七、空难赔偿责任的复杂性

航空活动具有天然国际性,航空运输活动有国内航空运输活动和国际航空运输活动之分,其中国际航空运输活动占有相当的份额。国际社会先后制定了一系列有关空难损害赔偿的国际公约和协议,但每个公约的成员国有所不同,没有参加或加入公约的国家并没有义务依据公约有关规定处理空难赔偿问题。因此,每起空难发生的具体情况不同,不同国家在处理空难事故、执行公约的程度会因案而异,由此出现空难赔偿的复杂性。

综观各国国内航空法的法源,虽然很多来自国际统一的航空技术标准和国际条约、公约、国际惯例,但往往会结合考虑本国国情作出差异化的法律规定,因此使空难赔偿的差异特性更加鲜明。

国际空难损害责任赔偿的外延包括但不限于:(1)国际航空运输致旅

客和货物的事故赔偿;(2)航空器对地(水)面第三人的损害赔偿;(3)航空器空中碰撞的损害赔偿;(4)空难引发的国际航空产品责任赔偿和保险赔偿;(5)空难事故所致环境损害赔偿。在这些损害赔偿中,国际航空旅客运输和货物运输的损害赔偿有所不同,而空难事故对地(水)面第三人的损害赔偿更具复杂性。

第三节　国际空难损害赔偿法律关系适用的国际公约体系

一、国际航空承运人对运输合同相对人(旅客/托运人)的赔偿责任公约体系

(一)有关国际航空旅客/货物运输统一规则的文件体系

自20世纪开始航空运输活动以来,承运人责任和受害乘客、受损货物的损害赔偿问题成为各国面临的重要问题。在国际航空运输公约产生前,航空承运人和旅客、托运人之间的事故损害赔偿关系只能适用各国的民法、合同法或国际私法。但是,在国际航空运输中,国际航班面临政治、社会、经济和法律等各种问题,法院根据各国不同的国内法处理的承运人责任和旅客、托运人之间的损害赔偿纠纷出现了严重差异,由此,产生了统一相关规则的需要。因为航空承运人和旅客/托运人存在运输合同关系,故有关承运人对旅客/货物的损害赔偿责任体制,可以称为国际航空承运人对第二人的赔偿责任体制。

迄今为止,关于处理国际航空承运人和旅客、托运人之间的事故损害赔偿责任问题,形成了统一的国际航空运输赔偿的规则体系,该体系包含以下文件:

(1)1929年《华沙公约》,即在华沙签订的《统一国际航空运输某些规则的公约》,1933年生效。我国于1958年批准该公约。

(2)1955年《海牙议定书》,即在海牙签订的《修订1929年10月12日在华沙签订的〈统一国际航空运输某些规则的公约〉的议定书》,1963年生效,我国于1975年批准该议定书。

(3)1961年《瓜达拉哈拉公约》,即在瓜达拉哈拉签订的《统一非缔约承运人所作国际航空运输的某些规则以补充华沙公约的公约》,1964年生效。

(4)1971年《危地马拉议定书》,即在危地马拉签订的《修订经海牙议定书修订的〈统一国际航空运输某些规则的公约〉的议定书》。议定书未生效。

（5）1975 年蒙特利尔附加议定书（第 1～4 号），即在蒙特利尔签订的第 1～4 号《关于修改〈统一国际航空运输某些规则的公约〉的附加议定书》，第 1～3 号附加议定书均未生效。第 4 号附加议定书于 1998 年 6 月 14 日生效，1999 年 3 月 4 日对国际货运量最大的美国生效。我国至今仍未批准该议定书。第 4 号议定书对《华沙公约》和《海牙议定书》作出的重大修改包括：①采用严格责任替代过失推定责任；②采用特别提款权作为计算单位，规定不可变更的固定责任限额为 17 特别提款权。

（6）1999 年《蒙特利尔公约》，即在加拿大蒙特利尔外交会议上通过的《统一国际航空运输某些规则的公约》。因为华沙体系内 9 个文件并存，且每个文件的成员参差不齐、效力不一（见表 2-1）。国际空难事故会因出发地、目的地、经停地的差异，同一事故中不同旅客因适用不同公约文件，会形成混乱结果，从而使华沙体制出现了分崩离析的危机。《蒙特利尔公约》则根据航空运输中新的条件和要求，以统一华沙体制下各项公约和议定书为目标，对国际航空运输凭证规则和承运人责任制度进行了重大修改。

表 2-1　华沙体制系列文件和相关协议的生效状况

法律文件		成员方/国家/承运人的数目	生效日期
1929 年《华沙公约》		127	1933 年 2 月 13 日
1955 年《海牙议定书》		113	1963 年 8 月 1 日
1961 年《瓜达拉哈拉公约》		71	1964 年 2 月 1 日
1971 年《危地马拉议定书》		11	需要 30 个国家批准
1975 年蒙特利尔附加议定书	第一号	28	需要 30 个国家批准
	第二号	29	需要 30 个国家批准
	第三号	21	需要 30 个国家批准
	第四号	26	1998 年 6 月 14 日
《IATA 关于旅客责任的承运人间协议》		66	1995 年 10 月 31 日
《关于实施 IATA 承运人间协议的措施的协议》		47	1997 年 2 月 14 日

从 1929 年《华沙公约》的诞生，到后来 7 个文件对 1929 年《华沙公约》的修改或补充，以及《华沙公约》现代化的 1999 年《蒙特利尔公约》共 9 个文件，构成了规定航空承运人在经营国际航空运输业务时的责任体制，故又称"华沙/蒙特利尔"责任体制，这是国际航空私法的一个重要体系。中国参加了责任体制中的 1929 年《华沙公约》和 1955 年《海牙议定书》，但其他的协

议、议定书没有参加,只是在制定《民用航空法》时吸收了其中部分内容,如1961 年《瓜达拉哈拉公约》、1975 年《蒙特利尔第 2 号议定书》等有关内容。

关于统一国际航空运输规则体系的各个文件之间的关系。1999 年《蒙特利尔公约》第 55 条明确规定,如果当事国既是本公约的缔约国,也是 1929 年《华沙公约》、1955 年《海牙议定书》、1961 年《瓜达拉哈拉公约》、1971 年《危地马拉议定书》和 1975 年 4 个蒙特利尔议定书中一个或数个文件的缔约国,则本公约优先适用,这从原则上解决了《蒙特利尔公约》与华沙体系间的法律冲突问题。

(二)国际航空承运人的旅客运输责任制度之发展

从国际航空公约考察国际航空承运人的旅客运输责任制度历经了一系列演变,其总趋势是不断强化对旅客权益的保障(见表 2 - 2)。

表 2 - 2　国际航空旅客运输责任制度演变

国际公约	责任主体	归责原则	责任限额	责任期间	免责事由	诉讼管辖与时效
1929 年《华沙公约》	承运人	推定过失责任制	12.5 万金法郎	在航空器上 或 在 上、下 航空器的过程中	1. 承运人及其代理人为避免损失的发生已经采取一切必要措施或不可能采取这种措施; 2. 受害人的过失	承运人住所地、主营业所所在地、签订合同的机构所在地、目的地法院
1955 年《海牙议定书》			25 万金法郎		减少了适用不可抗力条款	
1961 年《瓜达拉哈拉公约》	实际承运人和缔约承运人一样,受《华沙公约》的制约					
1971 年《危地马拉议定书》(未生效)	1. 对旅客死亡和伤害实行严格责任; 2. 增加乘客责任限额至 150 万法郎; 3. 无论产生责任的情形如何,责任限额不得突破; 4. 各国可设立适用于各自领土内的补充性的乘客损害赔偿制度					新增第五管辖权,即旅客住所地或永久居所地法院管辖权
1975 年蒙特利尔第 1~3 号议定书	1 号议定书把《华沙公约》责任限额的法郎数字改为以特别提款权(SDR)表示; 2 号议定书把 1955 年《海牙议定书》修改《华沙公约》责任限额的法郎数改为以特别提款权(SDR)表示; 3 号议定书把《危地马拉议定书》修改《华沙公约》责任限额的法郎数改为以特别提款权(SDR)表示					

续表

国际公约	责任主体	归责原则	责任限额	责任期间	免责事由	诉讼管辖与时效
1999年《蒙特利尔公约》	承运人；缔约承运人和实际承运人	严格责任；过失推定责任	严格责任：≤10万特别提款权；过失推定责任：＞10万特别提款权。删除限额不能突破和补充补偿制度的规定	在航空器上或在上、下航空器的过程中	损失不是由于承运人或者其受雇人、代理人的过失或者其他不当作为、不作为造成的；或者损失完全是由第三人的过失或者其他不当作为、不作为造成的	承运人住所地、主要营业地或订立合同的营业地法院或目的地法院、旅客的主要且永久居所地法院；2年时效；诉讼程序适用受理案件的法院的法律

（三）国际航空承运人的货物运输责任制度之演变

从国际航空公约的考察来看，国际航空货物运输责任制度自1929年以来发生了不断演变，其呈现的趋势是责任限额不断提高，责任原则日益严格（见表2-3）。

表2-3　国际航空货物运输责任制度演变

国际公约	适用范围	归责原则	责任限额	责任限额之例外	责任期间	货物毁损、灭失的免责事由	延误免责事由	异议提出期限	
								货损	延误
1929年《华沙公约》	取酬或非取酬的国际运送、相继运送以及复合运送中空运的部分	推定过失	每公斤250金法郎	1.主张运送不适用于公约；2.主张航空货运单有瑕疵；3.有货物保价声明；4.主张运送人存在蓄意或不顾后果的不良行为	1.承运人实际掌管期间；2.推定期间	1.已采取一切必要的措施或不可能采取此种措施；2.驾驶上、航空器操作或领航上的过失	已采取一切必要的措施或不可能采取此种措施	7天自收货之日起	14天自收货之日起

续表

国际公约	适用范围	归责原则	责任限额	责任限额之例外	责任期间	货物毁损、灭失的免责事由	延误免责事由	异议提出期限	
								货损	延误
1955年《海牙议定书》	1.取酬或非取酬的国际运送、相继运送以及复合运送中空运的部分；2.超出正常运送的特殊业务适用于公约	推定过失	每公斤250金法郎	同1929年《华沙公约》	同1929年《华沙公约》	已采取一切必要的措施或不可能采取此种措施	同1929年《华沙公约》	14天	21天
1971年《危地马拉议定书》	1.取酬或非取酬的国际运送、相继运送以及复合运送中空运的部分；2.超出正常运送的特殊业务适用于公约；3.缔约承运人与实际承运人皆适用	推定过失	每公斤250金法郎	同1929年《华沙公约》	同1929年《华沙公约》	已采取一切必要的措施或不可能采取此种措施	同1929年《华沙公约》	14天	21天

续表

国际公约	适用范围	归责原则	责任限额	责任限额之例外	责任期间	货物毁损、灭失的免责事由	延误免责事由	异议提出期限	
								货损	延误
1975年《蒙特利尔第4号议定书》	1.取酬或非取酬的国际运送、相继运送以及复合运送中空运的部分；2.超出正常运送的特殊业务适用于公约；3.缔约承运人与实际承运人皆适用	无过失责任	每公斤17特别提款权	1.主张运送不适用于公约；2.有货物保价声明	同1929年《华沙公约》	1.货物的固有缺陷、质量或者瑕疵；2.承运人或者其受雇人、代理人以外的人包装货物的，货物包装不良；3.战争行为或者武装冲突；4.公共当局实施的与货物入境、出境或者过境有关的行为	同1929年《华沙公约》	14天	21天
1999年《蒙特利尔公约》	1.取酬或非取酬的国际运送、相继运送以及复合运送中空运的部分；2.超出正常运送的特殊业务适用于公约；3.缔约承运人与实际承运人皆适用	无过失责任	每公斤17特别提款权	1.主张运送不适用于公约；2.有货物保价声明	1.承运人法律上掌管的期间；2.推定期间	同1975年《蒙特利尔第4号议定书》	已采取一切合理的措施或不可能采取此种措施	14天	21天

资料来源：郝秀辉：《海峡两岸航空法之比较研究》，法律出版社2013年版，第81~82页。

二、国际航空承运人对第三人损害赔偿责任的公约体系

早在 1927 年,航空器对地(水)面第三人造成损害的问题就已被人们认识到,而且该种损害与《华沙公约》所针对的损害有严格的区别。[1] 有关航空器对地(水)面第三人损害责任的国际公约有以下五个。

(一)1933 年《罗马公约》

在罗马签订的《统一有关航空器对地(水)面第三方造成损害的某些规则的国际公约》。本公约目的是为统一由航空器对地(水)面第三方造成损害问题的法律规则,但只有 5 个国家批准了该公约。

(二)1938 年《布鲁塞尔保险议定书》

在布鲁塞尔签订的《对统一有关航空器对地(水)面第三方造成损害的某些规则的国际公约的附加议定书》。本议定书涉及的是在外国领土上飞行的航空器应该保险的规定,其批准国更少,其与 1933 年《罗马公约》的实际效果都非常有限。

(三)1952 年《罗马公约》

在罗马签订的《关于外国航空器对地(水)面第三方造成损害的公约》。本公约是对前两个公约和议定书的取替,虽生效但批准国也较少,只有 32 个国家批准,且没有美、英、德、加等航空大国参加。

(四)1978 年《蒙特利尔议定书》

在蒙特利尔通过的《修订关于外国航空器对地(水)面第三方造成损害的公约的议定书》。议定书尚未生效。

(五)2009 年"一般风险公约"和"非法干扰公约"

2009 年 4 月 20 日至 5 月 2 日,国际民航组织在加拿大蒙特利尔市召开的国际航空法会议上通过的《关于航空器对第三方造成损害的赔偿的公约》和《关于因涉及航空器的非法干扰行为而导致对第三方造成损害的赔偿的公约》,前者简称为"一般风险公约",后者简称为"非法干扰公约"。中国还未签署这两项公约。

"一般风险公约"是对 1952 年《罗马公约》和 1978 年《蒙特利尔议定书》的现代化,其核心是航空器运营人的双梯度责任制。在第一梯度下,运营人对第三方造成的损害不论是否有过错,均以航空器最大质量为基础承担限额内的赔偿责任。超出限额的部分,对航空器运营人适用过错推定责

---

[1] 参见郝秀辉:《航空器对地(水)面第三人侵权责任归责原则论》,载《北方法学》2008 年第 1 期。

任原则。

"非法干扰公约"旨在通过采取集体的国家行动,统一关于对飞行中航空器的非法干扰事件的后果提供赔偿的一些规则,以达到保护第三方受害人利益和维护航空业持续发展的双重目的。因非法干扰行为造成的损害,由航空器运营人在一个限额以内承担赔偿责任,限额以上的损害通过设立的国际民用航空基金提供赔偿。

从总体上看,关于航空器对地(水)面第三人的损害责任方面的国际公约并未能发生《华沙公约》那样的国际影响,没有达到公约起草者的初衷。其原因是"因为该公约处理的是一种极少发生的事件,又无不可克服的法律冲突和管辖冲突,在这个领域实施统一法律没有多大必要,因而从 1933 年第一个《罗马公约》以来,各国都不愿成为该公约的缔约国"。[1]

但是,中国《民用航空法》对于那些中国尚未批准或者加入的国际公约,其中有些与中国法律规范不冲突且内容合理的部分,立法予以了吸收,如航空器对地(水)面上第三人造成损害责任部分吸收了 1952 年《罗马公约》的相关内容。[2]

---

[1]　1978 年蒙特利尔《航空法国际会议记录与文件集》,ICAO Doc. 9357 – LC/183。

[2]　参见中国民航局:《从缺规少矩到有法可循——民航法制建设不断完善》,载 http://www. caac. gov. cn/A1 /200812/t20081208_20599. html。

第三章　国际空难损害赔偿责任的
归责原则

在民用航空运输业的发展史上,空难始终是无法完全回避的风险。国际航空承运人因空难事故致害旅客和地(水)面第三人的损害赔偿责任制度一直是立法演变的核心内容。综观航空承运人不断发展变化的赔偿责任制度,无不围绕受害人权益的保护和航空运输业的行为自由发展两个视角展开。本章分别围绕华沙/蒙特利尔公约体系和罗马公约体系下两类空难损害赔偿责任及其归责原则进行探讨。其中关于空难事故致航空旅客的责任原则研究,主要以民用航空运输业发展史为切入点,以承运人责任原则的历史变迁为线索,对不同历史时期的国际航空承运人的空难损害赔偿责任原则进行梳理,并以此探究国际空难损害责任原则演变的社会基础。[1]

第一节　国际空难致旅客损害赔偿的
过失推定责任原则

一、航空运输业的萌生期与过失推定责任的确立

纵观全球民用航空运输业的发展历史,从"一战"结束(1918 年)到"二战"结束(1945 年),历时约 30 年,是国际民用航空运输业的萌生期。[2]

在"一战"(1914~1918 年)前,人类航空活动基本处于试验期,除"一战"中用于一些军事飞行外,作为民用航空的运输未形成局面。"一战"后,各国纷纷开始大幅提高投进科技力量和发展飞机性能,从 1919 年至 20 世纪 30 年代,各国航空公司纷纷出现。例如,1919 年的荷兰皇家航空公司、德国汉莎航空公司,1926 年美国的东方航空公司、西北航空公司,1927 年泛美航空公司、西班牙航空公司、巴西航空公司等。

与此同时,1919 年《巴黎公约》、1926 年《伊比利亚—美洲空中航行公约》和 1927 年《泛美商业航空公约》等解决了空中主权和空中交通规章问题

---

[1] 参见郝秀辉:《国际航空承运人责任演变基础之探究——以空运业发展史为视角》,载《中国民航大学学报》2009 年第 1 期。

[2] 参见王凤云:《从空运历史及作用看中国民用航空运输发展战略》,载《中国民航学院学报(综合版)》1997 年第 2 期。

后,国际航空运输事业就日渐发达。由于航空活动本身具有国际性、涉外性,调整航空承运人损害赔偿责任的 1929 年《华沙公约》应运而生。

《华沙公约》旨在增进国际航空运输某些规则的一致化和法典化,确保国际航空运输消费者的利益,在恢复性赔偿原则的基础上提供公平赔偿。在承运人的责任规则上,公约确立与采取了过失推定责任[①]和限制责任制度,并确认了承运人的免责抗辩权,即承运人对每名旅客的责任以 12.5 万法郎(约合 8300 美元)为限;对行李或货物的责任以每公斤 250 法郎为限;关于旅客自己照管的物件,对每名旅客的责任以 5000 法郎为限。承运人本人及其受雇人为避免损失发生已经采取一切必要措施或不可能采取此种措施;或损失是由于领航上、航空器操作上或导航上的过失造成的,不承担责任。[②] 承运人证明损失是由受害人的过错造成或者促成的,法院可依法全部或部分地免除承运人的责任。[③]

二、过失推定责任的含义与理解

所谓"过失推定",是指对于发生的损害,因某种客观事实或条件的存在,即推定行为人有过失,从而减轻甚至免除被害人对于过失的举证责任,并转为由加害人负无过失证明责任,如果加害人不能证明自己没有过失,则推定其有过失并负民事责任。

在航空运输法律关系中,承运人比普通的旅客或托运人具有更丰富的航空专业知识,并同时控制航空器,在信息掌控上始终处于优势地位,比任何人更了解损害原因,所以将无过失的举证之责强加给承运人更显公平,如承运人不能证明自己无过失,就推定其有过失从而对受害人承担责任,这即是《华沙公约》的责任制度,而且这种责任制度奠定了整个华沙体制的责任基础,直到 1966 年此责任基础因蒙特利尔临时协议才有所变更。

"过失推定"意欲借助证据法则,以调整此时期过失责任的运用缺陷,但终究还是强调过失要件对侵权责任构成的重要性,因而,从严格的意义上仍属于过失责任的范畴,是过失责任原则走向客观化的表现,从而为受害者提供有力的法律援助。但是,过失推定责任加大了航空承运人责任承担的风险,于是配以"限制责任"来界定权益保护与自由保障之间的合理边界。

所谓"限制责任",是指在发生空难事故造成财产损失或人身伤亡时,航空承运人可根据法律的规定,将其赔偿责任限制在一定限度内的赔偿制度。

---

① 参见《华沙公约》第 17 ~ 19 条。

② 参见《华沙公约》第 22 条。

③ 参见《华沙公约》第 20 条、第 21 条。

如果说在航空运输业发展的萌生期,过失推定责任在一定程度上扩大了航空承运人的责任负担,限制责任则是给承运人责任的一种对价,这种推定过失责任和限额赔偿结合的制度,对航空运输事业的发展起到了极其重要的保护作用。

三、过失推定责任的法理分析

在航空运输业萌生期,对于空难事故损害赔偿,《华沙公约》先推定承运人有过失,必须承担赔偿责任,然后再由承运人承担举证责任进行抗辩。在当时的历史时期产生的过失推定责任,有其正当的法理基础。

(一)侵权法上过失责任原则主流思想的影响

从近代以来,过失责任原则一直占据着侵权行为法领域的统治地位,并一直代表侵权行为法发展的主流,其在自由资本主义经济时期以加害人为考虑基点,充分调动了个人行为的积极性。而在航空运输业萌生的20世纪上半叶,资本主义经济危机四伏,社会冲突、矛盾、纠纷和侵权损害等"社会战争"的浪潮危及资本主义制度的生存,民事责任的立法基点和价值观念必须以受害人为考虑核心,加强对受害人的法律救济,才能缓和社会矛盾。于是,过失推定责任便成为当时危机笼罩下的一种立法对策和选择,这种选择是法院为适应社会条件的变化对损害赔偿责任归责原则进行的调整,但这种调整并没有抛弃主流的过失责任原则,乃是仅可用特殊事由加以反驳的过错推定的创作,而不是对过错原则的抛弃。在过失责任原则对矛盾纠纷的合理解决已经陷于捉襟见肘的窘况之时,过失推定责任则既能维持过失责任主义之面貌,复可借其概念本身之扩大,解决诸多危险活动事故的损害赔偿问题。[1]

在航空运输业发展的早期,受航空技术和航空知识的限制,事故原因的举证困难使受害人无法适用过失责任原则寻求救济和补偿,过失推定则以"惊世骇俗的大胆叛逆之举"在以过失为普遍责任标准的时代,为那些难以证明航空承运人过失的受害人提供了一种补偿机会,使过失责任原则暴露出的承运人与受害人之间利益失衡和人与人之间自然正义难以实现的弊端得以克服。所以,《华沙公约》规定的承运人责任规则深受侵权行为法的过失责任原则的影响,以举证倒置的方法对过失责任原则进行了变通适用,其并没有也无法摆脱过失责任原则的樊篱。

---

[1] 参见邱聪智:《从侵权行为归责原理之变动论危险责任之构成》,中国人民大学出版社2006年版,第55页。

但是,过失推定责任在航空运输业领域的适用有很高的效果风险,因为航空运输业是资金和技术密集型行业,投资大、风险高,一次大的空难事故损失常常超过飞机价值,如果承运人全额赔偿,可能会导致航空承运人濒临破产边缘。承担无限责任的恐惧心理会使投资者和经营者望而却步,如此必难以使航空运输业发展壮大,由此需要确立相应的航空赔偿限制责任制度,减少承运人可能承受的巨额赔偿责任,解除他们的后顾之忧,保证航空运输业资本投入的安全性,调动投资运营的积极性,从而促进航空运输业的稳健发展。

(二)公平正义价值观对公约的影响

航空运输业发展初期,航空风险比任何交通工具都大,而且航空事故损失有很多是专业性的航空技术风险造成的,受有损失的一方一般很难履行举证义务以证明承运人的过失。因此,在航空运输损害的赔偿诉讼的法庭审理中,"过失问题"的举证具有很强的技术性且花费是相当昂贵的,这样的过失证明责任如分配给原告的话,对于本已遭受损害的原告而言无异于雪上加霜,原告只能利用官方的事故调查资料或者基于"事实本身的证明准则"进行推断,除此之外别无他途。如此一来,原告举证的极大困难势必使法庭对案件的审理期限变得冗长,受害人的权益迟迟得不到补偿,显然有失公平,而且不符合正义原则,因为迟来的正义为非正义。因此,《华沙公约》将举证责任分配给作为被告的承运人。公约并不是要作为被告的承运人证明自己的过失,而是要他证明他和他的雇员们为避免损害已采取了一切必要措施或者不可能采取这种措施,则可以不负责任。这就意味着公约在加强受害人权益保护的同时,也赋予了承运人积极抗辩的权利。这种过失推定责任中的反证,不仅意味着对航空运输业的保护,更为重要的是体现了公平正义的确认和对风险选择自由的尊重。因为 20 世纪的早期,飞机并不是人们旅行要使用的必须和惯常交通工具,运输中的旅客在与承运人订立运输合同关系时,对运输工具的飞机产生的较大航空危险是明知的,他自然应该为明知有危险而仍为的行为付出一定的代价。此点与航空器造成的地(水)面的第三人损害应负的责任完全不同,旅客应该能够事先预料飞行风险程度,也可以为这种风险保险(当时责任保险制度已经起步)。因此,《华沙公约》中过失推定责任下的反证规则和责任限额规则是有意要让受害旅客承担一部分航空飞行风险,这在资本主义大工业时代和航空运输业发展的童年时期的背景下,更显公平和正义。

(三)安全注意义务的违反是过失责任的正当性基础

任何损害赔偿法律责任的成立都是以法律义务为前提和基础的,无义务即无责任,责任是义务违反的当然后果。在航空活动这个高度危险作业领域,侵权人的"过失"基础就是其对特定关系人的安全注意义务,这种注意义务来源较多,既可源于先前行为、契约约定和法律法规,也可源于侵权人自己的章程细则或航空惯例。例如,航空承运人如果允许乘客登机,不管乘客是付费还是免费,承运人都必须对乘客的飞行安全尽最高程度的注意义务,这种安全注意义务存在于飞行过程中和上下飞机的过程中。把旅客安全准时地送达目的地,不仅是航空运输契约的基本义务,而且"应承担防止可预见风险范围内的人遭受伤害的注意义务,也是基本的侵权法原则"。①

过失责任的构成,不仅要求违反注意义务,还一定要有损害后果。在未造成任何损害的情形下,过失赔偿责任难以成立。损害程度并不影响过失责任的成立,只是影响损害赔偿额的大小。通常情况下,因航空活动的高空作业性,航空事故所致损害都非常严重,要么导致受害人生命提前终结,要么造成无法救治、不可恢复的严重身体伤害,这些损害从根本上破坏了人们普通的生命进程或对善的追求,支付损害赔偿金也未必就能恢复或消除此种损害。正因如此,法律要求航空承运人必须尽最高程度的注意义务,尽量避免损害的出现。当然,在航空飞行中获利的不只是承运人,也包括受害的乘客,但比较而言,承运人经营航空风险作业是经过成本收益核算后作出的理性选择,是一种有价值的投资行为,而乘客从航空飞行中获得的便捷、快速、愉悦等收益远不能和遭受的生命丧失或肢体严重受害相比拟,因此,承运人没有理由让乘客承受与自己一样的风险负担。②

第二节 国际空难致旅客损害赔偿的严格责任原则

一、航空运输业的成长期与严格责任原则的确立

1945 年"二战"结束后,航空运输业进入了长达 40 年的成长期,直至 20世纪 80 年代初,此时航空运输业的成长不仅表现为航空投入扩大、航空企业规模提高和增长速度加快,而且表现为喷气式飞机和波音 747 等大机型的出现和空运里程与航线的增加。从 20 世纪 50 年代到 80 年代的 30 年,世界民航客运公里增长近 39 倍,货运吨公里增长近 40 倍,邮运吨公里增长近

---

① 卡多佐法官在 MacPherson v. Buick Motor Co. 一案中的阐述,见 217N. Y. 382, Ⅲ N. E. 1050 (1916)。

② 参见[美]葛瑞高瑞·C. 克廷:《意外事故侵权法的社会契约观念》,载[美]格瑞尔德·J. 波斯特马主编:《哲学与侵权行为法》,陈敏、云建芳译,北京大学出版社 2005 年版,第 35 ~ 37、56 页。

18 倍,完成总吨公里增长了 37.5 倍。① 随着航空运输业的迅猛发展,《华沙公约》的加入国越来越多,公约关于"旅客可以根据他同承运人的特别协议规定较高限额"这一授权条款上的适用分歧也越来越大,加之此时期一些发达国家航空公司经济实力的增强,责任限额不断被突破,如 1955 年《海牙议定书》将《华沙公约》的 12.5 万法郎提高到了 25 万金法郎(约合 1.66 万美元)。1966 年《蒙特利尔协议》进一步将旅客责任限额提高为 90 万法郎[约合 7.5 万美元(包括法律费用)、5.8 万美元(不包括法律费用)]。1971 年《危地马拉议定书》规定旅客人身伤亡赔偿限额为 150 万法郎,延误的责任限额为 62,500 法郎,行李毁损遗失的责任限额为 15,000 法郎,货物的责任限额为 250 法郎。1975 年《蒙特利尔第 3 号附加议定书》对旅客人身伤亡的赔偿限额提为 10 万特别提款权,延误时对旅客的责任限额为 4150 特别提款权,行李毁损遗失的限额为 1000 特别提款权,货物运输的责任限额为每公斤 17 特别提款权。与此同时,1966 年《蒙特利尔协议》还对旅客人身伤亡提起的任何赔偿要求,排除了承运人援引 1929 年《华沙公约》或 1955 年《海牙议定书》修正的公约第 20 条第 1 款规定的任何抗辩,这标志华沙体制由此开始引入无过失责任,但以正式国际条约形式采用无过失责任的是 1971 年《危地马拉议定书》。②

二、严格责任原则的内涵与理解

无过失责任即严格责任,只是前者为大陆法系称谓,后者为普通法系的称谓。③ 所谓严格责任是指:依据法律的特别规定,通过加重行为人的举证责任的方式,而使行为人承担较一般过错责任更重的责任。④ 侵权法上的无过失责任"虽然严格,但非绝对,无过失责任并非表示加害人就其行为所生之损害,在任何情况下均应承担责任,各国(地区)立法例多承认加害人得提出特定之抗辩或免责事由"。⑤ 例如,1971 年《危地马拉议定书》规定承运人可以提出抗辩或免责的事由仅限于:旅客本人的健康状况造成自身伤亡;

---

① 参见王凤云:《从空运历史及作用看中国民用航空运输发展战略》,载《中国民航学院学报(综合版)》1997 年第 2 期。
② 参见 1971 年《危地马拉议定书》第 4 条、第 5 条。
③ 持"严格责任即无过失责任"说的代表有王泽鉴、李仁玉、王卫国等,参见王泽鉴:《民法学说与判例研究》(第 1 册),中国政法大学出版社 1998 年版,第 8 页;李仁玉:《比较侵权法》,北京大学出版社 1996 年版,第 152~153 页;王卫国:《过错责任原则:第三次勃兴》,中国法制出版社 2000 年版,第 286 页;王利明:《侵权行为法研究》(上册),中国人民大学出版社 2004 年版,第 242 页。
④ 参见王利明:《侵权行为法研究》(上册),中国人民大学出版社 2004 年版,第 244~245 页。
⑤ 参见王泽鉴:《民法学说与判例研究》(第 2 册),中国政法大学出版社 1998 年版,第 161~162 页。

行李本身的自然属性、质量或缺陷造成的毁损和遗失;已经采取一切必要措施或不可能采取此种措施;索赔人的过错或旅客本人过错造成或促成损失与伤亡的几种情形。① 1975 年《蒙特利尔议定书》规定承运人可抗辩的免责事由限于:承运人本人或其受雇人、代理人为避免损失发生已经采取一切必要措施或不可能采取此种措施;行李、货物的固有缺陷、质量或者瑕疵造成的;承运人或者其受雇人、代理人以外的人包装货物的,货物包装不良;战争行为或者武装冲突;公共当局实施的与货物入境、出境或者过境有关的行为;损失是由受害人、索赔人或代行权利人的过错造成或者促成的。② 可见,严格责任并不是绝对责任,只是免责条件更为严格,损害发生后,如果形成了明显的责任根据和因果关系,就要确立被告的责任。美国著名的侵权法学者艾波斯汀认为,从侵犯权利的角度解释,严格责任是有合理性的,法律既然承认人们对其身体和其物件享有排他性的权利,侵犯这些权利就应该作出赔偿。③

三、严格责任归责原则的法理基础分析

在航空运输业生长期的 20 世纪六七十年代,航空承运人的责任归责原则为何从过失责任迈进了(严格责任)无过失责任,这种转变的基础在于以下三个方面。

(一)弱势群体利益加强保护观念的影响

在航空运输业迅速成长的年代,飞机数量快速增长和航空事故增加造成的巨大危险已成为社会无法避免的现象,安全利益受损的受害者变成了社会中一个需要得到特殊保护的弱势群体,世界文明的进步不能以他们身陷无法逃避的风险伤害为代价,法律不应当允许他们成为被社会弃之不管的人群,否则就是不人道的。过失推定责任虽给受害人提供了一定的补偿机会,但受害人如果要想获得合适的或者较高的赔偿,仍然必须证明承运人有故意的不正当行为。尤其是承运人享有的“本人及其受雇人为避免损失发生已经采取一切必要措施或不可能采取此种措施,损失是由于领航上、航空器操作上或导航上的过失造成时不承担责任”的抗辩,必然会导致法官自由裁量权的过大和赔偿案件的久拖不决,使本就不幸的受害人再遭受讼累。更为不幸的是,很多情形下发生的航空损害是承运人主观上没有过失的,或者由于机毁人亡的情形根本就无法查清承运人的过失,这难免会导致承运

---

① 参见 1971 年《危地马拉议定书》第 4 条、第 6 条、第 7 条。
② 参见 1975 年《蒙特利尔议定书》第 4～6 条。
③ See Epstein, *Theory of Strict Liability*, 1973, p.167.

人不受追究的后果,无辜受害人的损害只能获得道义上的同情却无法获得实际的补偿,过失推定责任此时已经无法更有效地保护弱势群体的安全利益。因此,迫切需要严格责任的保障,它比过失责任能够更有效地保护安全,因为它对由显著危险性行为造成的所有伤害给予损害赔偿,而不仅仅只对那些本可能会因履行合理注意义务就得以避免发生的损害进行赔偿。而这种赔偿会更多更有效地减少危险,因其使选择预防措施的责任掌握在可能对某事有专攻的一方——加害人身上,并促使这一方作出寻找有效的降低风险的预防措施的行为。①

(二)责任保险的有力推动

在航空运输业的快速成长期,航空技术有很大改进和提高,初期航空活动的风险已经基本能被人类预见并防范,此时的航空保险业也非常发达,航空承运人承担的赔偿可以转移给保险公司,由此使法律调整的视野不再局限于一对一的责任归属争执。可见,过失责任原则是为保护起步的航空事业,在航空运输业的快速成长期已不再必要,过失便自然地被抛弃,转而选择严格责任来促进社会福利。②

航空运输业的致损风险是航空经济发展和航空技术进步过程中的固有风险,当这种风险导致的意外事故可保险时,严格责任会将某一行为的无过失风险成本在所有参与的人中间分散,这种对合理风险的负担和收益的分配比过失责任下的分配更公平。③ 此时如果依然采用过失责任原则,就会造成对被告的偏袒,从而导致风险分配的失衡,引起不公正的后果。因此,在社会不能取缔这种(航空)危险活动的情况下,如果一方的活动招致了巨大的危险,这种危险转变成了导致损害的破坏力,即应让该方承担赔偿责任,无论这种转变是该方的活动导致的还是某种外力引发的。④ 法律将严格责任归于承运人,不仅仅是在于他们本身最有承受损失的能力,更重要的是考虑他们有提供保险金的能力。伴随航空运输业快速成长而发展壮大的航空保险为严格责任的适用提供了强大的动力和基础,因为它不仅消化了航空事故造成的个体无法承受的巨大负担,而且实现了资源的有效合理转化,使一个具体的事故损失释放为社会化的补偿机制而被消化吸收。

---

① 参见[美]格瑞尔德·J.波斯特马主编:《哲学与侵权行为法》,陈敏、云建芳译,北京大学出版社2005年版,第44页。

② Gordon, *Book Review: Tort Law in American : An Intellectual History*, by G. Edward White, 94 Harv. L R. 903(1981).

③ 参见[美]格瑞尔德·J.波斯特马主编:《哲学与侵权行为法》,陈敏、云建芳译,北京大学出版社2005年版,第43页。

④ 参见王军:《侵权法上严格责任的原理和实践》,法律出版社2006年版,第153页。

(三)侵权法上安全价值与自由价值博弈的结果

严格责任比过失责任为人们在一生中追求善的观念创造了更有利的条件。在航空运输行为的世界里,对严格责任和过失责任的选择是一个在对安全的严重破坏和一个更适度地对自由的破坏中进行选择的问题。①

航空运输业进入成长期后,劫机事件频发造成的航空危险并没有因为航空技术的改进而减少,反而更为严重,如 20 世纪 50 年代的东西欧之间不时地发生叛逃性劫机;20 世纪 60 年代初,美国与古巴断绝外交关系后,加勒比地区一度掀起一股劫机风;1963 年《东京公约》制定后,全球性劫机浪潮迭起,到 20 世纪 60 年代末达到高峰,仅 1968 年就发生 30 起,1969 年高达 91 起。② 在这种航空危险日益严重的形势下,对旅客安全利益的保障具有相对较大的紧迫性,毕竟每个人的生命只有一次,严重的航空事故会毁掉人的正常生活。航空运输业发展的这种历史背景为严格责任的适用提供了有利的土壤。航空公司作为承运人被要求承担严格责任就会强迫他们采取各种可能的措施在事前预测风险的发生和最大限度地降低事故发生率,并在事后合理地分散成本。而过失责任对受害人的安全造成了过多负担,它要求受害人忍受别人实施的有显著危险性的行为——尽管他们不能控制或被合理要求去控制这些风险。对于受害人安全利益遭受损害的赔偿,过失责任制度仅能向受害者提供一种自由请求权,即对他人施加等量的显著风险的权利,而不必有对自然人或他们的财产进行赔偿的义务。因此,航空承运人承担严格责任,在解决人们对自由和安全的冲突的要求时比过失责任达到更令人满意的平衡,因为严格责任对加害人的自由造成的破坏比过失责任对受害人的安全造成的破坏要少。③

第三节　国际空难致旅客损害赔偿的双梯度责任原则

一、航空运输业的成熟期与双梯度责任原则的确立

20 世纪 80 年代以来,随着各国不断开放,进一步促进了全球航空运输业规模的扩大。1983 ~ 1992 年,在役商业航空运输机从 9123 架增至 13,790 架,增加 50% 以上,美、英、日、德等国航空运输周转量每年分别以 5% 以上

---

① 参见[美]格瑞尔德·J. 波斯特马主编:《哲学与侵权行为法》,陈敏、云建芳译,北京大学出版社 2005 年版,第 55 页。

② 参见赵维田:《国际航空法》,社会科学文献出版社 2000 年版,第 445 ~ 446 页。

③ 参见[美]格瑞尔德·J. 波斯特马主编:《哲学与侵权行为法》,陈敏、云建芳译,北京大学出版社 2005 年版,第 53 ~ 55 页。

速度递增,增长的绝对数字超过任何历史时期。航空自由化浪潮使航空公司之间竞争升级,推动全球航空运输业进入成熟期。①

在这个新历史时期,随着航空自由化和经济全球化、一体化趋势的出现,华沙体制濒临崩溃边缘,一些国家的国内立法和航空公司抛弃国际公约,提高责任限额。例如,日本1982年取消国内航线旅客责任限额,1992年航空公司所有航班取消旅客责任限额;澳大利亚1994年将国内航线旅客责任限额提高到50万澳元,1995年将国际航线旅客责任限额提高到26万特别提款权;意大利1995年也放弃旅客责任限额,规定至少不低于10万特别提款权。国际航空运输协会(IATA)也相继提出《吉隆坡协议》(IIA)、《迈阿密协议》(MIA)和美国主要航空公司实行IIA的方案(IPA),即吉隆坡会议上提出的国际运输中旅客责任无限额协议包括旅客赔偿金额参照各旅客户籍所在国法律规定的内容(IIA);1996年华盛顿会议提出的IIA的实施协议(MIA)有两条强制性条款:一是赔偿标准参照旅客户籍所在国或长期居留国的法律规定;二是通告旅客IIA/MIA/IPA中旅客责任限额的新规定。其中"赔偿标准参照旅客户籍所在国或长期居留国的法律规定"遭到所有航空公司的一致反对。

如此各自为政、矛盾重重的赔偿责任形式,使航空运输责任体制陷入混乱局势,严重制约国际航空运输事业的发展,因此,1999年《蒙特利尔公约》以独特的双梯度责任原则获得"新的现代化的《华沙公约》的美誉"。

二、双梯度责任原则的内涵与理解

《蒙特利尔公约》融合了《海牙议定书》和《危地马拉议定书》的内容,规定承运人对旅客的双梯度责任制度,对于因旅客死亡或者身体伤害而产生的损失,只要造成死亡或者伤害的事故是在航空器上或者在上下航空器的任何操作过程中发生的,承运人就应当承担责任,但分成实行不同责任原则的两个梯度。

第一梯度(10万特别提款权以下)实行严格责任制。即无论承运人是否有过失,都需承担赔偿责任,但是,如果承运人能够证明该损失是由于旅客的过失、错误行为或疏忽造成的,则其责任可以按照旅客应负责任的程度相应减免。

第二梯度(10万特别提款权以上)实行过失推定责任制。如果承运人

---

① 参见王凤云:《从空运历史及作用看中国民用航空运输发展战略》,载《中国民航学院学报(综合版)》1997年第2期。

能够证明损失不是由于承运人或其受雇人、代理人的过失或其他不当作为、不作为造成的,则承运人不承担第二梯度的责任。

两个梯度的严格责任制大大地增加了承运人对旅客赔偿的可能性。比较而言,第二梯度的承运人责任依然采用过错推定责任,但取消了《华沙公约》关于相对过错责任的规定,而且过错推定责任的两个免责事由非常苛刻,在绝大多数空难事故中,承运人的抗辩很难利用这两个免责条款。当然,这两个梯度的赔偿责任都是补偿性责任而非惩罚性责任,实际赔偿数额由法院根据实际损失以及恢复原状的原则据实判决。

三、双梯度责任原则的法理基础分析

在航空业被公认为是风险行业而推崇严格责任之时,过失推定责任何以在 1999 年《蒙特利尔公约》中与严格责任居于并驾齐驱的地位呢？究其理由如下。

(一)双梯度责任在适用上具有相容性

严格责任实际上是在过失责任原则的基础上发展起来的。在严格责任适用的领域,过失不仅成为免责或减责的要件,而且在某些情况下,过失程度对于确定严格责任的赔偿范围具有意义。这不仅在《华沙公约》和新《蒙特利尔公约》中都有体现,而且在美国法中也有突出表现,如 1975 年《纽约民事诉讼法》第 1411 条规定:"在任何要求赔偿人身伤害、财产损害、死亡的诉讼中,在共同过失和承担危险的情况下,不应该免除加害人的赔偿责任,而应该根据过失程度减轻其赔偿数额。"正如美国学者施瓦茨指出"过失责任原则在当代仍然具有潜力"。[1] 从现代英美法规定看,凡是严格责任适用的案件,同时也可适用过失责任,严格责任和过失责任(包括过失推定责任)相互配合、相互补充。

当然,严格责任与过失推定责任还是有一定的区别的:过失推定责任是法官在司法审判中灵活运用的,而严格责任的适用必须有法律的明文规定;过失推定是可以反证的,加害人只需证明自己没有过失就可减免责任,而严格责任的反证受到严格限制,只有证明存在法定抗辩事由才能免责;过失推定责任只是过失要件的推定,不涉及因果关系,而严格责任可能涉及因果关系的推定。[2]

从损害赔偿金额的确定应该有利于引导当事人采取有效预防措施的角

---

① Schwartz, *The Vitality of Negligence and the Ethics of Strict Liability*, 15 Ga. L. Rev. 963 (1981).
② 参见王利明:《侵权行为法研究》(上册),中国人民大学出版社 2004 年版,第 267 ~ 268 页。

度来看,严格责任只能给加害人提供有效的预防动力,促使其努力发现降低事故损失的新方法,而过失责任具有促使加害人和受害人双方采取预防措施以减少事故发生的可能性,二者同时适用于航空领域也有必要性。

(二)各国经济状况的现实差异奠定了双梯度责任的客观基础

众所周知,发达国家和发展中国家的经济实力差异很大是不争的事实,不同国家的航空公司承担责任的经济基础具有明显的强弱之分。但是,本着为全球航空运输业发展的大局着想,各国共同缔结的公约在责任限额、归责原则和管辖权等方面必须妥协才能达成。双梯度中的严格责任满足了高收入国家的要求,过失推定责任则照顾了大多数低收入国家的利益,从而使公约的全体成员都能遵守执行公约规定,为公约的广泛适用奠定了良好的基础。

对 10 万特别提款权以下的请求施加严格责任,无论哪个国家的航空承运人都能以自身的实力负担起增加预防措施的成本,并能促使其积极寻求分散事后负担的渠道和途径,甚至可减少无过失危险施加的发生率,尤其是20 世纪以来,侵权行为法上过失的作用不断缩小,案件很少提交法院,大多数是在几乎不考虑过失问题的情况下处理的,赔偿不是以过失而是以保险的存在为基础的。①

与此同时,因航空科技的发展、航空安全的增强、人们维权意识的提高、航空运输业发展潜力的巨大,许多发展中国家航空承运人的经济实力也有了飞跃式的进展,严格责任的设置与新时期国际社会的各种条件是相适应的。基于高风险的空运造成损害和赔偿极其巨大的可能,只要承运人可反证自己过失的欠缺就可免责,此即对于超过 10 万特别提款权的请求规定过失推定责任的基本内涵。

四、过失责任在空难损害赔偿中的地位与表现②

(一)过失责任在空难事故损害赔偿中的地位

随着航空运输业的飞速发展,不断出现的航空事故引人关注。航空活动中发生的与航空器运行相关的事故包括有航空飞行事故、航空地面事故、航空器维修事故等。其中重大的空难事故原因包括机组原因(人的原因)和客观原因,前者如机组操作失误或操纵不当、违规飞行、机组资源管理能力

---

① 参见[美]伯纳德·施瓦茨:《美国法律史》,王军、洪德、杨静辉译,法律出版社 2007 年版,第287 页。

② 本部分主要内容参见郝秀辉:《论航空人身侵权赔偿中的"过失"》,载《法商研究》2008 年第 4期。

差等,后者如突发性机械失灵、系统故障、恶劣气象等。根据事故调查和统计表明,人为因素诱发的飞行事故比例高达70%~80%,且这种事故比机械故障所致事故更致命、更可怕。由于人为因素贯穿航空活动的始终,在航空器的设计、制造、使用、维护及运营等环节,人为因素都起着主导作用。例如,在民航领域,人为因素导致的事故比率已经上升到总体事故比例的70%左右。[①]

在航空实践中,尽管有些航空事故原因至今未彻底查清,但航空运行中的人为差错一直是航空事故的主要原因,国内外许多重大空难事故都是由相关人员的"过失"造成的。例如,1972年,一客机因机组偏离航线,最后在离机场12公里的沼泽地坠毁,163位居民、6名乘客和5名机组人员全部死亡。NTSB调查报告指出事故原因是在飞机最后飞行的4分钟,机组人员沟通不畅,都只关注前起落架位置指示系统情况,分散了机组人员的注意力而忽略了其他监控仪表,长时间未发现飞机在意外下降。[②] 2001年在米兰利纳特机场发生了载有104名乘客的北欧航空公司的客机撞入机场的一建筑物的悲剧,造成悲剧的原因是飞行员操作失误开进了即将升空的客机跑道。2006年造成155人遇难的巴西空难,则是因控制塔的错误指令酿成客机与一架小型商务飞机相撞。

我国也发生过多起人为因素造成的重大空难。例如,1992年一架波音737在桂林地区撞山失事,事故原因是机组人员没有及时发现飞机下降过程中出现的右发动油门故障。1993年一架MD-11飞机在乌鲁木齐坠毁的原因是机组人员没听懂飞机语音警告系统多次出现的警告。2004年造成55人遇难的包头空难,事故原因是班机提前10分钟起飞,液压系统预热时间不够,造成一个小油块没有溶化,油路堵塞致升降舵失灵。

根据1999年《蒙特利尔公约》确立的双梯度责任,对超过10万特别提款权的部分,只要承运人能够证明其没有过失,就不承担赔偿责任。这意味着一旦证明承运人对空难事故发生存在过失,承运人将承担无限额赔偿责任。由此可见,《蒙特利尔公约》对"过失责任"给予了应有的充分的考量和权衡,"过失责任"在空难事故损害赔偿中仍然占有重要的地位,过失责任并未像理想主义的制度设计者所预想的那样,完全退出航空侵权责任体系并丧失其用武之地,基于风险活动得到发展的严格责任并没有能够完全取代

---

① 参见张明洁、王华伟等:《面向维修差错的民航不安全事件风险分析》,载《武汉理工大学学报(信息与管理工程版)》2018年第4期。

② 参见程道来、杨琳、仪垂杰:《飞机飞行事故原因的人为因素分析》,载《中国民航飞行学院学报》2006年第6期。

过失责任,它只是在过失责任领域分割出了一块应由它调整的领地。① 在航空器"相撞或相扰"②造成的损害赔偿中,因风险的互惠性,过失责任足以调整有关事故的成本;在航空客运领域,迄今仍然大量适用过失责任。因为机组人员、塔台人员、飞行派遣人员等违反了与飞行有关的程序、政策和法规,或因驾驶舱空间、噪声、缺氧、辐射、疲劳、时差等因素影响了飞行员的情景意识,造成大量人员伤亡的许多空难事故的侵权责任还是以过失为基础的,这在各国航空侵权法和《华沙公约》、1999 年《蒙特利尔公约》的适用中得到佐证。

航空人为因素研究对确定空难事故损害赔偿的过失责任③具有重大现实意义。在 1999 年《蒙特利尔公约》的双梯度责任中,过失责任还占据一定的地位并与严格责任并存。

1. 严格责任适用的双面性使其存在一定的局限性

严格责任虽然在一定程度上加强了对受害人的保护,但并不是万全之策,它使空运经营者的成本加大、负担加重,会在一定程度上限制经营者的行为积极性。一个现代的社会必须承认行为自由的价值,调整行为自由的法律应当设法调动人们防止不法行为和避免损害结果的自觉能动性,因为不法行为和损害结果是人们通过主观努力所能够避免的,而为了调动这种自觉能动性,法律就必须把责任限定在过错(失)的范围内。也就是说,如果一个人达到了法律和道德所要求的注意程度,其行为便无可指责,因而不应被强制承担民事责任。④ 正是因航空承运人所从事的活动与公共利益有关,一旦科以严格责任,即可能产生对这种活动的抑制作用,这不得不使法院和立法机构谨慎行事,充分考虑和权衡被告的活动对社会价值这一重要因素的影响。⑤ 同时,严格责任在实践中也未必能更好地保护受害人,因为致害人的补偿或偿付能力直接决定了受害人损害能否全部实现。

2. "过失责任"是抑制道德风险爆发的"利刃"

社会和社会中的人还未发展到仅靠道德规范行为的时代,完全抛弃对侵权人"过失责任"法律制度的考察和衡量,势必引发严重的道德风险。同时,乘客在选择乘坐飞机时已经意味着其自愿地承担了飞行的风险。因而,

---

① 参见王军主编:《侵权行为法比较研究》,法律出版社 2006 年版,第 43 页。
② "相撞"是指两个以上航空器在飞行中的有形接触;"相扰"是指一个航空器在没有与另一个航空器有有形接触的情况下,对该航空器产生的损害。参见[荷]迪德里克斯·弗斯霍尔:《航空法简介》,赵维田译,中国对外翻译出版公司 1987 年版,第 174~175 页。
③ "过失责任"与"过失"或"过错"在同一意义上使用,并包含过失推定责任。
④ 参见王卫国:《过错责任原则:第三次勃兴》,中国法制出版社 2000 年版,第 247 页。
⑤ 参见王军主编:《侵权行为法比较研究》,法律出版社 2006 年版,第 56~57 页。

避免发生道德风险的理念和公平正义的价值追求要求我们在航空侵权领域必须全面考虑被告和原告的任何过失。例如,在 Bravis *v.* Dunbar 案中,机上一位乘客从头顶储物舱取小提箱时撞到了原告的头部,航空公司没有承担责任,因为根据加利福尼亚州的法律,航空公司尽管作为公共承运人对原告的安全有"特别注意"的义务,但没有证据显示储物箱装填过度或飞行中有行李掉下来,而且飞机乘务员曾两次警告乘客取物时要当心。[1]

3."过失"的有无和大小直接影响着损害赔偿数额

对"过失"的考量不仅对航空侵权责任的构成和类型有影响,而且对航空侵权损害赔偿的数额也具有重要的意义,"过失"的存在与否和"过失"的大小直接影响着损害赔偿的结果。在无过失责任原则的场合,侵权人没有过失的,采取限额赔偿制,在有过失的场合,采取实际损失全部赔偿制。[2]

基于任何有良知的人都不愿看到人类悲剧发生的共识前提,在具有高度风险的空运领域,在受害人的损害极其巨大,索赔甚巨(超过 10 万特别提款权)时,只要承运人具有法定免责事由或能证明本人及其受雇人和代理人为避免损失发生已经采取了一切合理要求的措施或者不可能采取此种措施的,承运人就不用对损害承担责任。

这种对"过失"的考量与其说是保护航空公司利益及其行为自由的需要,不如说是调动航空公司防止不法行为和避免损害结果的自觉能动性的更大需要。因而,"过失责任"在 1999 年《蒙特利尔公约》中的复兴,意味着人类理性主义的又一次发展,因为"过错(失)作为责任标准仍然常常被说成是正义历经数世纪进步而获得胜利的化身,在这种说法中包含着大量的真理"。[3]

(二)空难损害赔偿责任主体的"过失"表现

一般而言,在没有过失的情况下,航空事故很少发生,这种过失可能来自航空公司或航空设备生产者、维修公司、航空港经营者。总之,有航空事故的地方,一定有过失,尽管有的过失很难查明。航空事故的责任主体违反安全注意义务构成过失的表现是方方面面的,实践中引起航空事故的常见过失行为很多,如违反联邦航空条例;违反规范手册;飞行太低;未能正确操控航空器;飞入暴风雪;偏离航路;没有遵守航空交通模式;机组人员未考虑

---

① See Lee S. Kreindler, *Aviation Accident Law*, Matthew Bender & Co. , Inc. Pub. 332, Rel. 34, 1996, § 2.07 2 – 25.

② 参见杨立新:《确定赔偿责任应区分过错与无过错》,载《人民法院报》2006 年 8 月 8 日,第 6 版。

③ 参见王卫国:《过错责任原则:第三次勃兴》,中国法制出版社 2000 年版,第 248 页。

天气;未对其他航空器发出天气突变的警告;派遣员没有对机组人员作出暴风雪和湍流的警告;提供未经充分训练的机组人员;使用已知缺陷的设备;没有正确维修、检查和彻底检修设备;没有提供充足的安全设备;航空器超载;没有装备安全入口和出口;没有提供安全的乘客通道;没有配备适航的飞机;判断错误;没有建立适当规则;没有施以援救等。① 这里仅简单讨论劫机事件、"经济舱综合征"、飞机疲劳破坏致害三个特殊问题中的过失问题。

1. "经济舱综合征"情形中的过失问题

航空承运人对"经济舱综合征"的发生是否负有过失？所谓"经济舱综合征"是指长距离的航空旅行造成的静脉血栓栓塞,其中主要是形成深静脉血栓以及肺部栓塞。最早把患深静脉血栓栓塞的风险与长时间的保持坐姿和狭窄的座位联系起来是在1988年《航空医学协会》杂志公布的"旅行后患上致命肺部血栓栓塞的风险要比旅行前高出10倍"的说法。但到目前还无定说。

最早出现此类诉讼的是德国法兰克福地区法院2001年10月29日审理的一名旅客因罹患血栓症而导致肺部栓塞而对德国汉莎航空公司提出的损害赔偿诉讼,但该案的判决驳回了原告的诉讼请求。解兴权认为,要航空公司决定旅客有患此类潜在疾病的倾向是相当困难的,因此航空公司在接收旅客方面存在过失或者疏忽很难认定,但是航空公司应当十分清楚,航空器上的座位距离对平均身材的旅客而言狭小拥挤,而且他们也了解医疗证据已经初步认定,在狭小空间中长时间旅行是诱发深静脉血栓的一个风险因素,因此航空公司应当采取针对该危险的预防措施,如乘务人员给予旅客某些指导和告示,告知旅客不要在座位底下放置行李以免影响腿的活动或伸直;告知旅客经常变化坐姿和不要服用酒精饮料、麻醉药或者安眠药等,以使"经济舱综合征"的危险降到最低。②

确实,航空承运人应该比任何旅客都清楚飞机上经济舱狭窄的座位会严重地影响人体血液循环,尽管其不是旅客的专职医生,但其对航空旅行易引发血栓栓塞的风险应该负有告知义务和注意义务,毕竟航空公司对旅客提供的是一个综合服务,而不单单是把旅客从甲地运往乙地,还必须保证以安全和卫生的方式来完成运输。

① Lee S. Kreindler, *Aviation Accident Law*, Matthew Bender & Co. , Inc. Pub. 332, Rel. 34. 1996. §2. 10[2]p. 2 - 65.
② 参见解兴权:《经济舱综合症与航空承运人法律责任分析》,载《中国民用航空》2004年第12期。

2. 飞机疲劳破坏致害情形中的过失问题

对飞机的疲劳破坏所致损害,承运人是否负有过失?疲劳破坏是指在反复载荷(也称疲劳载荷)作用下,结构中裂纹形成、扩展乃至断裂的过程。飞机的结构承受的疲劳载荷主要包括:跑道上颠簸的地面滑行载荷;飞行中大气紊流(乱流)引起的"突风载荷";飞机作仰俯、偏航以及侧身等动作时的机动载荷;飞机着陆时的撞击载荷;气密座舱飞机舱内增压—卸压的所谓"地—空—地"循环载荷;等等。

据统计,从1953年5月至1954年4月短短的11个月,共有9架"彗星"号客机在空中解体;1979年,一架美国"DC-10"大型客机在芝加哥奥黑尔国际机场起飞不久解体坠毁;1985年,日航一架5AL123客机,因后部压力隔板开裂而坠毁;2002年,我国台湾地区中华航空公司一架波音747客机在台湾海峡上空突然解体,造成225人遇难。这些事故的调查结果显示均是由飞机结构的疲劳破坏引起的。[1] 1988年,美国阿罗哈航空公司243号航班在从夏威夷岛飞往檀香山的途中,飞机机身发生爆炸性失压。根据美国国家运输安全委员会事故调查,最终认定事故是由于裂缝氧化导致金属疲劳引起。[2]

针对飞机的疲劳破坏所致损害问题,航空承运人的过失是不容抗辩的,提供适航的飞机,保障旅客的人身安全是承运人的基本注意义务,飞行前的临时检修和定期的彻底检修是飞行的必备前提,即使因维修人员的过失未能检测到飞机的隐患,承运人仍然对乘客负有过失赔偿责任,至于承运人与维修人员的委托维修合同关系并不影响承运人过失的成立,当然,承运人可以对维修人的过失另案追偿。

在航空实践中,有的空难事故发生由多主体的过失造成。例如,在1988年美国阿罗哈航空公司空难事故案中,阿罗哈航空公司作为承运人怠于行使持续适航责任是事故发生最主要和最重大原因,在航空器生产时存在的机身铝片黏合剂失效造成金属疲劳的裂缝问题,以及美国联邦航空管理局在了解此缺陷情况下依然签发航空器适航证,都对事故发生负有一定的过失责任。

---

[1] 参见沈海军:《疲劳破坏:飞机安全的"杀手"》,载《百科知识》2007年第24期。

[2] Aircraft Accident Report on the Aloha Airlines, Flight 243, NTSB/AAR89/03, 1988.

第四节　空难致第三人损害赔偿的责任原则①

一、空难致第三人损害赔偿的侵权责任

飞行中的航空器对第三人的损害行为在性质上属于侵权行为,而非违约行为,因为第三人与航空器经营人不存在任何契约关系。从各国立法情况看,此种侵权行为不是一般的侵权,乃属于特殊侵权行为领域。例如,我国《民法典》侵权责任编(第八章高度危险责任)第1238条规定:"民用航空器造成他人损害的,民用航空器的经营者应当承担侵权责任……"《美国第二次侵权法重述》第520A条规定:"如果飞机的起飞、降落或飞行导致了土地、人身或动产的有形损害,或这种损害由飞机上抛弃或坠落的物体造成,飞机的驾驶者和所有者须承担严格责任。"②在德国,航空事故责任被列入危险责任范畴,对于飞行中的航空器因意外事故导致乘客以外人员死亡或身体、健康受到伤害或承运货物以外之财产毁损,飞机占有人对其所生损害应负赔偿责任,且无任何免责事由。③

因为航空器经营人或所有人与地(水)面第三人没有任何契约关系,地(水)面第三人遭受到飞行中航空器的损害时,无任何契约条款可以援引来追究经营人或所有人的契约责任;相反,从经营航空器运输作业的行为性质看,该种行为足以构成超常危险行为。首先,高度冒险或超常风险,在法律的角度上不是就财产的内容而言,而是就利用财产的活动而言的。④ 航空器作为一项特殊动产而言,其本身并不能对地(水)面上的人的生命构成某种超常风险,但是利用航空器进行飞行活动则就构成了一项具有超常风险的作业活动,由于天气等自然原因,航空器的操作者即使付诸适当的谨慎也无法预防和避免航空事故的发生,对于航空器本身或航空器上的人或物坠落到哪里控制。其次,如果该风险一旦成为现实的威胁,航空器对地(水)面上的第三人造成的损害绝对是巨大的,甚至有时是无可挽救的。再次,航空飞行活动具有极高的技术性,它不属于一般人惯常从事的活动。航空飞行完全不同于自行车或汽车的驾驶,远未达到一般人惯常

---

① 本节主要内容参见郝秀辉:《航空器对地(水)面第三人侵权责任归责原则论》,载《北方法学》2008年第1期。

② 王军主编:《侵权行为法比较研究》,法律出版社2006年版,第55~56页。

③ 参见邱聪智:《从侵权行为归责原理之变动论危险责任之构成》,中国人民大学出版社2006年版,第136~137页。

④ 参见王军主编:《侵权行为法比较研究》,法律出版社2006年版,第60页。

从事的程度。最后,航空活动对社会价值的重大并不能淡化人们对其高度危险的认识,其极高的技术性和损害发生的灾难性、可能性以及风险的无法消除性足以判定其归属于超常危险活动的作业,尤其是航空活动的重大社会价值终究无法抵消它对人的生命造成的风险损害,因为航空业的发展不能以无视和牺牲人的生命为代价。因此,对于这种超常危险行为活动造成地(水)面第三人损害的,自然构成侵权行为,而且是一种承担严格责任的特殊侵权行为。

二、空难致第三人损害责任原则的立法与判例考察

(一)《罗马公约》关于第三人损害责任原则的规定

空难致第三人损害与空难致旅客损害有着严格的区别,因此,与华沙/蒙特利尔公约体系下的责任原则不同,罗马公约体系形成了自己的损害责任原则。

当前,有关空难致地(水)面第三人损害责任的国际公约有 1933 年《罗马公约》、1938 年《布鲁塞尔保险议定书》、1952 年《罗马公约》和 1978 年《蒙特利尔议定书》。上述公约和议定书关于第三人损害赔偿责任普遍实行严格责任原则,即凡是在地(水)面上遭受损害的人,能证明损害是由飞行中的航空器或从飞行中的航空器上落下的人或物所造成的,即可获得公约规定的赔偿。

由于《罗马公约》规定的严格责任原则仅适用于"在一缔约国登记的航空器在另一缔约国境内造成的损害",因此,在 1992 年,一架以色列 ELAL 航空公司波音 747 货机撞入荷兰阿姆斯特丹市郊的一家工厂而坠毁,造成人员伤亡 60 多人,财物损害难以数计。由于荷兰和以色列都不是罗马公约缔约国,无法适用公约的严格责任,只能适用荷兰民法上的过失责任,即受害人(或其家属)必须证明航空公司人员有过失才能获得赔偿。

(二)各国立法关于第三人损害责任原则的规定

德国 1936 年《航空交通法》规定:"在航空器运行过程中,因事故致人死亡、损害他人身体、健康或损坏他人之物时,航空器保有者负有损害赔偿义务。"①在此,飞机的"监管者"对他人的人身和财产负有的责任保护的范围不包括"根据契约登机的乘客"。显然,此种严格责任针对的是航空器对地(水)面第三人的侵权损害责任。从德国法保护的范围上看,比 1952 年《罗马公约》的保护范围要宽,凡是在地球表面造成的损害,不管这些损害是由

———

① 参见该法第 33 条及以下各条。

飞机的噪音造成的还是飞机失事或迫降造成的,被告都必须承担赔偿责任,并且不得用不可抗力作为自己辩护的理由。

但是,这种严格责任归责的制定法却常常在审判实践中被法院作出限制性解释,如德国联邦最高法院在 1993 年 5 月 27 日判决的案件,长期居住在军用飞机航线之下的居民,因飞机的噪音影响而患有头痛病,因而对德国联邦政府提起诉讼请,被法院判决驳回,理由是《航空交通法》第 33 条规定的责任是德国法中最严格的责任,因此,必须紧扣"事故"这一概念,而本案中并不存在这样的事故。① 巴尔也曾指出:"严格责任条款是封闭性的和不能类推适用的,这句话所产生的效果,在任何其他国家都不像在希腊和德国那样极端。"对于德国立法机关通过颁布特别法发展的严格责任,尽管法院通常不会类推适用,但是航空器对地(水)面的损害赔偿责任并不豁免军用航空器造成的损害,此点与《罗马公约》的规定不同。例如,被告德国军方的直升机在飞过原告房屋上方时,因产生的气流使原告屋顶部分被掀掉一案,初审法院以缺乏相当性条件为由驳回了诉讼,联邦最高法院则认为成立《航空交通法》第 33 条下的损害赔偿请求权,"重要的是,案件中所涉及的损害是否产生于航空交通法责任条款所覆盖的危险的实现……因直升机飞行时的气流导致建筑物损坏的风险为该法所覆盖(纵然先前从未发生过),是没有任何可以怀疑的理由的"②。

美国较早的空中飞行事故造成地面第三人损害的判例可追溯到纽约法院 1822 年审理的吉尔案。③ 该案的被告乘坐的热气球从空中下降时落在了原告的菜园里,结果引来大批看热闹和救助的人群,造成了原告的蔬菜和花草的严重损失。审理该案的斯潘塞(Spencer)法官参照英国王座法院在 1773 年审判的斯科特案(Scott Case),④判处被告构成直接暴力侵害之诉的严格责任,理由是被告对于他的降落引来人群造成原告的损失是应当预见的。⑤ 美国对航空事故造成地(水)面第三人损害施加严格责任的立法最早可追溯到 1922 年《统一航空法》,1977 年《侵权法重述:产品责任》(第 2 版)明确航空飞行行为是异常危险行为,适用严格责任,但这只是美国法学会作

① 参见王军:《侵权法上严格责任的原理和实践》,法律出版社 2006 年版,第 71～72、76 页。
② [德]克雷斯蒂安·冯·巴尔:《欧洲比较侵权行为法》(下卷),焦美华译,法律出版社 2001 年版,第 457、566 页。
③ See Guille v. Swan,19Johns.(N.Y.)381(1822). 转引自王军主编:《侵权行为法比较研究》,法律出版社 2006 年版,第 46 页。
④ See Scott v. Shepherd,96 Eng. Rep. 525(K.B.1773). 转引自王军主编:《侵权行为法比较研究》,法律出版社 2006 年版,第 12 页。
⑤ 参见王军主编:《侵权行为法比较研究》,法律出版社 2006 年版,第 47 页。

出的令侵权法规则统一化的一种努力,关于航空器对地(水)面的损害,各州的法律依然不统一。① 实践立法上科以严格责任的不多,更多的是科以过失责任。但就整体而言,美国关于航空事故造成地(水)面第三人损害赔偿的判例还是以适用严格责任为主流的。②

作为航空大国的法国和英国,关于航空器对地(水)面第三人的损害责任也规定了严格原则,如英国 1920 年《航空法》规定:航空器所有人就航空器对地(水)面造成损害应属于航空危险活动的损害,应适用无过失损害赔偿责任之制度,并为其后 1948 年修正的《民用航空法》所继受。③ 法国 1924年 5 月 31 日的法律规定,当飞机上的装置或物体同飞机脱落而坠入地面时,飞行器的经营者即应就这些装置或物体对地(水)面第三人所造成的人身或财产损害承担侵权责任,即使他们在经营飞行器时没有过错,亦是如此。法国此种法律在实际生活中被广泛适用,包括飞机因起降而产生的噪音损害。④ 只有证明损害是出于被害人的过失,才可减轻或免除其责任。此规定为现行《民用航空法》所采纳。后者同时规定,除不可抗力外,不得从航行中的飞机抛出货物,即使因不可抗力而抛弃货物致人于损害者,也应负损害赔偿责任。因此,一般解释认为,损害即使出于不可抗力、偶然事故或第三人的行为,也不得免责,故性质上乃系无过失责任,学者或称为"绝对危险责任主义"。⑤

我国法律对于航空器对地(水)面第三人的损害责任原则仍然采用严格责任立法例,如根据我国《民法典》第 1238 条的规定,除非是能够证明损害是因受害人故意造成的,民用航空器的经营者不承担责任,否则,对于民用航空器造成他人损害的,应当承担侵权责任。我国《民用航空法》第 157 条规定,因飞行中的民用航空器或者从飞行中的民用航空器上落下的人或者物,造成地面(包括水面)上的人身伤亡或者财产损害的,受害人有权获得赔偿。当然,根据法定的地面第三者责任保险,公共航空运输企业应对承担的侵权损害赔偿责任最终由保险公司埋单。

---

① 参见王军主编:《侵权行为法比较研究》,法律出版社 2006 年版,第 55 页。
② 参见赵家仪:《美国法上基于异常危险行为的严格责任》,载《法商研究》2004 年第 2 期。
③ 参见邱聪智:《从侵权行为归责原理之变动论危险责任之构成》,中国人民大学出版社 2006 年版,第 117 页。
④ 参见张民安:《现代法国侵权责任制度研究》,法律出版社 2007 年版,第 252 页。
⑤ 参见邱聪智:《从侵权行为归责原理之变动论危险责任之构成》,中国人民大学出版社 2006 年版,第 169 页。

三、空难致第三人损害赔偿严格责任原则的正当性分析

空难致第三人造成的损害应按照何种责任归责原则进行赔偿取决于立法的规定,但立法对任何一种损害赔偿责任归责原则的确认必有其相应的道德基础和法理基础。各国立法和国际公约之所以选择严格责任原则,其正当性基础主要包括以下方面。

(一)对人"生命至上"的尊重和财产神圣不可侵犯理念的维护

航空飞行活动属于超常危险活动,"让从事超常危险活动的人承担严格责任的理由是:他们为了自身的目的造成了一种风险,这种风险不是这个社会通常的生活中常见的伴随物,如果这种风险促成了损害的发生,该损害产生于某个人、某个动物或某种自然力是无关紧要的"。[1] 既然航空危险是不可避免的,那么发生了危险造成受害人损失的时候必然要进行赔偿。众所周知,造成地(水)面损害的航空飞行活动对人类意义非常重大,航空器经营人的活动与公共利益关系密切,一旦科以严格责任,可能产生对这种活动的抑制作用,这不得不使法院和立法机构谨慎行事。但普通法的格言是:一个人只能以不损害他人的方式使用自己的财产。[2]

从航空业发展的历史来看,对于任何国家的任何历史时期,航空业都是一个需要快速发展和保护的行业。国际公约和各国法律对航空器造成地(水)面第三人损害的赔偿规定严格责任,其理由除"有损害就有赔偿"的法理外,还有人性原因。在人的一生中,人们要发展和追求善的观念,遭受严重伤害的现实危险会对我们追求幸福造成严重破坏,意外死亡会使这种追求提前终止。[3] 因此,对人生命的尊重和其赖以生存的财产保护应是比保护航空业发展更大的一种价值追求,这种价值追求形成了受害人利益保障采用严格责任的道德基础。

(二)航空损害风险的"互惠性"不对等

所谓风险互惠,是指如果每一个人给予他人以一定程度的容忍,就像他们容忍自己那样,则所有的人的利益就能在这样的相互容忍之中实现总体上的平衡。"如果风险是互惠的,过失法则足以调整有关事故成本的责任",[4]但在航空器对地(水)面损害的法律关系中,风险的施加不是相互的,

---

① 王军主编:《侵权行为法比较研究》,法律出版社 2006 年版,第 63 页。

② 参见王军主编:《侵权行为法比较研究》,法律出版社 2006 年版,第 56~57、62 页。

③ 参见[美]格瑞尔德·J. 波斯特马主编:《哲学与侵权行为法》,陈敏、云建芳译,北京大学出版社 2005 年版,第 57 页。

④ 王军主编:《侵权行为法比较研究》,法律出版社 2006 年版,第 42 页。

航空器操作者和受害人对风险的认知预测和避免能力并不对等。在这种航空器经营者单方施加风险的行为领域,尽管有些航空风险是人无法预先知晓的,但航空器操作者(或经营人)应是最有能力预见损害结果和最有能力采取相关措施来避免损害结果发生的人,毕竟他们是掌握航空飞行技术的专家和拥有经济实力的一方。地(水)面上的受害人没有能力知晓航空器坠落的风险,即使知晓该风险也无法避免风险发生。因此,这种对风险的控制和预防的不对等性应是航空器操作者承担赔偿义务的基础。因为"我们每个人都如同其他人一样,应该最大化地享有安全的权利,赔偿是如同其他人同样拥有的个人安全权利的替代品"。① 从社会演化史角度看,在现代化的连续进程中,"财富—分配"社会的问题和冲突早晚会和"风险—分配"社会的相应因素结合起来。② 在空难事故对地(水)面第三人造成风险损害的领域,仅依据损害结果就足以引起经营者或所有者道德上的赔偿义务,当这种道德上的赔偿义务转化为法律上的义务时,其结果便是产生严格责任标准。

(三)责任保险和责任担保的推动

在航空活动中,航空飞行的危险客观存在,因为航空活动是一种连续的、重复的、有组织的行为活动,技术和天气等因素必然使这种活动会造成"意外"伤害的危险。随着运输航空器的增多,航空器坠落的危险增大,发生的概率和频率增大,尤其是大型航空器对地(水)面通常造成大规模损坏,如果一架巨型飞机在城市市区坠落,损害赔偿额将是一个天文数字,对航空器经营人而言,这种赔偿是巨大灾难,可能因此陷入破产境地。因为严格责任的适用增加了航空器经营人败诉的可能性。但严格责任的目的并非要航空器经营人陷入绝境或使其承担过重负担而不能自拔。于是,在 20 世纪初空运业的萌芽发展阶段,航空保险随着航空运输业的发展而出现,航空意外事故发生的情形符合保险的多数原则,这种特有意外事故造成伤害的经济成本通过保险途径公平分散在这个行业行为之中。③ 当然,法律责任制度也促成了保险制度的丰富和发展,没有民事责任制度,保险制度根本不可能出现;反之,保险制度的出现为法律责任归责原则提供了坚实的基础和保障。④

航空活动损害赔偿责任具有非个人责任的属性,出现相应的责任保险

---

① George Fletcher, *Fairness and Utility in Tort Law*, 85 Harv. L. Rev., 1972. 转引自王军主编: 《侵权行为法比较研究》,法律出版社 2006 年版,第 43 页。
② 参见[德]乌尔里希·贝克:《风险社会》,何博闻译,译林出版社 2004 年版,第 17 页。
③ 参见[美]格瑞尔德·J. 波斯特马主编:《哲学与侵权行为法》,陈敏、云建芳译,北京大学出版社 2005 年版,第 51 页。
④ 参见彭诚信:《民事责任现代归责原则的确立》,载《法制与社会发展》2001 年第 2 期。

也是自然的。首次以国际公约的形式规定航空器对地(水)面第三者责任保险的是 1933 年《罗马公约》,1938 年《布鲁塞尔附加保险议定书》又对《罗马公约》进行补充,防止承保人设法逃避其保险合同责任。1952 年《罗马公约》又就经营人的财务担保法律规则作了大胆尝试。① 中国在 1974 年首次制定航空保险规则,现行《民用航空法》第 166 ~ 170 条规定了地(水)面第三者责任险和责任担保制度。

航空保险机制使严格责任易于理解和接受,不仅使受害者得到切实的赔偿,加强了保护砝码,而且对航空器经营人多了一条保护途径,更为整个社会也带来利益,因为保险机构的及时补偿,减少了诉讼率和社会成本。总之,严格责任将无过失意外事故成本在相关危险的受益者之间分散时,它比过失责任的优势大得多;将意外事故成本在行为中获利的人之间进行分配,比使受害人尽最大可能地承受这些成本明显更为公平。② 如果没有责任保险制度,严格责任将使加害人提高预防意外事故的经济成本,造成加害人经济负担加大,从而会对加害人的自由造成非常大的损害,最终可能会使(航空活动)行为中止,并且同过失责任对受害者造成的损害相等。③

(四)风险利益一致原则和正义原则的考量

航空器的飞行活动作为超常危险的活动,客观上具有致损的可能性,而且这种危险性使致损的发生不一定能为人力所控制,即使有过错也难证明。根据风险利益一致原则,航空器经营人在取得利益过程中致他人损害,从该利益中予以赔偿是公平的,即所谓"利益的归属之处亦为损失的归属之处"④和"工业责任背后的基本观念是,那些选择从事商业活动并能从中获利的人应支付与这些活动有关的意外事故成本"。⑤ 实际上,危险责任是人类为追求自身大的利益所必须忍受的小不幸。⑥ 航空飞行危险是航空器所有人或运营人造成的,在某种程度上也只有该所有人或运营人能够控制这些危险,因此,获得利益之人负担危险系公平正义之要求。地上完全无辜的受害人如承担航空活动行为人造成的损害后果,显然违反社会正义的理想,

① 参见 1952 年《罗马公约》第 15 条规定。
② 参见[德]乌尔里希·贝克:《风险社会》,何博闻译,译林出版社 2004 年版,第 50 页。
③ 参见[美]格瑞尔德·J. 波斯特马主编:《哲学与侵权行为法》,陈敏、云建芳译,北京大学出版社 2005 年版,第 49 页。
④ 刘荣军:《日本民法百年中的侵权行为法》,载《环球法律评论》2001 年第 3 期。
⑤ Stephen D. Sugarman, *A Century of Change in Personal Injury Law*, California Law Rewiew (2000).
⑥ 参见张文显:《二十世纪西方法哲学思潮研究》,法律出版社 1996 年版,第 123 页。

而"正义是最高的标准,是社会制度的首要原则"。①

从 1952 年《罗马公约》拟订阶段的讨论表明,起草者也坚持认为,对于从事一项会给他人带来危险而自己会从这危险活动中获益的人,即使采取了避免损害发生的任何(合理)照料和预防措施,他也应该承担一切有关风险,而不能将其转移给第三方。② 地(水)面第三人完全与航空活动没有关系,是一个完全的无辜者,飞机坠落或飞机上的物品掉落损害了他的财产或人身,对于他而言,这是飞来的横祸,他事先无法去预料这种祸害的风险程度,也不可能为这种风险保险。因此,无论肇事者是否遵守了飞行规则或是否达到了合理照料的标准,也无论肇事者主观上有意还是过失,只要给地(水)面第三人造成了损害就应负赔偿责任。对航空风险的承担必须与利益挂钩,否则,欠缺利益的驱动,高风险的航空活动恐怕就会停止。因害怕航空器的使用造成事故损害就把造好的航空器束之高阁也绝不是聪明之举。因此,当航空器造成地(水)面第三人空难事故损害时,选择严格责任原则是对风险利益一致和正义权衡的当然结局。

---

① 参见[美]约翰·罗尔斯:《正义论》,何怀宏等译,中国社会科学出版社 1988 年版,第 3 页。
② 对此问题的讨论参见《国际航空私法会议记录(1952 年 9~10 月,罗马)》,ICAO Doc. 7379 – LC/34,第 12~15、53~60 页。

第四章　国际空难损害赔偿的索赔主体和责任主体

第一节　国际空难损害赔偿的索赔主体

有损害就要有救济,空难事故发生后,受害人包括机上旅客、机组人员和地(水)面第三人,这些受害人的人身或财产遭受的损害或损失需要进行法律救济,由此产生不同的索赔主体和责任主体的认定问题。针对空难事故损害,《蒙特利尔公约》和《华沙公约》一样,哪些损害可以获得赔偿、乘客伤死后的损害赔偿诉请应由谁提起的问题,即索赔人的范围均没有明确,都留给国内法解决。哪些主体可以承担空难损害赔偿责任以及其责任基础问题,国际公约也没有明确,均需探讨和研究。

一、航空旅客

(一)旅客的界定

在航空旅客运输合同中,旅客是承运人进行运输的重要对象。航空旅客身份的适格性决定了索赔人的主体资格问题。1999 年《蒙特利尔公约》与 1929 年《华沙公约》都没有明确航空旅客的定义。根据《中国民用航空旅客、行李国内运输规则》第 3 条规定,"旅客"是指经承运人同意在民用航空器上载运的除机组成员以外的任何人。

在航空运输实践中,航空承运人运输的旅客通常包括有四类:持正价有效客票登机的人员;持福利机票(包括折扣票和免费票)乘机人员,如航空公司职工及职工的亲朋好友;承运人同意载运的非自愿乘机人员,如因外国政府禁止入境被强制遣返的人员、被警察强制带上飞机的犯罪嫌疑人;承运人同意不经其出票而乘坐民用航空器的其他人员。[1]

关于对航空旅客界定的关键要素,学者存在争议,有人认为,"有运输凭证"和"经承运人同意",两者缺一不可,至于机票是否正价在所不问。[2] 有

---

[1] 参见杨惠:《关于航空事故赔偿权利人的几个问题》,载《河北法学》2008 年第 1 期。

[2] 参见吴亚芸:《论空难精神损害赔偿的请求主体及赔偿请求范围》,载《浙江万里学院学报》2015 年第 5 期。

人认为,认定旅客的关键是"承运人同意",未经承运人同意的偷渡客以及其他偷乘航空器的人都不是旅客。① 笔者认为,航空旅客的界定问题直接关系到承运人责任承担问题。判断航空旅客的要素中,"承运人同意乘机"的要素必不可少,如对于诸多扒飞机偷渡身亡者,不应要求承运人承担旅客的损害赔偿责任。

在航空运输实践中,包机人有时被视为旅客的代理人。例如,在1962年Block v. Compagnie National Air France案②中,亚特兰大市美术协会包乘法航飞机,组织会员到巴黎进行"卢浮宫之游",在飞机返程途中失事,机上乘客全部遇难。该案包机人是亚特兰大市美术协会,法航向所有乘客交付了机票并注明适用《华沙公约》。法院判决认为,《华沙公约》并不禁止第三人作为旅客的代理人,亚特兰大市美术协会虽是包机人,但其是为旅客的利益与法航订立合同,其应是旅客的代理人,包机运输的承运人应是《华沙公约》意义上的承运人,故此案适用华沙规则。

(二)旅客的赔偿请求权基础

航空旅客的空难事故损害赔偿请求权基础取决于航空运输关系的性质,航空旅客损害赔偿纠纷本质上即是航空运输合同纠纷。实践中,航空运输合同关系可因前述四种情形而发生。

从国际公约考察来看,1999年《蒙特利尔公约》与1929年《华沙公约》的相关条款主旨上虽然是基于合同视角设计的,但未明确规定旅客请求权的责任基础只能是违约责任,反而规定了"有关损害赔偿的诉讼,不论其根据如何,是根据本公约、根据合同、根据侵权,还是根据其他任何理由,只能依照本公约规定的条件和责任限额提起"③。

从国内法考察来看,我国《民用航空法》第131条沿袭华沙体制的模式,没有对承运人责任性质定性。旅客请求损害赔偿的责任基础也未限制。根据我国《民法典》第584条确定的责任竞合规则,旅客可要求航空承运人承担违约责任或侵权责任。

由此可见,无论根据国际公约还是国内法,航空旅客的损害赔偿请求权基础有两个,即违约责任和侵权责任,旅客可从诉讼管辖、赔偿范围、举证责任等方面进行比较,选择一种提出请求。当然,航空旅客对违约责任与侵权责任的竞合如何选择,会出现因人因案而异。

---

① 参见杨惠:《关于航空事故赔偿权利人的几个问题》,载《河北法学》2008年第1期。
② Block v. Compagnie National Air France,(1967,CA5 Ga)386 F2d 323,10CCH Avi17518,cert den 392US905,20Led 2d 1063,88 SCt2053.
③ 1999年《蒙特利尔公约》第29条(索赔的根据)。

二、机组人员

(一)机组人员的界定和范围

在空难中遭受损害的或者罹难的不仅仅是旅客,还有机组人员。诸如马航 HM370 和 MH17 空难、包头空难、大连空难等空难事故都使机组人员全部罹难。因此,机组人员是空难事故的受害人,可以成为赔偿请求主体。

在国际上,关于航空人员没有统一的界定。芝加哥公约及其附件没有"航空人员"术语,在芝加哥公约附件 1——《人员执照颁发的标准和建议措施》规定了飞行组人员(包括各类飞机驾驶员、飞机领航员、飞机工程师、飞行无线电报员)和其他人员(包括航空器维护技术员、工程师或机械员、空中交通管制员、航务管理员、航空电台报务员)。根据我国《民用航空法》第 39 条规定,航空人员,是指经过专门训练并经过考核合格持有执照的,从事民用航空活动空勤人员(包括驾驶员、领航员、飞行机械人员、飞行通信员、乘务员)和地面人员(包括民用航空器维修人员、空中交通管制员、飞行签派员,航空电台通信员)。

显然,无论根据公约或国内法,机组人员都属于航空人员的范围,而且不是地面人员。主要包括两类:飞行机组成员和客舱乘务组成员,如飞行驾驶员、空中乘务员、航空安全员等。

(二)机组人员的赔偿请求权基础

1929 年《华沙公约》及其修订文件和 1999 年《蒙特利尔公约》的适用对象仅限于旅客,机组人员并不是旅客,因此无法适用此类公约向承运人主张损害赔偿。但是,机组人员是航空公司的雇员,只能适用《劳动合同法》或其他相关法进行调整,受害的机组人员可依据与航空公司的劳动合同关系提起工伤赔偿,具体的赔偿范围则根据各国国内法而定。

三、第三人

(一)第三人的界定和范围

航空法领域的"第三人",是相对于有合同关系的旅客而言,泛指"非旅客",即是指营运人、旅客或货物的托运人或收货人以外的人。①

1."地(水)面"第三人

地(水)面第三人,是指与损害发生时的航空器经营人或对航空器有使用权的人没有运输合同关系的人,也不包括受《劳动合同法》约束的有损害

---

① 《关于航空器对第三方造成损害的赔偿公约》(《一般风险公约》)第 1 条。

赔偿请求权的人。

根据 1952 年《罗马公约》和我国《民用航空法》的规定,第三人仅限于"地(水)面"上与航空器没有运输合同关系的人,不包括所谓"空中"第三人。例如,我国《民用航空法》第十二章(对地面第三人损害的赔偿责任)第 157 条规定:因飞行中的民用航空器或者从飞行中的民用航空器上落下的人或者物,包括两架或两架以上的航空器在飞行中相撞或相扰造成地(水)面第三人的人身伤亡或者财产损害的,地(水)面第三人有权获得赔偿,甚至可对相撞或相扰的两个航空器经营人都可追索连带赔偿责任(《罗马公约》第 7 条)。

2. "空中"第三人

实践中,尽管现代航空技术的改进对避免空中相撞取得显著进步,但因航空速度、飞行密度增加、天气、信号传递、航空器固有缺陷和人为因素等诸多因素,空中相撞风险和悲痛实例还是时有发生,例如,1956 年美国大峡谷空中相撞事件、1976 年南斯拉夫萨格勒布空中相撞事件、1977 年特内里费特大空难、2001 年利那提机场空难、2006 年巴西戈尔航空 1907 号班机相撞事件等。①

航空器的空中相撞除坠落造成地(水)面第三人的人身和财产损害外,还造成两架航空器之间的相互损害。任一航空器上的人员相对于另一航空器经营人而言,没有契约关系或劳动关系,因此,也可称为"第三人"。

从 1952 年《罗马公约》的全称《关于外国航空器对地(水)面上第三者造成损害的公约》即可看出,罗马公约范围之内的损害赔偿并不包括空中第三人。其第 24 条明确规定"本公约不适用于对飞行中的航空器或者对该航空器上的人或物造成的损害"。我国《民用航空法》第十二章航空器对地面第三人责任的规定与《罗马公约》保持一致。例如,A、B 两个民用航空器因在飞行中相撞或者相扰造成空难事故,A 航空器或 B 航空器上的机组人员和旅客,均不能以"第三人"身份请求 B 航空器运营人或 A 航空器运营人依据《罗马公约》责任限额进行赔偿。

2009 年《一般风险公约》和《非法干扰赔偿公约》(全称为《关于因涉及航空器的非法干扰行为而导致对第三方造成损害的赔偿的公约》)对第三人进行了专门定义,将第三人不再局限于地(水)面第三人,也包括空中相撞情形下的第三人。

---

① 参见郑派:《1952 年〈罗马公约〉现代化的国际现实问题研究》,华东政法大学 2012 年硕士学位论文,第 22 页。

(二)第三人的赔偿请求权基础

空难事故的受害人无论是"地(水)面"第三人还是"空中"第三人,都有损害赔偿的请求权,但两种类型的第三人的责任基础有些差异。

对于"地(水)面"第三人而言,可以对运营人或其受雇人、代理人就飞行中的航空器对其造成的损害根据《一般风险公约》或《罗马公约》或是根据侵权或是根据其他理由,提起任何损害赔偿之诉讼。[①] 显然,"地(水)面"第三人的请求权基础不能是违约责任,但可以是侵权责任。对于这种侵权赔偿责任的构成要件,有人认为,要存在客观的损害和损害事实与航空器经营人行为之间的因果关系两个要件。[②] 国外也有人认为只要有造成航空器损害事实,就足以认定责任存在。[③]

对于"空中"第三人而言,因其有旅客身份,从应然的救济路径看,一方面可以对与自己有运输合同关系的航空承运人进行索赔,其请求权基础是违约责任,另一方面也可以对非本人乘坐航空器的另一航空器的运营人进行索赔,其请求权基础是侵权责任。当然,"空中"第三人这种侵权责任的请求权依据还取决于国际航空公约和各国内法的规定。

为保证《一般风险公约》和《非法干扰赔偿公约》两个公约与1999年《蒙特利尔公约》之间的衔接与协调,保障"旅客"的求偿权不因适用《一般风险公约》和《非法干扰赔偿公约》而减损并避免不必要的制度冲突,两公约通过"排他性救济要求",均明确将"旅客"排除出第三人。[④]

四、受害人近亲属

(一)受害人近亲属的界定

空难事故对受害人可能会造成三种后果:死亡、残疾、身体伤害。后两种后果的赔偿请求权,通常受害人自己即可行使。但在发生受害人死亡情形下,损害赔偿请求权无法由受害人自己行使,通常是由受害人亲属行使请求权。受害人亲属向空难加害人进行的损害赔偿请求的范围包括两类:精神损害抚慰金和死亡赔偿金。

[①] 2009年《一般风险公约》第12条。

[②] 参见陈熊:《海峡两岸民用航空损害赔偿制度比较研究》,武汉大学2012年博士学位论文,第113页。

[③] See William J. Appel, *Strict Liability, in Absence of Statute, for Injury or Damage Occurring on the Ground Caused by Ascent, Descent, or Flight of Aircraft*, 73 A. L. R. 4th 416 (1989).

[④] 参见郑派:《1952年〈罗马公约〉现代化的国际现实问题研究》,华东政法大学2012年硕士学位论文,第16页。

(二)受害人近亲属赔偿请求之一:精神损害抚慰金

精神损害抚慰金具有克服功能、抚慰功能、惩罚功能和调整功能。[①] 根据2021年1月1日起施行的最高人民法院《关于修改〈最高人民法院关于在民事审判工作中适用《中华人民共和国工会法》若干问题的解释〉等二十七件民事类司法解释的决定》(法释〔2020〕17号),修正后的最高人民法院《关于确定民事侵权精神损害赔偿责任若干问题的解释》第1条规定,因人身权益或者具有人身意义的特定物受到侵害,自然人或者其近亲属向人民法院提起诉讼请求精神损害赔偿的,人民法院应当依法予以受理。这为受害人的近亲属主张精神损害赔偿提供明确依据。

在空难致害情形下,死者近亲属自身通常遭受精神痛苦,可以单独请求精神损害抚慰金。死者近亲属有权请求精神损害抚慰金的原因在于:受害人死亡必然给受害人的父母、子女及配偶等近亲属造成精神痛苦,给予一定金额的金钱补偿,有助于近亲属克服其精神损害,以达慰抚之目的。因此,死者近亲属请求的精神损害抚慰金,是基于其自身受害享有的请求权,而非继承或传来的派生权利。

(三)受害人近亲属赔偿请求之二:死亡赔偿金

1.死亡赔偿金的法律性质

探讨受害人近亲属对死亡赔偿金的请求权基础问题,需要先明确死亡赔偿金的法律性质,这关系到赔偿的范围和计算标准问题。死亡赔偿金的法律性质与死亡赔偿金请求权的行使是不同的两个问题。

死亡赔偿金的法律性质为财产损害赔偿,对此一般没有争议。[②] 但是,具有财产属性的死亡赔偿金具有一定的人身属性,不可以转让。死亡赔偿金在内容上是对构成"经济性同一体"的受害人近亲属未来收入损失的赔偿,其赔偿请求权人为具有"钱袋共同"关系的近亲属,是受害人近亲属具有人身专属性质的法定赔偿金。因此,"死亡赔偿金"不是遗产,不能作为遗产继承。[③]

2.死亡赔偿金请求权的行使主体及其权利基础

"死亡赔偿金"不是"赔命钱",并非赔给死者,死者在法律上和事实上

---

① 参见张新宝主编:《人身损害赔偿案件的法律适用》,中国法制出版社2004年版,第287~289页。

② 转引自鲁晓明:《论纯粹精神损害赔偿》,载《法学家》2010年第2期;江必新、何东宁:《最高人民法院指导性案例裁判规则理解与适用(侵权赔偿卷一)》,中国法制出版社2014年版,第109页。

③ 参见王利明主编:《侵权责任法热点与疑难问题解答》,人民法院出版社2010年版,第72~73页。

都不能行使此项损害赔偿请求权,该项请求权只能由受害人近亲属行使。

但是,在空难损害赔偿实践中,关于受害人近亲属对死亡赔偿金的请求权基础问题,存在争议,主要观点有①:民事权利能力转化说②、加害人赔偿义务说③、同一人格代位说④、间隙取得请求权说⑤、双重受害人说⑥。这些不同观点争议的焦点问题主要是受害人亲属对死亡赔偿金的请求权是继承取得还是直接取得问题。显然,上述观点均有偏颇性,但不容争议的是受害人近亲属对死亡赔偿金的请求权是自己直接依法取得的,而非继承取得,这是由死亡赔偿金的法律性质所决定的。

此外,受害人近亲属对死亡赔偿金的请求权基础,学界主流还存在"扶养丧失说"和"继承丧失说"⑦。这两种学说都存在弊端和局限,"扶养丧失说"将赔偿的范围限制在被扶养人生活费,其他财产损失如家庭整体收入减少的损失,难以获得赔偿。"继承丧失说"将赔偿的范围限制为受害人家庭未来可预期的整体收入损失,缺少了对被扶养人生活费的考量。

3. 死亡赔偿金的计算

空难事故致受害人死亡后,近亲属索赔的死亡赔偿金包括直接损失和间接损失两部分。其中直接损失部分包括:医疗费用的支出、丧葬费用的支出以及受害人亲属办理丧葬事宜支出的交通费、住宿费和误工损失等其他合理费用等。直接损失可以直接请求赔偿,对此少有争议。近亲属遭受的间接损失,也称可得利益损失或预期利益损失,又称"逸失利益"损失。例如,受害人生前扶养的人(近亲属)因受害人死亡丧失被抚养的利益损失;受害人家庭未来可预期的收入损失。我国最高人民法院《关于审理人身损害赔偿案件适用法律若干问题的解释》⑧第 16 条规定"被扶养人生活费计入残疾赔偿金或者死亡赔偿金"。

关于死亡赔偿金总额的计算,国籍公约没有规定,各国国内法的规定有所不同。例如,我国最高人民法院《关于审理人身损害赔偿案件适用法律若

---

① 参见薛生全:《空难事故案例若干法理问题研究》,载《法学杂志》2008 年第 1 期。
② 参见杨立新:《人身权法论》,中国检察出版社 1996 年版,第 411 页。
③ 参见史尚宽:《债法总论》,台北,台湾荣泰印书馆 1978 年版,第 141 页。
④ 参见杨立新:《人身权法论》,中国检察出版社 1996 年版,第 412 页。
⑤ 参见胡长清:《中国民法债篇总论》,商务印书馆 1948 年版,第 129 页。
⑥ 参见杨立新:《侵权法论》,人民法院出版社 2004 年版,第 634 页。
⑦ 薛生全:《空难事故案例若干法理问题研究》,载《法学杂志》2008 年第 1 期。
⑧ 2003 年由最高人民法院审判委员会第 1299 次会议通过,根据 2020 年最高人民法院审判委员会第 1823 次会议通过的最高人民法院《关于修改〈最高人民法院关于在民事审判工作中适用《中华人民共和国工会法》若干问题的解释〉等二十七件民事类司法解释的决定》修正。下同。

干问题的解释》第15条规定"死亡赔偿金按照受诉法院所在地上一年度城镇居民人均可支配收入或者农村居民人均纯收入标准,按二十年计算。但六十周岁以上的,年龄每增加一岁减少一年;七十五周岁以上的,按五年计算"。在美国司法实践中,常通过产品责任引入惩罚性赔偿,不断突破限额,对受害者的赔偿金额按本人一生可能获得的收入计算。[1] 日本法院从受难旅客利益保护出发,对空难赔偿额的计算包括有遇难者年龄、职业状况、家庭情况、经济情况、正常收入情况、发展潜力和物价上涨等多种因素。例如,1994年华航名古屋空难,在2008年被日本名古屋高等法院判处9800万日元(120万美元左右)的赔偿金。[2]

第二节　国际空难损害赔偿的责任主体(一):
航空器经营人/航空承运人

一、航空器经营人

(一)航空器经营人的界定和范围

航空器经营人的术语常用于航空器对地(水)面第三人损害赔偿责任领域。所谓"航空器经营人",是指损害发生时使用航空器从事旅客/货物运输或从事通用航空活动的人。我国《民法典》侵权责任编第1238条称为"民用航空器的经营者"。航空器经营人的认定标准至少包括:一是对航空器具有事实上的处分权力;二是基于自身利益使用航空器。[3]

根据我国《民用航空法》第157～159条与1952年《罗马公约》的相关规定,航空器经营人包括四类:(1)合法使用航空器运营的人。(2)如果航空器的使用权已经直接或者间接地授予他人,本人保留对该民用航空器的航行控制权的,本人仍被视为经营人,如湿租航空器的出租人即可被视为经营人。(3)航空器登记的所有人应当被视为经营人,并承担经营人的责任。如果所有人能够证明经营人是他人,并在法律许可范围内采取适当措施使该人成为诉讼当事人之一的,所有人不被视为经营人。(4)未经对航空器有航行控制权的人同意而使用航空器的人,即非法使用人被视为经营人。在这

---

[1] 参见王德辉:《〈蒙特利尔公约〉下的赔偿责任体系及相关问题》,载《太平洋学报》2006年第5期。

[2] 参见贺磊:《国际航空运输承运人对空难事故的责任研究》,华东政法大学2011年硕士学位论文,第4页。

[3] 转引自周友军:《论侵权法上的民用航空器致害责任》,载《北京航空航天大学学报(社会科学版)》2010年第5期。

种情形下,有航行控制权的人如果不能证明本人已经适当注意防止此种情形发生的,应当与该非法使用人承担连带责任。故有学者将航空器的经营人概括为损害发生时航空器的使用人、运行控制人或者所有人。[①]

作为航空器的使用人和运行控制人对航空事故损害负责,实际是自己责任原则的体现。而航空器的所有人被追索事故损害责任,这需要具体分析。

航空器的所有人有时和航空器使用人或运行控制人合一,此种情形下的损害赔偿责任承担自不待言。实践中有的航空器所有人不是航空器使用人,也不控制航空器的运行,例如干租航空器的出租人。但司法实践中对此种情形下的航空器所有人追索了责任,如佛罗里达州最高法院在1970年判决认定"航空器是高危设备,在事故致人死亡情况下,可基于间接责任原则追究航空器所有人的责任"[②]。

航空器所有人对空难事故受害人承担责任的法理基础多源于"深口袋"理论(The Deep Pocket Theory)。所谓"深口袋",是指任何看上去拥有经济财富的人都可能被起诉,不论其应受惩罚程度如何。该理论最早由McGee,J. S.和Telser,L. G.提出。[③] "深口袋"理论又称为"保险理论"。[④] 在"深口袋"理论适用情形下,原告仍需证明损害的存在。

侵权法的目的是遏制社会中不正当行为和赔偿因该行为导致的任何实际损失,只要行为人不合理的行为造成伤害,行为人就应对这种伤害赔偿,依此,损害赔偿金来自实施了反社会行为人的"口袋"。为尽力实现损害赔偿目的,立法便寻求有能力实现损害赔偿的责任人。于是在英美国家,航空器所有人在地(水)面损害赔偿领域成为首选责任人,就是因为航空器所有人被看成是"深口袋"的人。例如,1922年《美国统一航空州法》第4~5条直接规定航空器所有人对地(水)面损害承担严格责任。当时立法为何将严格责任施加于航空器所有人或承租人而非经营人?在1960年Asler's Quality Bakery et als. v. Gasetaria案中,法院明确指出:损失风险要被放在

---

① 参见许凌洁:《民用航空器损害责任研究》,载《社会科学研究》2016年第2期。

② Orefice v. Albert,237 So. 2d 142 (Fla. 1970).

③ See McGee,J. S. , *Predatory Price Cutting: The Standard Oil (NJ.) Case*,Journal of Law and Economics,Vol. 1,p. 137 – 159 (1958); TELSER,L. G. , *Cutthroat Competition and the Long Purse*,Journal of Law and Economics,Vol. 9 (1966),p. 259 – 277.

④ R. D. Margo & A. T. Houghton,*The Role of Insurance in Aviation Finance Transactions*,in G. F. Butler et al. eds. ,Handbook of Airline Finance,Aviation Week US,p. 284 (1999).

更好的风险承担者身上,在大多数情况下,航空器所有人是更好的风险承担者。①

(二)航空器经营人的责任基础

在空难事故损害赔偿领域,虽然也常考虑行为人过错问题,但更注重原告如何获得补偿来达到公平合理地分配事故损失,更多地考量是哪个责任人用其财富最能吸收损失或广泛地分散损失(如通过增加商品或服务的价格)。各种责任理论基础的探讨表明:通过合理分配或分散损失使其最小化,比把损失施加给行为应受谴责的人更为重要。事故损失如何最小化?最佳选择是把损失风险分配给最适合避免事故的一方,实践中,没有任何人比实际操控航空器的经营人更有资格和更有能力来避免航空事故的损失。②

二、航空承运人

航空承运人的术语常用于航空旅客运输或货物运输的损害赔偿责任领域。从空难事故涉及的责任主体范围看,虽然责任主体呈现由一元向多元发展的趋势,航空事故赔偿诉讼的索赔对象有从一般承运人向航空器制造人、机场塔台的管制人员甚至民航主管当局转移的现象,但主要还是航空承运人,其是一切运输方式的基本责任人。

(一)航空承运人的界定

华沙/蒙特利尔公约体系下的航空承运人是指公共航空运输承运人,公共航空运输承运人提供的服务具有一定的社会公益性,有高度注意义务和较重责任。③ 在关于航空器对地(水)面第三人责任的罗马公约体系下,通常没有采用航空承运人的概念,而是使用了航空器运营人的概念。实践中造成第三人损害的空难事故的航空器运营人不限于公共航空运输承运人,也包括通用航空运输承运人。

华沙体系下的承运人应采广义,包括缔约承运人、实际承运人、连续运输承运人,以及这些承运人的受雇人或代理人。因承运人的受雇人或代理人造成的空难事故责任也归于承运人承担。

(二)缔约承运人和实际承运人的"各自并相互责任"

1929年《华沙公约》没有缔约承运人和实际承运人的区分,这两个术语

① *Asler's Quality Bakery, Inc. et Als. v. Gasetaria* (1960), 6 Avi, p. 17956 – 17957; see also Annotation 81 *ALR* 2d, p. 1060.
② 参见郝秀辉:《航空器致第三人损害的侵权责任研究》,中国政法大学出版社2010年版,第200~201页。
③ 参见叶乃锋:《国际航空侵权责任研究》,西南政法大学2007年博士学位论文,第85页。

始于 1961 年《瓜达拉哈拉公约》,并为 1999 年《蒙特利尔公约》继承。

所谓"缔约承运人",是指以本人身份与旅客或托运人,或与旅客或托运人的代理人订立运输合同的人。所谓"实际承运人",是指根据缔约承运人的授权履行全部或部分运输的人。①

除另有规定外,实际承运人履行全部或者部分运输的,缔约承运人对合同考虑到的全部运输负责,实际承运人只对其履行的运输负责;实际承运人的作为和不作为,实际承运人的受雇人、代理人在受雇、代理范围内的作为和不作为,关系到实际承运人履行的运输的,也应当视为缔约承运人的作为和不作为,反之亦然;对实际承运人履行的运输提起的损害赔偿诉讼,可以由原告选择,对实际承运人提起或者对缔约承运人提起,也可以同时或者分别对实际承运人和缔约承运人提起;损害赔偿诉讼只对其中一个承运人提起的,该承运人有权要求另一承运人参加诉讼,诉讼程序及其效力适用案件受理法院的法律。②

(三)连续运输承运人的"区分并连带责任"

依据《华沙公约》,连续运输是由几个航空承运人连续承担的一项单一运输业务活动,即在连续运输中,无论当事人之间是订立一个合同还是几个合同,全部航程的各个航段都被视为"一次运输过程"或"一项不可分割的运输",承担运输业务的连续承运人则包括第一承运人、最后承运人和各航段的承运人。

依据《华沙公约》第 30 条和 1999 年《蒙特利尔公约》第 36 条,连续承运人之间的法律关系比较复杂,而且旅客运输和行李/货物运输的责任有所不同。例如,在航空旅客运输中,连续承运人只对本航段发生的空难事故所致损失承担责任,如果运输合同明确约定由第一承运人对全程运输负责,第一承运人须对全程运输负责。在行李或货物运输中,第一承运人、最后承运人以及各航段的连续承运人对全程承担连带责任。换言之,对于连续运输,除明文约定第一承运人对全程运输承担责任外,旅客或者任何行使其索赔权利的人,只能对发生事故时履行该运输的承运人提起诉讼;关于行李或者货物,旅客或者托运人有权对第一承运人提起诉讼,有权接受交付的旅客或者收货人有权对最后承运人提起诉讼,旅客、托运人和收货人均可以对发生毁灭、遗失、损坏或者延误的运输区段的承运人提起诉讼;上述承运人应当对旅客、托运人或者收货人承担连带责任。

---

① 参见 1961 年《瓜达拉哈拉公约》第 1 条第 2 款和第 3 款。
② 1999 年《蒙特利尔公约》第 40 条、第 41 条和第 45 条。

在连续运输中,某一航段由合同未指明的航空承运人替代运输或者旅客要求变更某一航段的承运人时,实际承担运输的航空承运人构成连续承运人。但是,如果旅客本人要求在连续运输情况下改变原来某段航程并增加一个新航段,新增航段的承运人因与原连续运输分离,不是连续承运人,而是独立的航空承运人。①

第三节 国际空难损害赔偿的责任主体(二):产品责任人

一、空难事故与航空产品责任的关系

所谓"航空产品责任"是指相关主体对航空产品的设计缺陷、航空器及其零部件的物理缺陷所致航空事故的损害赔偿责任,属于产品责任的范畴。航空产品责任是航空法学研究的重要内容。

2014 年马航 MH370 失联事故的损害赔偿,牵涉航空产品责任问题。各种空难或航空事故的原因难以一言蔽之,但因航空产品缺陷引发的事故在航空史上占有一定的比例,航空产品责任诉讼也屡见不鲜,根据《美国航空产品责任法律报告》,消费者常常对航空器的机舱门、驾驶舱、发动机、燃油或排气系统、导航仪表、螺旋桨、座位或安全带、尾翼、机翼或副翼以及其他航空器部件存在的缺陷为由提起诉讼。② 诚如 1983 年 Bertelsman 法官所见,如果原告希望得到足额赔偿,就会提起产品责任诉讼,因为它能为航空事故受害者提供替代航空器经营者的责任诉讼。③ 例如,韩亚空难的索赔人除向空难事故的第一负责人——航空公司索赔外,还可向第三方索赔。相关有过失的"第三方"机构可能会成为被索赔人,如对事故负有相应责任的飞机生产商美国波音公司、发动机制造商、机场安全保障方等。

目前,航空产品责任的承担主体并非单一主体,设计者、生产者、销售者、维修者皆为潜在的责任承担主体。但我国《民法典》侵权责任编与《产品质量法》仅规定有生产者和销售者的责任,对于设计者、维修者未置一词,《民用航空法》仅规定有航空产品生产者及维修者的行政责任,航空产品致害赔偿责任未曾置喙。随着中国国产大飞机和各种直升机制造等航空产业

---

① 参见叶乃锋:《国际航空侵权责任研究》,西南政法大学 2007 年博士学位论文,第 87 页。

② 参见王瀚、张超汉:《国际航空产品责任法律问题研究》,载《法律科学(西北政法大学学报)》2010 年第 6 期。

③ See Jean-Michel Fobe, *Aviation Products Liability and Insurance in the Eu*, Kluwer Law International, 2009, p. 81 – 82.

的迅速发展,航空产品责任问题的研究日显迫切。基于空难受害者权益救济的视角,对航空产品的设计者、生产者、销售者和维修者四类主体的责任及其归责原则,有必要予以重视和研究。①

二、设计者的航空产品责任及归责原则

(一)航空产品设计缺陷与空难事故的关系

航空产业属于技术密集型产业,对于此行业从业者而言技术要求高,着手具体制造航空产品之前需要掌握众多原理并进行设计,设计者的设计水平与航空产品质量密切相关。在现行立法中并未有航空产品设计者的相关规定,因设计缺陷引发的航空事故,设计者的责任承担及归责原则的具体规定缺失。然而,规定的缺失并不意味着航空产品设计者与航空事故无关,航空产品设计者虽属于航空业内的精英,掌握着先进的技术,但是其工作并非无可指责,在设计过程中因受人类智识的有限性影响以及设计者自身的疏忽大意等因素,可能导致设计存在缺陷,而设计缺陷可能导致全部产品存在缺陷而隐含巨大风险。② 例如,1954 年 1 月,英国海外航空的一架"彗星型"781 号客机,在飞往伦敦途中爆炸解体。此前,彗星型客机已发生过 4 次事故。调查之初,航空公司及民航局并未深究意外起因,仅认为是因引擎故障或机舱失火引起爆炸,在对彗星型客机的引擎及机上防火系统等 60 多项内容进行改良后再度投入使用。但同年 4 月,南非航空的彗星型 201 号客机(南非航空从英国海外航空租赁)从罗马前往南非约翰内斯堡途中,在地中海上空也如 781 号班机的方式爆炸解体。于是,两宗空难集中调查。调查发现,肇事的彗星型客机的设计存在严重瑕疵,机身蒙皮厚度不足,机上加压系统在飞机长期的高空、高速环境下,因机内外气压不平均,致金属疲劳,最终在机顶天窗的铆钉部分爆裂,飞机突然高空失压,飞机机体的流线型设计并不能长时间承受高速飞行冲击。因此,调查认为,飞机因同时承受内外气压不均,加速了金属疲劳,是一连串相似空难的原因。系列"彗星"号空难的原因是基于当时对于金属疲劳认识不足,在飞机设计上没有采取相应对策。调查结果使解决金属疲劳的飞机研制得到重视,"彗星型"客机后来在提高金属疲劳强度方面做了很大改进,如彗星客机的舷窗改方形为圆形或

---

① 以下内容主要参见郝秀辉、王锡柱:《论航空产品责任的承担主体及其归责原则》,载《北京理工大学学报(社会科学版)》2016 年第 1 期。

② See Charles F. Krause & Kent C. Krause, *Aviation Tort and Regulatory Law*, Second Edition, West Group. 2002, p. 31,35.

设计有很大的圆角,以防止方形舷窗拐角处出现金属疲劳导致裂隙。①

在航空史上,航空设计缺陷及其引发的事故损害并非个例,产品设计缺陷与受害人权益损害的因果关系,使航空产品设计者成为了潜在的损害责任主体。1972 年 6 月,一架只有数月机龄的美国航空麦道 DC – 10 型 96 号班机,在由底特律前往水牛城的飞行途中,存在设计缺陷的货舱门突然打开并发生爆炸性减压,机组人员在底特律迫降无伤亡。但 1974 年 3 月,土耳其航空的同机型 981 号班机在由巴黎飞往伦敦途中,DC – 10 系统设计致飞机控制损坏,造成飞机坠毁,346 人罹难。②

(二)设计缺陷引发的航空产品责任诉讼

随着航空产品设计缺陷的航空事故频发,相关产品责任诉讼随之而来。设计上的过失已经成为追究航空产品责任的重要环节。③ 早在 1937 年的 Maynard *v.* Stinson Aircraft Crop. 案中,航空产品设计缺陷问题就已成为案件争论焦点。④ 在 1963 年的 King *v.* Douglas Aircraft Co. 案中,因发动机存在设计缺陷的争议所提起的航空事故诉讼,最终通过专家测试确认了设计缺陷的存在。⑤ 1981 年,北苏格兰直升机公司的一架 Sikorsky S – 76A 直升机,因航空器旋翼制动器的设计缺陷导致发动机着火,造成航空器被严重损坏,航空器经营者及承租人(非所有人)请求联合技术公司给予赔偿,原告的主张获得了英国事故调查机构的支持。⑥ 在 2010 年 Hemme *v.* Airbus 案中,空难遇难者家属以飞机大气数据惯性系统、飞行控制计算机微处理器以及飞机传感器上的接线存在设计缺陷为由,起诉了摩托罗拉公司和杜邦公司。⑦

(三)航空产品设计者责任归责原则探讨与判例考察

在航空产品责任体系中,产品设计在事实上已经与航空产品质量密切

---

① 空难启示录:英国海外航空 781 号班机空难,载 http://www.163.com/news/article/5B24Q6RA000125LI.html,最后访问日期:2020 年 1 月 2 日。

② 参见加拿大 Cineflix 公司所制作的空难纪录片《空中浩劫》(英文:Mayday、Air Crash Investigation 或 Air Emergency)第 5 季第 1 集(S05E01)。

③ See Charles F. Krause & Kent C. Krause, *Aviation Tort and Regulatory Law*, Second Edition, West Group. 2002, p. 19 – 31.

④ Maynard *v.* Stinson Aircraft Crop. (1937, Mich Cir Ct Wayne Cty) 1 CCH Avi 698.

⑤ King *v.* Douglas Aircraft Co., 159 So. 2d 108, 9 CCH Avi 17178 (Fla. Dist. Ct. App. 3d Dist. 1963).

⑥ Case Cited By Harold Caplan in International Union of Aviation Insurers, Quarterly Bulletin n. 106, Fourth Qiarter 1987 at 28; By Nicolas hughes in ' Aviation Products Liability: UK ', European Study Conferences, 1987 Aviation Law and Claims Conference at 12.

⑦ Hemme *v.* Airbus. S. A. S. 2010 WL 1416468 (N. D. I. Ⅱ 2010).

相关,航空产品设计者作为航空产品责任的承担主体,有立法的现实需要。但是,航空产品设计者应承担何种责任,各国立法不完全相同。如我国《民法典》侵权责任编未明确规定航空产品设计者的责任。《美国侵权法重述:产品责任》明确地将设计缺陷作为产品责任的类别予以规定。在欧盟统一产品责任之前,法国通常将《法国民法典》第 1382 条、第 1383 条和第 1834(1)条的过错责任适用于航空产品责任。①

众所周知,能否成为责任承担主体与主体承担何种责任是两个层面问题,其涉及责任主体资格和责任原则。对于航空产品设计者采取何种归责原则应进行明确,明确归责原则是调节多方利益、落实责任承担的重要途径。航空产品缺陷存在的形成原因应由谁予以证明,在我国现行立法制度设计中并无规定。航空产业属于技术密集型产业,航空领域的问题具有技术性、复杂性和特殊性。航空设计者凤毛麟角,属于业内翘楚,其技术能力非一般设计人员能够比拟,产品制造商可能也不具备此种能力。设计技术的专业性难以为非专业人员所知晓,普通受害者更难以对设计缺陷进行举证。因而,航空产品设计者的归责原则,在空难损害赔偿中至少应当适用过错推定责任原则更为适宜,这不仅是出于弱者利益保护的要求,而且是基于航空技术专业性的考虑。

然而,关于航空产品设计者的责任归责原则,存在争议。有学者认为,当代侵权责任法的价值取向已经逐渐由侧重责难具有过错的不当行为人转向以受害人利益保障为重,航空产品责任紧随其他产品责任法发展的步伐②,对航空产品设计者的归责原则应当采取严格责任原则③。但是,《美国侵权法重述:产品责任》(第 3 版)对设计缺陷则采取了过错责任原则的立法例。④ 仅以侵权责任法关注受害人利益的价值转向,认定严格责任原则可直接适用于航空产品设计者并不具有充分依据。理由如下:

首先,航空产品设计属于高科技产业是相对而言的,无论哪一领域都存在认知盲区,作为技术密集型的航空设计亦是如此,只能在认知范围内进行设计,不可能脱离当时的研发水平。航空业安全水平在不断提高,但飞行安全的提高部分要归功于一次次空难发生后带来的关键安全改进,很多航空

---

① See Jean-michel Fobe, *Aviation Products Liability and Insurance in the Eu*, Kluwer Law Intl, 2009, p. 93.

② See Charles F. Krause & Kent C. Krause, *Aviation Tort and Regulatory Law*, Second Edition, West Group. 2002, p. 2.

③ 参见王瀚、张超汉:《国际航空产品责任法律问题研究》,载《法律科学(西北政法大学学报)》2010 年第 6 期。

④ 参见郝秀辉、刘海安、杨万柳:《航空保险法》,法律出版社 2012 年版,第 222 页。

科技的重大进步正是以残酷空难的血腥代价换来的。例如,1985 年达美航空 191 号班机空难①使机载雷达和风切变探测器成为标准装配;1983 年加拿大航空 797 号班机空难②改进了机上洗手间烟感探测器,并在机上内饰使用了更多阻火材料;1978 年美联航 173 号班机燃油耗尽坠毁③改进了机组资源管理。因此,对于航空业内航空产品设计技术,消费者和司法者也不应该对于设计的完美无缺抱有绝对性期待。例如,在法国 1957 年的 Veuve de franceschi v. Helicopters 案中,法院认为设计应当考虑当时的技术状况,在被告证明其遵从了法国法与国际法的规定后,法院并未判定其承担责任。④在未曾进行技术风险权衡前将不可避免的风险贸然分配给设计者并不公允。

其次,航空产品设计并不属于高度危险作业范畴。航空运输归于高度危险作业范畴,而航空产品设计本身却与高度危险联系不大。在航空产品投入生产制造前,航空产品设计是否存在缺陷仅存在于抽象层面,在航空器的生产制造中是否采用设计者的设计方案则由制造商来决定。即使设计存在瑕疵的风险,也是航空器生产者将这种风险扩大。即使认为制造者的制造行为没有阻却航空产品设计中的缺陷,在设计者并无过错时,责令其承担严格责任依旧缺乏足够的理论支撑。因此,有学者认为,对于设计缺陷,需要达到该产品含有"不合理危险"的标准,并且原告有义务提供合理的替代,

① 1985 年 8 月 2 日,达美航空 191 号航班的一架洛克希德 L-1011 飞机,准备在达拉斯沃斯堡机场降落,在 800 英尺高空遇到了风切变,风切变使飞机失速,造成飞机快速下降,在距离跑道一英里处撞到地面并在高速路上反弹,撞上一辆货车,货车司机当场死亡,飞机迅速转向却撞上机场的两个大水箱,造成机上 163 名人员中的 134 名遇难。此次空难促使 NASA 和 FAA 进行了长达 7 年的研究,直接让机载雷达和风切变探测器成为标准装配。

② 1983 年 6 月 2 日,加航一架 DC-9 型号 797 号班机从达拉斯飞往多伦多,在 33,000 英尺高空时,后方洗手间飘出黑烟并很快弥漫客舱,飞行员选择紧急降落。因烟雾太浓,飞行员无法看清仪表盘,费尽力气将飞机降落在辛辛那提。但在舱门和紧急出口打开后所有人下机前,客舱着火造成机上 46 名人员中 23 名死亡。此次空难后,FAA 强制要求为飞机的洗手间安装烟感探测器以及自动灭火设备。耗时 5 年对所有飞机进行了改装,为客舱的座椅增加了阻火层,在地板上安装了紧急疏散的应急灯帮助乘客在浓烟中快速找到出口,及时疏散。1988 年以后生产的飞机内饰使用了更多的阻火材料。

③ 1978 年 12 月 28 日,美联航一架 DC-8 型号 173 号班机,准备降落波特兰国际机场,机上共有 181 名乘客,机组人员试图排除起落架存在的障碍,没有成功,飞机在机场周围盘旋一个多小时,尽管机上机械师提醒机长燃油正在迅速减少,但机长过了很久才开始最终的进近。飞机由于燃油耗尽坠毁在郊区,造成 10 人死亡。此后,美联航根据当时最新的机组资源管理(CRM)理念对其机组的培训程序进行了修改,改变了传统的"机长就是王道"的航空业阶层观念,CRM 高度强调机组人员之间的团队合作和有效沟通,后来整个行业都采纳了这一标准。

④ See Jean-michel Fobe, *Aviation Products Liability and Insurance in the Eu*, Kluwer Law Intl, 2009, p. 94 – 95.

否则被告将不承担责任。① 这也是《美国侵权法重述:产品责任》(第3版)最为引人注目的规定。在美国司法实践中,密西西比州就有驳回声称由于设计缺陷加重损害而请求赔偿的判例。②

最后,航空产品设计者虽能通过设计获利,但并不因此而适用风险利益平衡原则被责处承担严格责任。相对于航空器生产者及销售者而言,产品设计者的收益相对固定,通常情况下,生产者并非每生产一架航空器就向设计者支付一次设计成本,设计者并不能随着航空器产量的增加以及销售量的增长获得高昂的收入。因而,航空产品设计者的收益不会呈现与生产者或者销售者的收益同步正相关的关系。随着航空器生产及销售数量的增加,航空产品设计者的边际收益变化并不明显,甚至为零。在收益相对固定而随着生产及销售量的增加使潜在的事故概率增加的情形下,边际风险却呈现持续增长状态,在设计者无过错时,无法依据风险收益均衡原则推导出其承担责任的依据,因此规定其承担严格责任并不公允。

在司法实践中,法院基本将设计缺陷排除在严格责任之外。例如,在1958年Prashker v. Beech Aircrafe Crop.案中,原告主张设计存在三处缺陷,但上诉法院认为设计不存在疏忽,因而没有支持原告的请求。③ 在1966年Brooks v. Eastern Air Lines案中,法院依照路易斯安那州法律以疏忽为责任基础进行判决。④ 在1990年9月13日荷兰产品责任法没有进行投票之时,高等法院对设计缺陷的裁定是现行法律下责任承担的基础依旧是过错。⑤

综上,尽管工业化大规模生产不可避免地会带来异常风险,但缺陷设计或不充分的说明导致的损害责任并不具有正当性,也很难支持其严格责任。然而,随着生产力的不断发展,工业化社会的到来,商品的多样化、新颖化、大量销售、制造的专业化、功能的复杂化不可避免地造成了商品的制造者和商品的使用者之间信息的不对称分布,消费者在使用商品时人身和财产受到伤害的情形多有发生,特别是高度危险的汽车、航空器等,更易造成危险

① 参见张岚:《产品责任法发展史上的里程碑——评美国法学会〈第三次侵权法重述:产品责任〉》,载《法学》2004年第3期。
② See Charles F. Krause & Kent C. Krause, *Aviation Tort and Regulatory Law*, Second Edition, West Group. 2002, p. 36–37.
③ Prashker v. Beech Aircrafe Crop., 258 F. 2d 602, 5 CCH Avi 18056, 76A. L. R. 2d 78 (3d Cir 1958).
④ Brooks v. Eastern Air Lines, Inc., 253F. Supp. 119, 9 CCH Avi 18529 (N. D. Ga. 1966).
⑤ See Jean-michel Fobe, *Aviation Products Liability and Insurance in the Eu*, Kluwer Law Intl, 2009, p. 109.

事故的发生。① 在风险利益均衡下,设计者不具有可责难性时,责令其承担严格责任的基础条件不足,令其承担过错推定责任较为妥当。在对设计者适用过错推定原则时,过错应当以客观过错为标准,而不应以设计者单独的设计水平为基准点。以单个设计者的水平为标准,会使具有高技术水准的设计者承担更为沉重的责任,而低水平的设计者反而会凭借主观过错理论受益,出现"劣币驱逐良币"的现象,法律层面上则会表现出鼓励无知者的表象。因而,以客观过错为标准有利于平衡设计者之间的利益,避免航空产品设计者将知识视为负担,但是,在证明设计者技术高于一般标准或者设计者作出自身技术水平高的承诺下,可在更大范围内推定设计者的过错以保障受害人利益。

三、制造者的航空产品责任及归责原则

(一)航空产品制造缺陷与空难事故的关系

航空器制造环节是最为烦琐的环节,其中涉及众多航空器零部件的制造与组装。在生产制造过程中使用有缺陷的零部件或者零部件的组装不合理等情形,都可能造成航空器的质量瑕疵和缺陷,有着内在缺陷的航空器迟早会导致航空事故的发生。制造者需要对于产品缺陷造成的损害承担责任早已获得一致认可。欧盟所有成员国的产品责任法均对责任人作出了与欧盟产品责任指令相同的界定,其中成品、原材料或部件的制造者都为第一责任承担者。② 《美国侵权法重述:产品责任》(第 3 版)将制造者列为责任主体。《日本制造物责任法》是侵权责任的特别规则,其中制造者列为责任主体。③ 《法国民法典》第 1386 - 1 条明确了产品生产者属于产品责任主体。制造者作为航空产品责任主体已经毫无争议。

从事国际航行活动的航空器必须具备芝加哥公约规定的各项条件,尤其是航空器本身必须达到适航状态,取得适航证,并保证持续适航。空难发生后首先要调查航空器及其产品的技术性能。一架航空器上的零部件数以万计,制造过程中可能存在各种不同的缺陷,历史上有多起空难肇因于制造环节的缺陷。例如,在 1964 年 Noel *v.* United Aircraft Co.④中,受害人搭乘的航空器因螺旋桨缺乏周期变距造成该航空器长期超速,最终失事坠海。

---

① 参见张云:《产品责任的惩罚性损害赔偿制度研究》,载《当代法学》2005 年第 5 期。
② 参见[德]克里斯蒂安·冯·巴尔:《欧洲比较侵权行为法》(下卷),焦美华译,法律出版社 2001 年版,第 477 页。
③ 参见于敏:《日本侵权行为法》,法律出版社 1998 年版,第 332 页。
④ Noel *v.* United Aircraft Co. CCH,avi,Vol. 9,p. 17,578.

该型号航空器的类似事故已出现多次,但制造人没有向用户通报航空器的重大缺陷。1989年联合航空232号班机因失控迫降,但因落地速度太快,机体在地面解体并燃烧,导致111人罹难,事故的原因就是在制造该引擎前叶片时使用了不合格钛金属,造成叶片金属疲劳而断裂。又如,1989年柏纳航空394号班机在北海坠毁致55人罹难,事故原因是飞机尾翼使用了劣质金属螺栓致使飞行时尾翼共振振动而脱落。1994年合众国航空427号客机空难原因是方向控制系统的一个堵塞阀造成方向舵突然偏转所致。①

(二)制造者违反航空产品注意义务所致纠纷的判例考察

制造者对生产制造的航空器或其他航空产品负有检查监督义务②和航空安全建议的义务,因航空器生产缺陷所致损害赔偿责任,亦应承担。例如,2008年1月,英国航空38号客机(BA038)在希斯路机场进场时,因发动机失效,迫降在跑道头前草坪上,幸无人死亡。调查报告指出,该事故可能与其劳斯莱斯引擎热交换器能欠佳有关,导致燃油或输油管在高空结冰。于是,波音向全球拥有以劳斯莱斯引擎的波音777顾客发出新的安全建议,要求全球200架同型号客机,不应在"燃油温度低于−10℃的高空"持续飞行逾2小时。

制造缺陷是航空产品责任诉讼中最具代表性和常用的诉讼理由。美国的航空器制造者在航空事故诉讼中经常被诉。在航空活动中,处于活动链之顶端的航空器生产者和设计者面临着更大的风险,他们经常被要求与其他责任主体一起承担损害赔偿责任份额。③例如,在Rosendin诉Avco Lycoming Div案中,由于发动机缺陷引发空难,陪审团对制造者裁定了1005万的惩罚性赔偿额。④在1980年巴黎上诉法院作出的一个判决中,因为安全带把手问题故障,一名指导者和见习飞行员丧生,航空器制造者被裁

---

① 1994年9月8日,合众国航空的波音737客机准备在匹兹堡国际机场着陆过程中,飞机突然向左转随即失控俯冲撞地,机上132人全部身亡。黑匣子显示方向舵突然转到全左位置触发了这次俯冲。关于事故原因,合众国航空归咎于飞机本身,波音公司则认为是机组人员失误。NTSB耗时约5年对事故全面调查,调查结果是方向控制系统的一个堵塞阀造成了方向舵的突然偏转,并非飞行员的因素所致。此后,波音公司出资5亿美元对当时全球2800架波音737飞机进行了改装。此外,为安抚遇难者家属、解决与航空公司的冲突,美国国会通过了《空难家庭援助法案》。

② 参见郝秀辉、刘海安、杨万柳:《航空保险法》,法律出版社2012年版,第222页。

③ See Jean-michel Fobe, *Aviation Products Liability and Insurance in the Eu*, Kluwer Law Intl, 2009, p. 81 – 82.

④ See Jean-michel Fobe, *Aviation Products Liability and Insurance in the Eu*, Kluwer Law Intl, 2009, p. 90.

定对该起事故承担全部赔偿责任。① 1992 年,一架 F16 飞机发生事故,调查报告表明事故原因是 PW220 发动机上的系索栓故障失灵,失灵原因被追溯为制造缺陷,荷兰政府让制造者对受害者支付总额 200 万荷兰盾的赔偿。②

我国《产品质量法》虽然未明确规定航空器制造者的责任,但在其产品责任一章中规定了生产者责任类型及其责任承担,因而,航空器制造者的责任应在产品责任范畴内。航空器虽有特殊性,但在本质上,航空器的制造者与其他产品的生产者并无区别,不能因其特殊性而排除产品责任的适用,其应当对自己制造和生产的航空器承担航空产品责任。而且,作为航空产品设计的应用者,对于设计者的过错也应当承担责任。错误的产品设计方案随着生产者的生产在每架应用此种技术的航空器之上都从抽象缺陷演化为实际缺陷,航空器制造者并未在此间起到监督作用,而且航空器生产者的收入足以弥补此种损失。在美国对于 Noel v. United Aircraft Crop. 案件的注解中认为,制造者应当对于涉及人身安全产品的产品责任具有延续性。存在高度危险的设计缺陷的产品应当引起制造者的注意义务是不言而喻的,制造者有责任补足此种缺陷,在缺乏此种技术时,至少应当对使用者进行充分的警告,并给予将此种风险最小化的指示。③

(三)航空产品制造者的严格责任原则探析与判例考察

航空器制造人对航空器的产品责任早期曾采过错责任,这种过错主要是制造人对航空器设计缺陷和制造装配上的缺陷,未能对航空器使用人或操作人进行充分的风险说明。但是,这种过错责任要求原告必须证明空难是航空产品的固有缺陷导致的,显然非常困难。直到 1963 年,加利福尼亚州法院在 Greenman v. Yuba Power Products 案④中,判决裁定制造人将不经检验的产品投放市场使用时,制造人应负严格责任。产品的严格责任制遂被编入《美国侵权法重述:产品责任》(第 2 版)并获得法学界的一致肯定。⑤

依据我国《产品质量法》,生产者的产品责任采用严格责任原则,但该归责原则所依托的事实以及理论依据尚未明晰,航空器制造者适用严格责任是否妥当,需要进一步分析。

首先,航空器制造者将设计者的设计方案予以实施,是航空器的直接组

---

① Pairs(Ire Ch. a)1. 12. 1980(ref. 3914),Gaz. Pal. 1981. I,somm. p. 157.

② De Telegraaf 9 February 1993 at T9.

③ Noel v. United Aircraft Crop. ,342 F. 2d 232,9 CCH Avi 17333(3d Cir. 1964);see also,Braniff Airway,Inc. v. Curtiss-Wright Corp. ,411 F. 2d 451,6U. C. C. Rep. 508,10 CCH Avi 18382(2d Cir. 1969),on reh'g,424 F. 2d 427(2d Cir. 1970).

④ Greenman v. Yuba Power Products,at California Law Report,1963. p. 697.

⑤ 参见叶乃锋:《国际航空侵权责任研究》,西南政法大学 2007 年博士学位论文,第 76 页。

装加工者,隐匿于相关航空产品上的缺陷风险,随着航空器被投放进市场而得以扩散。严格产品责任适用于产品,但其本身并非风险来源,而仅作为控制由其他产品引起的风险的方法的情形。① 制造者承担损害赔偿责任乃是因为将缺陷产品投入了流通。② 可以明确,存在缺陷的机身、零部件等相关航空产品是由航空器制造者的组装加工转化为航空器,原本存在于航空产品中的缺陷风险或因组装不合理所致的航空器质量缺陷,随航空器的运营变成了现实危险,因此,司法实践多认为航空器制造者应承担严格责任。例如,在1950年的Vrooman v. Beech Aircraft Crop.案中,美国第十巡回法院认为,尽管在制造飞机时,飞机本身并不属于具有危险的交通工具,但是制造目的在于保障其空中航行,除非制造过程中没有任何机械上的缺陷,否则在可预见范围内,其将成为一个危险物。③ 再如,在1963年的Greenman v. Yuba Power Product Inc.案中,首席法官Traynor明确认为,制造者将产品投入市场就应当承担严格责任。④ 在1975年Berkebile v. Brantly Helicopter Co.案⑤中,法官认为,允许制造人将有缺陷的产品投入商业流通而不承担赔偿责任,不符合现代社会利益。显然,在司法实践中,航空器制造人(包括零配件供应商)违反了明示的担保责任、默示的担保责任,要对生产制造的航空器或航空产品承担严格责任。

其次,航空器制造者承担严格责任符合风险利益均衡原则。航空器投入市场后,制造者所获取的收益与其制造航空器数量呈明显的正相关关系,航空器存在的缺陷,与航空事故发生的概率也呈正相关关系。根据数据统计理论,航空事故损失的可能性,与同类型航空器的生产数量和投入市场的数量,呈正增长关系,事故损失风险会加大。因此,作为与航空事故具有法律上因果关系的牵涉者,航空器制造者应根据风险利益均衡原则,对其投入市场的航空器本身的缺陷或瑕疵风险所致损害,承担严格责任。

再次,现阶段对于航空事故受害人的利益保障并不充分,虽然立法规定了航空器经营人的严格责任,但是这种严格责任与限额责任相联,限额赔偿外的损失需要受害人自己承担。在因航空器的缺陷或瑕疵造成空难的情形下,如果航空器的制造者不承担责任,空难受害人的保护与救济无法周延,

---

① 参见[英]肯·奥立芬特、王竹、王毅纯:《产品责任:欧洲视角的比较法评论》,《北方法学》2014年第4期。

② 参见[德]克里斯蒂安·冯·巴尔:《欧洲比较侵权行为法》(下卷),焦美华译,法律出版社2001年版,第479页。

③ Vrooman v. Beech Aircraft Crop. ,183 F. 2d 479,CCH Avi 17248 (10th Cir. 1950).

④ Greenman v. Yuba Power Product Inc. ,59 Cal. 2d 57,337 p. 2d 897,27 Cal. Rptr. 697(1963).

⑤ Berkebile v. Brantly Helicopter Corp. ,CCH Avi. Vol. 13 ,p. 17 ,878(1975).

尤其是一旦航空器经营人陷于破产困境,受害人权益保障更无法落实。因此,在航空实践中,消费者为保护自身利益,或为获得充分的损害赔偿,动辄撇开 1929 年《华沙公约》的"华沙—海牙"责任体制或 1999 年《蒙特利尔公约》的双梯度责任制度,转以产品存在缺陷为由提起产品责任诉讼。①

最后,航空产品责任险可为航空器制造者分散严格责任的损失风险。在风险或损失扩散方面,消费者化解风险的能力较弱,如果实行过错责任原则,消费者独自承担制造缺陷事故损失的概率就会很大,这将在很大程度上降低整体社会福利。② 而产品责任的可保险性恰为生产者的严格责任提供了正当性基础。财力雄厚的航空器制造者完全有能力通过投保产品责任险来分散航空产品缺陷引发的赔偿风险。产品责任保险可以增强制造者的赔偿能力,从而切实保障消费者的合法权益,③也是航空器制造者化解风险的有效手段。

产品责任作为消费者保护法的重要内容,在欧洲各国以及其他一些地区都适用严格责任。相较于《美国侵权法重述:产品责任》(第 2 版)的规定,第 3 版将设计缺陷及警示缺失从严格责任中排除,但是制造缺陷的严格责任却并未改变。法律本身虽不能产生利益,但其能够平衡利益。航空秩序的建构并非像拼图一样,通过把我们最喜欢的各个部分挑选出来而建构一种可欲的社会秩序,④法律选择对航空器制造者科以严格责任并非只有收益的最优选择,而是在经过利益权衡之后的次优选择,其不仅能够使制造者在产品安全方面有更多的投入和解决受害者的举证困难,⑤更在于严格责任的损害分散功能。追究制造者的严格责任,不仅减轻了受害人的举证困难,同时有效地防止制造商向市场投放缺陷产品,进一步保障公众安全和社会秩序的稳定。⑥ 制造上存在缺陷,意味着产品与设计要求的背离,这是一种事实判断,不需要考虑产品制造人对于缺陷的认知能力,即便在制造产品的过程中已尽到所有可能的谨慎,该产品仍存在制造缺陷,制造者就要承

① 参见王瀚、张超汉:《国际航空产品责任法律问题研究》,载《法律科学(西北政法大学学报)》2010 年第 6 期。
② 参见冯志军:《产品责任归责原则的法经济学分析》,上海财经大学 2008 年博士学位论文,第 140 页。
③ 参见郝秀辉、刘海安、杨万柳:《航空保险法》,法律出版社 2012 年版,第 222 页。
④ 参见[英]弗里德利希·冯·哈耶克:《法律、立法与自由》(第 1 卷),邓正来等译,中国大百科全书出版社 2000 年版,第 93 页。
⑤ 参见许传玺主编:《侵权法重述第三版:产品责任》,肖永平、龚乐平、汪雪飞译,法律出版社 2006 年版,第 15 ~ 16 页。
⑥ 参见刘冰沙:《论产品责任法中的严格责任制度》,载《当代法学》2003 年第 2 期。

担缺陷致损责任。①

当然，在严格责任下，航空器制造者的责任负担过重，会不利于整个产业链中航空制造业的快速发展，这种担忧并非杞人忧天。此种制度缺陷并非没有解决之道。可以考虑在科以航空器制造者严格责任的前提下，借鉴《蒙特利尔公约》的双梯度责任制度，在航空器制造者无过错时仅承担限额责任。诚如前所述，航空器的制造受制于不同时期的航空科技水平，所有航空技术缺陷的损害均要航空器制造者埋单并不公平，尤其是还要为设计者的设计缺陷负责，更显责任过重，因此，采用双梯度责任设计可为现行立法的适当选择。在获得初步补偿的基础上，消费者如果愿意承担诉讼的风险，又能够举证证明生产者的过失，就可以通过诉讼手段，寻求完全、充分地补偿。②

四、销售者的航空产品责任及归责原则

（一）销售者作为航空产品责任主体的正当性分析

航空器销售者是直接将航空器投入使用前的最后环节，在航空器未曾投入使用时，因其尚未处于运行状态，可控制性强，除极为特殊的不可抗力所引发的状况外，不会有航空事故的发生，一旦将航空器投入使用，就会导致航空器参与到高风险的航空运输中，航空器的使用推进了航空器发生事故的风险。销售者是制造者和使用者的桥梁，为航空器的流通提供了渠道，虽然并未增加航空事故发生的概率，但是将航空器缺陷的致害风险扩散和推广是无可否认的事实。

《法国民法典》第1386－7条第1款明确了销售人按照产品生产者相同的条件，对缺陷产品承担责任。在我国，航空器销售者因为销售航空器催发了航空器缺陷与航空事故的关联，因此，无论是《民法典》、《产品质量法》或是《消费者权益保护法》，均将销售者归类于产品责任的承担主体。在美国的判例中，将航空器销售者认定为产品安全的守护人。例如，在1969年的Tayam *v.* Executive Aero 案中，因航空器制造者及零售商未尽警示义务而导致伤亡，原告对于两者提起诉讼，美国初审法院适用威斯康星州法律，支持了原告请求，零售商向上级法院提起上诉，反对初审判决，但上级法院维持了陪审团认定的零售商承担责任的决议。③ 在1978年的 First Nat. Bank

---

① 参见杜康平：《论航空零部件供应商的产品责任》，载《北京航空航天大学学报（社会科学版）》2013年第1期。

② 参见董勤：《论我国产品责任制度的局限性和改进对策》，载《当代法学》2002年第10期。

③ Tayam *v.* Executive Aero, Inv, 238 Minn. 48, 166 N. W. 2d 584, 10 CCH Avi 18265(1969).

of Mobile *v.* Cessna Aircraft Co. 案中,航空器零售商出售了不符合普通使用功能的航空器,原告认为其违背了《统一商法典》规定的默示保证义务,对经销商提起了诉讼。①

(二)销售者的航空产品责任归责原则探究及判例考察

在我国侵权责任法中,产品责任属于双轨制,生产者承担严格责任,销售者承担过错推定责任。这种责任归责原则同样需要进行检讨以辨明规定是否妥当。在无特殊规定时,责任主体承担过错责任,但是销售商与受害人在知识信息方面并不对称,航空器缺陷并非一般人日常生活所能够掌握的信息,如果根据一般过错来追究销售商的责任,对于受害人而言无疑是沉重的负担,并不公允。现行法律体系下科以航空器销售者过错推定责任,也未必能充分、有效地维护空难受害者的利益,而对航空器销售者科以如同制造者一样的严格责任,方能全面保障空难受害者的权益。理由如下:

首先,在航空器由设计、生产、销售到运营的链条上,航空器的销售者往往被处于航空产品缺陷与航空事故损害的因果链之中,经由航空器销售环节,航空产品缺陷致害的风险被进一步推进和扩大,因此,销售者应该为缺陷产品造成的损害负严格责任。因为生产者或销售者的产品责任在归责依据上都是其产品缺陷及其与损害结果的因果关系,与受害者相比,明显具有产品信息优势,即使销售者不如制造者的信息全面,但其有必要和有义务去了解自己所销售的航空产品的安全性质和使用情况。法律不考虑其过错,目的是公平地负担工业化带来的负面结果而不是对其进行惩罚。② 因此,在销售者的责任归责原则上,已有司法判例并不考虑过错问题。例如,在1975 年 Berkebile *v.* Brantly helicopter Corp. 案中,美国宾夕法尼亚州高等法院指出,产品责任法的发展适应了社会对消费者和销售者关系认识的改变,销售者是其产品安全最有效的"守门人",目前越来越强调不问过错的责任原则,即使销售者已尽到了一切可能的注意义务,他仍然要为缺陷产品造成的损害负责。③

其次,对销售者科以严格责任的成本会低于航空器运营者或购买的所有者预防预期事故的成本。销售的具体航空器如果有瑕疵,制造者都无法以低于(很小的)预期事故成本的预防成本防止其发生,消费者更没有任何办法能够以合理的成本防止百万分之一的产品缺陷。对于单个购买航空器

---

① First Nat. Bank of Mobile *v.* Cessna Aircraft Co. ,365 So. 2d 966(Ala. 1978).

② 参见周新军:《产品责任因果关系与过错的辩证思考》,载《理论月刊》2007 年第 8 期。

③ Berkebile *v.* Brantly helicopter Corp. ,462 Pa 83,337 A. 2d 893,13 CCH Avi 17878(1975),noted in 36 ATLA L Jour 311 – 320.

的消费者而言,航空预期事故成本太低不足以促使其采取任何自我保护措施。但数百万消费者的微小成本汇总后,对航空器的销售者和生产者却是一项很大的成本,因而会促使其进一步采取防范措施;否则,会使消费者寻找其他可替代的航空产品,最终市场可能会通过抛弃而惩罚他们,制造者会遭到有效的报应,销售者同样亦如此。正是因为严格责任在实际上将产品危险的信息贮入产品价格之中,因此,立法和司法才拒绝否认产品事故的致害责任。① 例如,在美国,针对 1960～1970 年销售航空产品的供应商提起的各类航空产品责任诉讼,严格责任原则已经被适用,或视为可以适用。② 法国法院近来也主张在专业人员的销售责任中,要求专业销售者必须排除对于人身或者财产存在危险的产品缺陷。③

综上,航空器制造者将产品投入市场之后经由销售者转移到消费者或提供航空运输服务的航空公司手中,航空器的生产成本和销售成本都已经被注入经营使用者的身上,最终会转化为航空运费之中。按照风险—收益 - 负担均衡配比的原则,航空器销售者应适用严格责任原则,航空销售者对于因其缺陷产品造成的损害负责,而不论其对此种缺陷是否尽到了合理注意义务。关于航空器销售者严格责任负担过重的担忧,同样也可以通过投保航空产品责任险来分散责任风险。④ 因而,在理论和实践上,航空器销售者具有与制造者同样的责任基础和责任依据。

五、航空器维修者的产品责任及其归责原则

(一)航空器维修人为差错与空难事故的关系及案例考察

航空器属于非消耗物,但是航空器投入运营后会随着设备老化、航空器零部件磨损等问题引发机身、设备等部件的损坏而无法满足必要的运行条件,也可能因为技术更新使航空器无法满足载运需求而进行设备改造,因而,航空器维修者对航空器正常运营的参与是必要和必需的。而一旦参与到航空产业链,促成法律上因果关系的影响不可忽视,如果因果关系成立,维修者便具有了成为航空产品责任主体的可能性。如果航空器不能得到及时、适当、有效的维修或者在改造更新中存在缺陷,极有可能会增加航空器

---

① 参见[美]理查德·波斯纳:《法律的经济分析》,蒋兆康译,法律出版社 2012 年版,第 260 页。
② See Charles F. Krause & Kent C. Krause, *Aviation Tort and Regulatory Law*, Second Edition, 2002, p. 69 – 70.
③ See Jean-michel Fobe, *Aviation Products Liability and Insurance in the Eu*, Kluwer Law Intl, 2009, p. 94.
④ 参见郝建志:《美国产品责任法归责原则的演进》,载《河北法学》2008 年第 10 期。

运行事故发生的概率。① 例如,1979 年,美国航空一架 DC－10 型 191 号客机起飞时因左边引擎突然脱落而失速坠毁,致机上 271 人及地面 2 人罹难。经过几年的各方面调查,结论是美航维修部门在引擎维修时,为省下 200 多小时的维修工时及金钱,把引擎和"派龙"(引擎和机翼间的悬挂结构)一齐拆下并搁放一夜才装回去,以致在"派龙"和机翼接合区造成裂缝。这违反了 DC－10 设计原厂麦道公司的维修程序,是一起维修不当造成的空难。②

正因航空器维修者将其维修服务施加于航空器或航空器相关部件之上,所以维修问题所致的航空事故损害,航空器维修者应共担产品责任。在航空运输损害赔偿实践中,在因航空器维修者未能妥善修理航空器以致引发事故的,航空器维修者承担产品责任已有判例。例如,1968 年,一架法国滑翔机起飞后 2 分钟内发生事故,一位乘客和飞行员丧生。1972 年,法国格勒诺布尔上诉法院确认判决,修理者必须赔偿乘客遗孀的损失。③ 在美国,一些涉及死亡、人身伤害或航空器毁损的已公布案件中,维修商、服务商、维护商以及检修商被认为要为过失负责。④ 因此,航空器维修者是航空产品责任的潜在承担主体。

(二)航空器维修者的责任归责原则分析

在我国现行立法体系中,对于航空器维修者责任的规定几近于缺失,《民法典》、《产品质量法》、《消费者权益保护法》及《民用航空法》均忽略了航空器维修者的追责及归责问题。在空难损害赔偿责任体系中,航空器维修者应承担何种责任是值得探讨的。

如对航空器维修者科以一般过错责任归责原则,恐怕难以平衡多方主体利益,对于受害人利益的保护并不周延。航空器维修需要技术依托,技术要求较高,专业性较强,航空器维修人员所需技术与能力并非普通人所掌握,皆须具备一定资质。根据我国《民用航空器维修人员执照管理规则》,民用航空器维修人员、民用航空器部件修理人员和民用航空器维修管理人员均须持有执照或资格证书。在专业化分工极为细致的航空维修领域,主张

---

① 美国商务部门 1928 年的事故制表显示,动力装置失败、构建失败、操作程序、维修材料系统故障等因素都在事故原因中占据一定比例,根据对全世界的坠机事件进行的分析,机务维修被列为重要原因。

② 参见《空难启示录:美国航空 191 号班机空难》,载 https://www.163. com/news/article/5B24 Q6RA000125LI. html,最后访问日期:2015 年 3 月 31 日。

③ Cour d'Appel de Grenoble(Ch. Corr.) du 24. 11. 1972 en cause Collart, Nickel, Thomas c. Veuve Bourchardon et Aero-club de Valence, (1973)RFDA67.

④ See Charles F. Krause & Kent C. Krause, *Aviation Tort and Regulatory Law*, Thomson West, 2nd ed. , 2002, p. 20－59.

诉请的受害人极难举证,因此,过错责任原则难以平衡维修者与维修产品致害的受害人之间的利益。但是,在航空实践中,航空器的维修工作包括检测、修理、改装、翻修、航线维修和定期检修等类别。① 对这些维修工作归类,大体上可分为预防性维修、恢复性维修和改进性维修。不同类别的维修,对航空器的产品缺陷或瑕疵致害风险的作用不同,其维修者应该承担不同的产品责任。

(1)预防性维修和恢复性维修都属于一般性维修的范畴。预防性维修是通过对机件的检查、检测,发现故障征兆以防止故障发生,使其保持在规定状态所进行的各种维修活动,包括擦拭、润滑、调整、检查、更换和定时翻修等。

(2)恢复性维修是指设备或其机件发生故障后,使其恢复到规定状态的维修活动,也称排除故障维修或修理,包括故障定位、故障隔离、分解、更换、调校、检验,以及修复损伤件。在恢复性维修中,维修者仅是对被告知的缺陷或检查中发现的缺陷进行修理,恢复性维修中的缺陷是现有技术条件下可以认知的,并且可以予以修复,是一种对于已存在的可知问题的修复。对于这种维修,维修者、航空器所有人或享受运输服务的航空旅客都不会对维修者有过高的期待,不会要求其将不能掌握的技术问题或无法修理的缺陷进行修理。

恢复性修理后,与发生故障前的航空器相比较,其风险只要不增加即为足够,而非苛责维修者将航空器未发现的缺陷予以改善。在生产者与使用者之间,维修者以第三者的身份参与到产品质量之中,正是由于有第三因素的介入,使本来就玄机四伏的空难损害因果关系的认定更加扑朔迷离。② 但是,在恢复性维修中,航空器维修者仅仅对于所要求的缺陷进行修复,其既不会增加或扩大航空器本身存在的缺陷,在其无过错情形下,恢复性维修者的修理行为明显不足以与航空事故构成因果关系。尤其是与生产者、销售者相比,恢复性维修者的收益较低,以至于在国外的航空器留置权行使实践中,鉴于恢复性维修费用较低,维修者都不能留置被维修的航空器。在美国司法实践中,法院不愿将严格责任扩大适用于服务商,航空案件中很大程度上拒绝适用严格责任原则于航空器维修和服务公司。③ 鉴于此,在航空产品责任承担的分配上,不能凭借"深口袋"理论支撑的经济责任,对一般性

---

① 我国《民用航空器维修单位合格审定规定》(CCAR‐145R3)第145.18条规定。

② 参见周新军:《产品责任因果关系与过错的辩证思考》,载《理论月刊》2007年第8期。

③ See Charles F. Krause & Kent C. Krause, *Aviation Tort and Regulatory Law*, Second Edition, West Group. 2002, p. 72.

维修者施加严格责任,从可期待性和风险收益的平衡性要求等方面,都不足以要求其承担无过错的严格责任。对恢复性维修的航空器维修者科以过错责任,似乎更显公平。但基于航空维修知识信息的不对称性,受害人基本难以证明维修者在专业上的过错,因而应当对其责任认定为过错推定责任更为适宜。

(3)在对航空器进行改进性维修的情形下,维修者是对设备进行改进或改装,以提高设备的固有可靠性、维修性和安全性水平,它是维修工作的扩展,实质上是修改设备的设计,应属于设计、制造的范畴。航空器维修者对航空器进行的重新构造,是以维修之名行制造或设计之实。改进性维修改变了原有航空器的架构,不同于仅是在原有航空器基础上的一般性修复,改进性维修者应当因为其改变了原有航空器架构的设置而成为相关责任的承担者。

改进性维修者附加于航空器上的工作内容如果增加了航空器的新缺陷或加大了航空器原有的瑕疵,应当责令其对产品承担如同设计者和制造者一样的严格责任。维修商在一些情况下,被认为符合《侵权重述法》确立的关于供应商责任的基本原则。美国的《联邦航空管制法》已经规定,如果对一架拥有适航资格证的飞机被交予有相关资质的维修商进行改进或改装,维修商应对其所承担的这种改进性维修工作承担潜在的严格责任。①

相较于恢复性维修而言,改进性维修者的维修收费高昂,英国法律实践中承认了改进性维修者留置航空器的权利。② 改进性维修者的收益实际上不限于技术服务,同时还在销售数量可观的航空器零部件,其收益也较高。因此,根据风险收益均衡的原则,对航空器进行增值性维修的,航空器维修者的产品责任应当类比于航空器生产者与销售者的产品责任,对其适用严格责任原则,才能区分和平衡不同类型航空器维修者的责任、权利和义务。

小结

综上所述,航空产品的设计者、航空器的制造者、销售者、维修者在不同环节以不同方式参与了航空产品使用风险的传播与扩散,各类主体可能因各自附加到航空器上的瑕疵对其造成的航空事故承担产品责任。各类主体对于航空产品缺陷的控制程度不同,应当根据风险利益均衡以及可期待性

---

① See Charles F. Krause & Kent C. Krause, *Aviation Tort and Regulatory Law*, Second Edition, West Group. 2002, p. 59 – 73.

② 参见吴建端:《航空法学》,中国民航出版社 2005 年版,第 76 页;谭向东:《飞机租赁实务》,中信出版社 2012 年版,第 113 页。

等因素综合判定各类航空产品责任主体的归责原则,在具体的制度设计上,产品设计者应当承担过错推定责任,产品制造者和销售者应当承担严格责任,维修者应区别其对航空产品的一般性维修和增值性维修分别承担过错推定责任和严格责任。

第四节　国际空难损害赔偿的责任主体(三)：航空器出租人[①]

在航空实践中,航空运营人越来越多地采用租赁航空器的形式来解决不断增加的运力需求,这种方式在国际上已得到广泛应用。在 1970 年,租赁飞机在全球机队中所占份额仅为 0.5%,目前几乎一半的世界商业机队受租赁协议的约束。[②] 据统计,国外各大航空公司租赁和购买飞机的比例约达 6∶4。[③] 目前中国国内航空公司运营的飞机 60% 以上也来自租赁。

所谓"航空器租赁",是指任何通过协议将航空器由一个人转给另一个人进行商业使用(无论是否提供飞行机组)。[④] 在航空器租赁运营模式下,航空器的所有权和使用权被完全分开,因航空器的租赁方式和适航责任差异,可能使空难事故损害赔偿责任变得更为复杂。特别是出租人将飞机租给航空公司使用,尤其是国外的航空公司在国外运营,并且都是国外的乘客,如果发生空难事故,出租人可能会面临这种国际空难事故损害赔偿责任风险,这个问题从立法和司法上都值得关注和研究。

一、出租人被追索空难损害赔偿责任的缘由分析

在航空器租赁实践中,就出租人的角度而言,其只是想通过出租航空器获得利润而非对航空器的事故承担责任,也期望索赔人将航空制造商和航空运营人列为最合适的索赔目标。诚如美国第七巡回上诉法院审理的 Matei v. Cessna Aircraft Co. 案的判决所言,没有任何航空器的出租人,愿意以出租人或出租航空器所有人的身份,对实际运营人操控的航空器造成

---

① 参见郝秀辉:《航空器出租人对国际空难损害的赔偿责任》,载《北京航空航天大学学报(社会科学版)》2021 年第 5 期。

② See B. Vasigh, R. Taleghani & D. Jenkins, *Aircraft Finance: Strategies for Managing Capital Costs in a Turbulent Industry* 271 (2012).

③ 参见谭向东:《飞机租赁实务》,中信出版社 2012 年版,第 6 页。

④ 中国民用航空总局 2005 年 3 月 15 日颁发的咨询通告:《航空器租赁》(AC - 121AA - 09)第 5.1 条定义。

的相关人员伤亡或损失承担赔偿责任。① 尽管如此,一些国家法律为何规定出租人对航空运营人控制的航空器致旅客和地(水)面第三人的损害承担赔偿责任? 究其原因,概括为以下方面。

(一)索赔人对出租人追索更方便诉讼或可获更高赔偿

就索赔人的角度而言,对出租人提起索赔可能比对航空承运人或经营人索赔更有利、更方便。例如,出租人位于一个更有利于索赔人的司法管辖区,与其他司法管辖区相比,该司法管辖区提供的损害赔偿金更高,更方便索赔人参加诉讼,减少成本支出。

另外,根据1999年《蒙特利尔公约》第29条规定,受害人在任何此类诉讼中,均无法从航空承运人那里获得惩罚性、惩戒性或者任何其他非补偿性的损害赔偿。因此,一些针对出租人的寻求惩罚性赔偿的诉讼即被提起。

(二)索赔人无法根据国际航空公约追索航空承运人或运营人

首先,华沙体制或《蒙特利尔公约》宗旨不是处理与国际航空运输合同有关的所有事项,目的仅是给国际航空运输承运人这个主体进行国际航空运输,提供一个统一、排他性的责任规则,无论采纳任何国内法的程序规则。华沙体制和《蒙特利尔公约》禁止乘客在其索赔不符合公约规定的责任条件时,根据各国当地法律提起损害赔偿诉讼。无论适用哪个公约,乘客的"唯一追索权"是根据可适用公约规定的条件和限制。公约这种排他性原则,使航空承运人的责任承担优先于出租人的责任承担,但公约适用有限制性,只适用国际航空运输领域。在公约不适用情形下,如航空运输完全是国内的,或国家尚未批准国际航空公约。在这种情况下,意味着出租人对空难事故的损害赔偿责任问题不适用公约规则,只能寻求国内法规则。

其次,华沙体制或《蒙特利尔公约》的每一缔约国都有权在本国航空法中规定本公约范围之外的运输责任,在公约不适用的情形下,依据各国国内立法的规定,出租人可能会面临空难事故损害赔偿责任承担的巨大风险。

最后,在航空承运人无力承担赔偿或从承运人那里无法获得损失赔偿的情形下,索赔人的损害无法获得补救。不能以出租人不是承运人为理由,排除对所涉飞机的出租人提出空难事故损害索赔,如同实践中一些法院以产品责任的采用而不排除乘客对制造商提出索赔。

---

① Matei *v.* Cessna Aircraft Co. ,35 F.3d 1142 (1994).

二、出租人对国际空难损害赔偿责任的国际立法考察

(一)《华沙公约》和《蒙特利尔公约》排他性条款的争议

《华沙公约》第 24 条和《蒙特利尔公约》第 29 条规定,在旅客、行李和货物运输中,有关损害赔偿的诉讼,不论其根据如何,是根据本公约、根据合同、根据侵权,还是根据其他任何理由,只能依照本公约规定的条件和责任限额提起,但是不妨碍确定谁有权提起诉讼以及他们各自的权利;在任何此类诉讼中,均不得判给惩罚性、惩戒性或者任何其他非补偿性的损害赔偿。

对于其中的"有关损害赔偿的诉讼"是仅限于"针对承运人的任何损害赔偿诉讼",还是包括承运人在内的"任何损害赔偿诉讼",存在诸多理解上的争议。有人认为,《蒙特利尔公约》第 3 章的标题为"承运人的责任和损害赔偿范围",第 29 条不必明确规定"任何损害赔偿的诉讼"是针对承运人的,根据章节标题可以明确它只涉及承运人的责任。①

但是,笔者认为,《华沙公约》第 24 条和《蒙特利尔公约》第 29 条的规定,仅是限定了损害赔偿的条件和责任限额以及补偿性责任适用的唯一性,并没有限制受害人提起索赔诉讼的根据和索赔的对象。因此,根据华沙/和蒙特利尔公约体系,承运人应对乘客死亡或身体受伤所产生的损害负责,但并不排除在承运人之外的其他任何主体对旅客所受损害承担赔偿责任。换言之,航空承运人使用租赁航空器运营时,发生空难事故致旅客受害情形下,受害人可以起诉运营航空器的出租人。

此外,在航空公司作为出租人的情形下,因航空器湿租和干租的模式差异,会有不同的责任后果。湿租是提供航空器和机组,有的还包括机身保险和维修服务。湿租一般是针对短期和特殊情况,如临时合同要求、引进新航线或更换受损飞机而采用的租赁模式。湿租的出租人对航空器运营有"独家经营控制权"。根据华沙/蒙特利尔公约体系建立的判例法规则,这种湿租模式下的出租人对空难事故的损害赔偿责任,适用华沙/蒙特利尔公约体系的责任规则。干租的出租人仅提供航空器,不提供机组,承租人从技术、运营和商业角度对飞机负有唯一责任。因此,干租的出租人对飞机没有"独家经营控制权"。航空公司作为干租的出租人,对承租人运营的航空器所发生的空难事故损害,不能适用华沙/和蒙特利尔公约体

---

① See Sidhant Sharma, *Lessor Liability for Damage Resulting from an Aviation Accident*, Air and Space Law, Issue 3, Vol. 43, 2018, p. 268.

系下的责任规则。

(二)《罗马公约》对航空器出租人责任的模糊性规定

根据1952年《罗马公约》第2~3条规定,飞行中的航空器或从飞行中的航空器坠落下的人或物所造成地(水)面上的人遭受损害的赔偿责任由航空器的经营人承担。这里涉及对地(水)面第三人承担损害赔偿责任的经营人包括以下四类:(1)损害发生时使用航空器的人;(2)将航空器的使用权已直接或间接地授予他人却仍保留对该航空器的航行控制权的人,被视为是经营人;(3)在航空器登记簿上登记的所有人,应被推定为航空器的经营人,在诉讼程序中证明另外一个人是经营人的除外,但必须在法律程序许可的范围内采取适当措施使该另一人成为诉讼当事人;(4)当损害发生时是经营人的人如果对航空器没有自其开始有权使用时起14天以上的专有使用权,则授予使用权的人须与该人负连带责任,各受本公约规定的条件和责任限制的约束。

罗马公约在航空器所有人的界定上会造成一定混乱,其中有关"在航空器登记簿上登记的所有人应被推定为航空器的经营人"的规定,航空器的登记地在哪里未明确,航空器所有人的登记依据是航空器租赁协议还是1944年芝加哥公约,也未明确,这二者是有差异的。根据芝加哥公约第17条规定,航空器具有其登记的国家的国籍;航空器在一个以上国家登记不得认为有效,但其登记可以由一国转移至另一国;航空器在任何缔约国登记或转移登记,应按该国的法律和规章办理;缔约各国承允,如经要求,应将关于在该国登记的某一航空器的登记及所有权情况提供给任何另一缔约国或国际民用航空组织;缔约各国应按照国际民用航空组织制定的规章,向该组织报告有关在该国登记的经常从事国际航行的航空器所有权和控制权的可提供的有关资料;如经要求,国际民用航空组织应将所得到的资料提供给其他缔约国。① 由公约规定可见,航空器所有人的登记国应是航空器国籍登记国。但是,根据租赁协议,航空器所有人可指从事飞机融资的若干潜在实体,如飞机的贷款人、投资者和出租人等。例如,在航空器干租协议下,通常由承租人承担运行控制,向承租人(航空运营人)仅提供航空器而不提供飞行机组,这里的出租人可能是航空运营人、银行或租机公司。在湿租协议下,航空器通常由出租人承担运行控制,向承租人(航空运营人)提供航空器并至少提供一名飞行机组成员,这里的出租人只能是

---

① 1944年芝加哥公约第17~19条、第21条。

航空运营人。①

由于在航空器登记簿上登记的所有人存在模糊性,直接影响了对地(水)面第三人承担损害赔偿责任的经营人的确定,但有一点是明确的,无论湿租或干租,出租人都可能被视为"登记所有人",并进而在损害赔偿责任中被"视为"或被"推定"为经营人被追索赔偿责任。

(三)一般风险公约和非法干扰公约对航空器出租人责任的明确排除

2009 年《关于航空器对第三方造成损害的赔偿的公约》第 13 条明确了出租人责任的排除,即"航空器所有人、出租人或保留了航空器所有权或持有其担保权益的融资人,或其受雇人或代理人,凡不是运营人的,无论根据本公约或是任何当事国有关第三方损害的法律,一律不对损害承担责任"。2009 年《关于因涉及航空器的非法干扰行为而导致对第三方造成损害的赔偿的公约》第 27 条明确了对航空器出租人追偿的免除,即"对航空器的所有人、出租人或保留了航空器所有权或持有其担保权益的融资人,凡不是运营人的,或对证明其在航空器、发动机或零部件的设计方面均符合强制性要求的制造商,不享有追偿权"。比较而言,一般风险公约和非法干扰公约的上述规定与华沙/蒙特利尔公约体系不同,它明确地将事故责任归于运营人,并防止了受害者对他人追诉。显然,2009 年这两个公约为出租人的责任问题提供了合理的规则。② 这显然比华沙/蒙特利尔公约体系的排他性条款要明确得多,因为后者的"任何诉讼"是仅针对航空公司还是可适用于任何人,迄今无法得出确切结论。

三、出租人对空难损害赔偿责任的国内立法考察

罗马公约及其修订的主要目标与华沙/蒙特利尔公约体系的目标一致,也希望使各国所受损害的赔偿规则统一起来,但因罗马公约的限制和空难事故管辖法院的影响,受害人在索赔时更多依靠各国国内立法。与现有的国际公约规定不同,出租人对各国内法规定的潜在责任,关注的不是被认定为"登记的所有人",而是不同国内法规定的赔偿责任的主观要件。③ 从不同国内法的规定看,出租人作为航空器的所有人,其承担责任

---

① 中国民用航空总局 2005 年 3 月 15 日颁发的咨询通告:《航空器租赁》(AC - 121AA - 09)第 5.1 条定义。

② J. Wool, *Lessor, Financier, and Manufacturer Perspectives on the New Third-Party Liability Conventions*, Air& Space Law(2010).

③ See Sidhant Sharma, *Lessor Liability for Damage Resulting from an Aviation Accident*, Air and Space Law, Issue 3, Vol. 43, 2018, p. 279.

的形式主要包括三种。

(1)只有在证明航空器所有人有过错的情况下才需承担责任。这种责任主要体现为出租人的过失委托责任。

(2)所有人承担严格责任,但航空器不在其拥有或控制之下的除外。例如,《美国联邦法典》第44112条规定,如民用航空器、飞机引擎或螺旋桨在出租人的实际占有或控制下,出租人、所有者、或担保人对地(水)面第三人应承担人身伤亡或财产损害赔偿责任。但美国立法规定的出租人责任是限制的,仅对地(水)面第三人损害负责,通常不包括对乘客损害的责任。当然,现在也有司法实践认为出租人的责任也包括对乘客损害的责任。

(3)所有人负有严格责任,无论其拥有或控制航空器。这应是对出租人最令人担忧的立法规定。挪威、希腊或丹麦等国家采此立法例。例如,1993年《挪威航空法》第11 - 1节规定:不论过失或疏忽,航空器的所有人均须对航空活动中使用航空器所致损害或损失负责,如果该航空器登记在挪威飞机登记册中,登记册中记载的航空器所有者为航空器的所有人。在实践中,航空器所有人不限于出租人,还包括融资人或银行。从《挪威航空法》第11 - 1节还可以明显看出,它的适用不限于在挪威注册登记的航空器,也包括如在美国注册登记的航空器,只要在挪威国家的地面上发生损害,同样应遵守上述规定。①

四、出租人承担空难损害赔偿的责任形式及判例考察

对于出租人而言,在其没有实际拥有或控制的航空器发生空难损害时,显然不希望对乘客或地面第三人等各方主体的损害承担赔偿责任。但从司法实践考察来看,基于国内立法或判例,航空器出租人通常被要求承担过失委托责任、产品责任或替代责任等责任负担。

(一)出租人的过失委托责任

除华沙/蒙特利尔公约体系之外,并没有其他国际公约处理租赁航空器致旅客损害的赔偿责任。因此,实践中对出租人的索赔均适用国内法律的规定。

1.承租人承担过失委托责任的判例考察

在美国,出于安全考虑,航空器出租人虽不控制航空器的运行,但也会

---

① See Sidhant Sharma, *Lessor Liability for Damage Resulting from an Aviation Accident*, Air and Space Law, Issue 3, Vol. 43, 2018, p. 280.

被立法强制对航空器运行造成的空难损害承担赔偿责任。受害人常以过失委托责任作为请求权的理由,即航空器出租人没有尽到委托人的注意义务,对提供给航空承运人或运营人使用的航空器发生空难事故所致乘客损害承担过失责任。① 换言之,出租人将航空器出租给缺乏经验或不称职的承租人,就可能会面临委托疏忽的指控风险,而且出租人对空难事故的受害乘客不能以未实际运营或控制航空器为由要求免责。例如,在 2003 年 Layug *v.* AAR Parts Trading Inc. 案②中,菲律宾航空公司 541 号航班在 2000 年空难中造成 131 名乘客和机组人员遇难,失事飞机是从美国 AAR 公司租赁的。出租人 AAR 公司即被受害人家属起诉,诉由是产品老化故障和疏忽委托责任。伊利诺伊的库克郡州法院认定,出租人可基于其委托过失造成的损害承担责任,出租人本不应该把飞机租给当时资金不足、不安全的初创航空公司——菲律宾航空(Air Philippines)。换言之,被告疏忽大意地将飞机委托给了一家无法安全操作和维护的航空公司。出租人以不方便管辖原则要求库克郡州法院驳回起诉被拒,最终,出租人向原告支付了 1.65 亿美元的庭外和解费。③ 又如,2009 年也门航空公司空客 A310 客机坠毁于印度洋科摩罗群岛,150 名乘客和机组人员遇难,一位唯一幸存者 14 岁法国少女和其他遇难者家属对该飞机出租人美国 ILFC 公司(被 AerCap 收购)提起过失委托(negligent entrustment)责任诉讼。④

2. 出租人过失的相关表现

承担过失委托责任的出租人,过失的具体表现有哪些?从实践考察来看,出租人提供的航空器有瑕疵或选择的承租人缺乏运营经验或不合格,司法认定出租人存有过失。此外,在租赁期间,承租人或者航空器不符合必要的安全标准,例如,承租人在租期内因没有满足芝加哥公约及其附件或欧盟的相关安全标准被列入欧盟的"黑名单",禁止在欧盟运营,就会向州法院提起过失委托责任诉讼。根据欧洲议会及理事会第 2111/2005 号条例,将航空运营人列入"黑名单"会有多种原因,飞机的"不安全"操作和维护,是欧盟禁止运营人的众多原因之一,对承运人实施监管的主管部门执行相关安全标准的能力不足也会成为禁运原因。对于此种情况的出现,

① See R. Abeyratne, *Negligent Entrustment of Leased Aircraft and Crew: Some Legal Issues*, Air & Space L., Vol. 35, Part 1 (2010).

② Layug *v.* AAR Parts Trading, Inc., 2003 WL 25744436 (Ill. Cir. 2003).

③ Clark & Richardson, supra n. 47.

④ 佚名:《高大上的飞机租赁业:繁华背后的风险与挑战》,载 http://www.flleasing.com/onews. asp? id = 10488&Page = 2,最后访问日期:2021 年 6 月 20 日。

出租人如何防范被追索过失委托责任？在租赁实践中，出租人和承租人之间的飞机租赁协议会包含一项条款，只要向承租人发出合理通知，出租人或其融资方有权对飞机进行检查或采取措施以确保飞机安全。因此，通常情况下，航空承运人因各种原因被列入"黑名单"后，审慎的出租人应向承租人及时了解为何会被禁止经营，并可根据租约进一步行使其酌情权，要求承租人立即停飞或采取必要措施以确保达到安全标准。

在此值得探讨的一个重要问题是，航空器的适航责任应由谁承担？在美国，过失委托责任的适用扩大了出租人的责任风险，无论是航空器交付前还是交付后的不适航，出租人都可能会被追索不适航的过失委托责任。但在英国，航空器的适航责任是依据租赁双方之间的合同产生的，适航责任通常随着航空器的依约交付由出租人转移给承租人。航空器交付后，承租人承担租赁航空器的适航义务，有义务保证飞机的维修保养。如果合同约定"交付时航空器应当具有适航性"，则航空器交付前，出租人应为航空器的不适航承担责任，承租人可以航空器不适航为由拒绝接收和支付。①

3. 出租人以"未实际占有或控制航空器"免责的适用限制

在航空器致地（水）面第三人的损害赔偿责任中，美国立法赋予了出租人未实际占有或控制航空器的免责权。例如，《美国联邦法典》第 44112 条规定，如民用航空器、飞机引擎或螺旋桨在出租人的实际占有或控制下，出租人、所有者、或担保人对地（水）面第三人应承担人身伤亡或财产损害赔偿责任。该立法精神在司法实践中被严格遵守。例如，2005 年，Ferrer 与 Aerolease 公司签订租约，从其处承租一架航空器，租期 1 年。结果航空器在从雷克兰地区起飞后坠毁，飞行人员和乘客均死亡。② Vreeland 作为死者的遗产管理人对出租人 Aerolease 公司提起过失致人死亡诉讼，主张 Aerolease 公司作为航空器的实际所有人虽没有实际控制或支配航空器，但仍应对事故承担责任，并主张 Aerolease 公司在交付航空器前疏于对航空器进行适航检查和维修，航空器缺陷未能被发现，直接导致事故发生。Aerolease 公司抗辩，自己作为出租人，没有实际控制或支配出租的航空器，根据美国法典可以免责。佛罗里达州法院认为，美国法典规定的航空器所有人只有在实际控制或支配航空器时，方对该航空器在地（水）面造成的人员伤亡或财产损害负责，③该项免责条款只适用于在地（水）面上发

---

① 参见陈诗麒:《国际民用航空器适航责任研究》,华东政法大学 2014 年硕士学位论文,第 63 页。

② John K. Vreeland *v.* Danny Ferrer, 71 So. 3d 70 (Fla. 2011).

③ 49 U.S.C. §44112 (1994).

生的事故,而本案事故发生于飞行中而非地(水)面,不属于免责情形,Aerolease 公司作为该航空器的所有人应当对事故负责。Aerolease 公司提请美国最高法院对此案重审,但被最高法院拒绝,默认了佛罗里达州法院的判决。①

(二)出租人的替代责任

所谓"替代责任",是指行为人就第三人实施的侵权行为对受害人承担的侵权责任。在大陆法系国家,它是一项特殊的侵权行为责任,在英美法系国家,这种替代责任近似于一种严格责任。② 替代责任与其说属于传统侵权法的内容,不如说它更是一种责任分担的方式。③

替代责任经常被用于航空事故损害赔偿责任领域,如美国许多州不仅仅通过过失委托原则将责任强加于出租人,还将替代责任适用于飞机出租人。例如,在 2005 年 Mangini v. Cessna Aircraf 案中,委托飞机存在维修缺陷,康涅狄格州法院将替代责任强加于出租人。早在 1955 年 Hays v. Morgan 案中,法院认为出租人可以对飞行员的疏忽承担替代责任。

替代责任无论适用过失理论、合理分摊损失的公共政策理论或高度危险活动理论,在航空器出租人不是经营人的情况下,仍然要对经营人的空难事故承担赔偿责任,证明了替代责任是一种责任分担方式。出租人对空难事故损害承担的这种转承责任,需要出租人与承租人之间存在一定的代理关系或寄托关系④,否则,替代责任不适用出租人。例如,在 1954 年 Boyd v. White 案中,一位飞行学校的飞行教官租用一架航空器用于见习使用。在飞行教官和见习飞行员共同执飞一次后,教官允许见习飞行员单独飞行。见习飞行员因发动机出现故障和迷失高度试图迫降,结果失事坠毁。本案的关键问题是,出租人应否对空难事故所致地面损害承担责任?法院裁定,这不是替代责任,因为航空器所有人和教官之间没有建立代理关系,也没有证据证明教官是在所有人的控制或指示下行动。⑤

---

① 参见陈诗麒:《国际民用航空器适航责任研究》,华东政法大学 2014 年硕士学位论文,第 61 页。

② 参见徐爱国:《英美侵权行为法学》,北京大学出版社 2004 年版,第 250 页。

③ 参见[澳]彼得·凯恩:《阿蒂亚论事故、赔偿及法律》(第 6 版),王仰光等译,中国人民大学出版社 2008 年版,第 110 页。

④ 寄托一般被定义为一个人(寄托人)将商品或人身财产(在航空器案件中)交付给另一个人(受寄托人),受寄托人基于信托合同,执行特殊目标或与这些商品相关的目标,寄托人与受寄托人都受益。See *Blacks's Law Dictionary*,WEST,1990,p. 141 - 142.

⑤ Boyd v. White,*California Disrict Court of Appeals*,November 12,1954,4 Avi,p. 17,485 - 17,488. 转引自郝秀辉:《航空器致第三人损害的侵权责任研究》,中国政法大学出版社 2010 年版,第 197 页。

(三) 出租人的产品责任

在美国,除了过失委托责任和替代责任外,产品责任也是常被用来对航空器出租人适用的责任制度。例如,在 1994 年 Dudley v. Bus. Express, Inc. 案中,融资租赁出租人承担严格的产品责任,但是,经营性出租人可能会根据案件的事实,被要求承担产品责任。[①] 在 2011 年的 Vreeland v. Ferrer 案[②]中,佛罗里达州最高法院判决认为,该州法律规定的委托的严格责任制度适用于出租人,美国航空租赁公司发出请愿书,请求美国最高法院重新考虑佛罗里达州最高法院的判决。然而,2012 年 2 月,最高法院拒绝对该判决进行复审,没有发表任何评论。[③] 在 2016 年 Escobar v. Nevada Helicopter Leasing LLC 案[④]中,美国夏威夷地区法院也重申立法将责任强加给了租赁公司,尽管其没有实际占有或控制飞机。

综上所述,在美国的立法和司法实践中,国内法律如佛罗里达州或伊利诺伊州法律,可能会把对乘客、第三人的损害赔偿责任强加于出租人,过失委托责任、替代责任或产品责任是常用的法律责任形式。当然,这些国内法适用的主要是国内运输的情况,对于国际公约范围的航空运输,应适用《华沙公约》或《蒙特利尔公约》的索赔,因公约规定航空承运人责任优先于出租人,所以这种公约适用的排他性规定有利于出租人,毕竟佛罗里达等一些州法律允许原告在侵权索赔中获得惩罚性赔偿和精神损害赔偿,[⑤]而公约至少是明确不支持惩罚性赔偿的。

五、出租人应对空难损害责任风险的防范措施

出租人可能会对乘客遭受的损害负责。因此,出租人必须采取适当措施对潜在责任进行防范。针对航空器事故损害被追索赔偿的风险,出租人如何进行防范? 实践中通常采用的重大措施包括以下几种。

(一) 坚持在租赁协议中列明赔偿条款

即承租人应当赔偿出租人因向其主张的受害人的赔偿而遭受的损失,包括所有索赔、诉讼、罚款或罚金等,无论该索赔在何时提出或发生,也无

---

① See Sidhant Sharma, *Lessor Liability for Damage Resulting from an Aviation Accident*, (2018) 43 *Air and Space Law*, Issue 3, p. 272.

② 71 So. 3d 70 (2011).

③ See Sidhant Sharma, *Lessor Liability for Damage Resulting from an Aviation Accident*, (2018) 43 *Air and Space Law*, Issue 3, p. 276.

④ 2016 WL 3962805.

⑤ Rowell v. Holt, 850 So. 2d 474 (2003); Brown v. Cadillac Motor Car Div., 468 So. 2d 903 (1985); Champion v. Gray, 478 So. 2d 17 (1985).

论索赔是归因于飞机的任何缺陷或引擎或任何部分的设计瑕疵。租赁协议中赔偿条款的本质是确保出租人从第三方索赔中所支付的任何损失都能够得到补偿。

（二）坚持在租赁协议中列明相关保险条款

在航空器租赁协议中,要求承租人对航空器运营期间的所有损害投保责任保险,而且出租人通常是附加被保险人,[1]同时租赁协议还需列明出租人也是机身险的受益人。

（三）加强对出租航空器的运营和适航状况的监控

在航空器运营期间,出租人应保持对航空器的跟踪察看,一旦发现有致害风险的,应根据协议约定积极消除风险;有关出租航空器的适航性责任的承担方、维修要求、监督责任和监督方式等内容应在航空器租赁协议中明确,确保运营航空器的持续适航。

---

① 附加被保险人,是指不在保单项下自动投保,但向其扩大承保范围的被保险人。

第五章　国际空难损害赔偿的限额与范围

第一节　国际空难损害赔偿的责任限额

在国际航空损害赔偿责任的两大领域,都设置了责任限额制度,有关航空承运人对与其有合同关系的第二人的损害赔偿责任限额,华沙/蒙特利尔公约体系进行了规范;有关航空器经营人对地(水)面第三人的损害赔偿责任限额,则体现在罗马公约体系之中。

责任限额赔偿制度一直以来是华沙/蒙特利尔公约体系的核心制度之一,《华沙公约》中的责任限额,是对承运人承担过失推定责任的一种补偿,《蒙特利尔公约》中的责任限额赔偿制度,是严格责任原则的一种对价。在严格责任范畴内规定的最高责任限额法律制度,从出发点上就摒弃了全部赔偿原则,责任限额赔偿制度实质上是对全部赔偿原则的修正与衡平,是与过失推定责任或严格责任相匹配运行的法律制度,是对航空承运人与旅客或托运人权益保障平衡的一种制度选择。

责任限额不是对承运人责任有无或者责任构成认定的限制,而是在确定责任及其构成的基础上,对旅客和托运人赔偿请求设定的最高数额限制。责任限额是一种法定限额而非约定限额;是赔偿责任人可以通过约定放弃和突破的限额,但约定额只能高于而不能低于法定最高额,从而构成对缔约自由的某种限制。

由于各国航空运输业发展的不平衡和经济生活水平的差异性,责任限额制度从《华沙公约》规定以来不断地产生争议。责任限额制度的存废与变革贯穿了国际航空承运人责任制度的始终,不同历史时期,航空承运人责任制度的演变从未离开责任限额这个核心,故责任限额制度被称为"未完成的交响乐中的灵魂"①。

一、华沙/蒙特利尔公约体系关于赔偿责任限额制度的演变

国际空难事故赔偿责任限额制度源于 1929 年《华沙公约》,其后几经

---

① 唐明毅、陈宇:《国际航空私法》,法律出版社 2004 年版,第 57 页。

演变,但始终是国际航空运输承运人责任制度的核心内容。尽管华沙/蒙特利尔公约体系下的责任限额制度不是全世界各国全部接受,但获得了大部分国家认可,并相继在各国内法中得以继承和借鉴。具体演变过程参见表5-1。

表5-1 国际航空运输公约关于承运人对旅客、非托运行李和货物的赔偿限额规定比较

国际公约	对旅客赔偿额	对非托运行李赔偿额	对托运行李和货物赔偿额
1929年《华沙公约》	125,000金法郎(当时折合8300美元)	5000法郎	每公斤250法郎
1955年《海牙议定书》	25万法郎(当时折合16,600美元)	5000法郎	每公斤250法郎
1971年《危地马拉议定书》	150万法郎	15,000法郎	
1975年《蒙特利尔第1号议定书》	8300特别提款权	332特别提款权	
1975年《蒙特利尔第2号议定书》	16,600特别提款权	332特别提款权	
1975年《蒙特利尔第3号议定书》	10万特别提款权	1000特别提款权	
1975年《蒙特利尔第4号议定书》			每公斤17特别提款权
1999年《蒙特利尔公约》	10万特别提款权	1000特别提款权	每公斤17特别提款权
1999年《蒙特利尔公约》(复审后)	11.31万特别提款权	1131特别提款权	每公斤19特别提款权

注:1.法郎是指含有900‰成色的65.5毫克黄金的法国法郎。
2.特别提款权是指国际货币基金组织规定的特别提款权。

《华沙公约》本质上是调整国际航空运输合同的统一规则,为平衡旅客与承运人之间的利益,公约对承运人规定上述责任限额,并规定当事人不得另在合同中"约定出一个任何低于本公约规定限额的条款"(第23条)。从当时的立法政策来分析,《华沙公约》所确定的限额赔偿制度,从当时成员国的平均经济水平出发确定的,主要是为保护幼弱的航空企业,使之免受航空运输固有风险巨额赔偿的打击,在一定程度上有利于成员方航空业的发展。[①]

随着国际航空运输的发展和航空旅客权益保障呼声的提高,各国在执

① 参见赵维田:《国际航空法》,社会科学文献出版社2000年版,第276页。

行《华沙公约》过程中发现责任限额过低,对旅客较难提供充分保护,于是,后续《华沙公约》的系列修订核心即是提高责任限额,但责任限额的提高并非一帆风顺。例如,1955 年《海牙议定书》在维持《华沙公约》的推定过失责任基础上,虽然对限额有所提高,却难有实质性修订与突破。1971年《危地马拉议定书》将《华沙公约》的推定过失责任修改为无过错责任,这种实质性改进带来旅客和行李赔偿限额的大幅提高。1975 年 4 个《蒙特利尔议定书》通过用国际货币基金组织的"特别提款权"对"法朗"的替换,解决了当时严重的国际货币危机造成的赔偿限额折算困境问题。1999 年《蒙特利尔公约》突破华沙体制,将责任限额提高至 10 万特别提款权,并利用双梯度责任制对旅客提供公平赔偿,最大限度平衡了旅客和承运人间的利益。

考察华沙/蒙特利尔公约体系关于承运人赔偿责任限额制度的变革,责任限额制度适用与航空旅客、航空行李和航空货物三类损害赔偿。整体来看,航空行李和航空货物的责任限额数次改革,实质差异不大,变革呼声和争议最大的是航空旅客运输的责任限额制度,如 1955 年《海牙议定书》将《华沙公约》的旅客责任限额提高一倍,但对行李和货物的责任限额没有改变。[①] 即便如此,以美国为代表的一些国家仍不满意该责任限额。

国际航空运输公约的责任限额制度虽有争议,但还是对相关国家的国内法产生很大影响。例如,我国 1996 年《民用航空法》也借鉴《华沙公约》,规定国际航空运输承运人对每名旅客的赔偿责任限额为 16,600 计算单位,[②]但旅客可以同承运人书面约定高于本项规定的赔偿责任限额;任何旨在免除法定的承运人责任或者降低法定的赔偿责任限额的条款,均属无效;有关航空运输中发生的损失的诉讼,不论其根据如何,只能依照该法规定的条件和赔偿责任限额提出,但是不妨碍谁有权提起诉讼以及他们各自的权利。我国是 1929 年《华沙公约》和 1999 年《蒙特利尔公约》的缔约国,近年修法对改变较低的责任限额没有争议,仅是对如何提高责任限额与是否放弃责任限额制度存在争议。

[①] 参见黄涧秋:《国际航空运输的责任限制制度及其发展脉络》,载《无锡商业职业技术学院学报》2007 年第 5 期。

[②] 见《民用航空法》第 129 ~ 131 条。根据本法第 213 条,所称计算单位是指国际货币基金组织规定的特别提款权,其人民币数额为法院判决之日、仲裁机构裁决之日或者当事人协议之日,按照国家外汇主管机关规定的国际货币基金组织的特别提款权对人民币的换算办法计算得出的人民币数额。

二、"与华沙体制相衔接的航空公司协议"对责任限额的发展与突破

随着国际航空运输业的快速发展，华沙体制的单一调整无法适应实际发展，尤其是航空发达国家与航空发展中国家的矛盾日增，于是出现航空公司之间签订多边协议的调整方式。因这些协议与华沙体制有很大相关性，故统称"与华沙体制相衔接的航空公司协议"。① 目前，这类协议主要包括：1966 年《蒙特利尔协议》、1974 年《马耳他协议》、1995 年《华盛顿协议》、1995 年《吉隆坡协议》、1996 年《迈阿密协议》。（详见表 5－2）

表 5－2　航空公司协议关于赔偿责任限额规定的比较

协议 公约 赔偿对象	对旅客赔偿额	适用范围
1966 年《蒙特利尔承运人临时性协议》	75,000 美元（包括律师费和诉讼费），或者 58,000 美元（不包括律师诉讼费）	进出或经停美国的国际航班
1974 年《马耳他协议》	58,000 美元（不包括律师费和诉讼费用），后提高到 10 万特别提款权	主要适用于西欧国家的航空公司和日本航空公司
1995 年《华盛顿协议》	382,000 美元	国际航空运输协会的 67 家成员航空公司
1995 年《吉隆坡协议》	不超 10 万 SDR：严格责任；超 10 万 SDR：无限额的推定过错责任。增加第五管辖权；规定"旅客赔偿金额参照各户籍所在国法律规定的内容"	所有签约的从事国际运输的航空公司
1996 年《迈阿密协议》	不得援引《华沙公约》规定的责任限额；对 10 万 SDR 以内的责任放弃抗辩	所有签约的从事国际运输的航空公司

（一）1966 年《蒙特利尔承运人临时性协议》

为防止美国对《华沙公约》实现统一国际航空运输责任制度目标的破坏，满足美国提高责任限额的要求，经国际民航组织和国际航空运输协会的协调，1966 年达成《蒙特利尔承运人临时性协议》，简称 1966 年《蒙特利尔协议》。根据协议约定凡是进出或经停美国的国际航班，每位旅客伤亡的赔

---

① 刘磊：《与华沙体制相衔接的航空公司协议的效力问题》，载《政治与法律》2004 年第 3 期。

偿责任限额为7.5万美元(包括律师费和诉讼费),或者5.8万美元(不包括律师诉讼费)。1966年《蒙特利尔协议》显然提高了《华沙公约》及其修改的相关责任限额,但使用该协议的责任限额必须满足三个适用条件,即承运人参加了该协议;根据航空运输协议,签署了该协议的航空承运人必须进行的是国际运输;该国际运输必须在美国有一个始发地、目的地或约定的经停地点。1966年《蒙特利尔协议》对承运人实行严格责任制。

1966年《蒙特利尔协议》虽然不是国际规则,仅具有民间合同性质,但施行几十年来已获得国际承认,①故被认为:该协议虽不具有《华沙公约》同等的法律地位,但在事实上却修改了《经海牙议定书修订的华沙公约》,②至今仍是约束进出或经停美国航班的主要规则。

(二)1974年《马耳他协议》

这是欧洲12个国家和亚洲的日本为提高承运人赔偿责任限额,1974年在马耳他签订的协议,适用范围仅限于本国航空公司。最初将承运人对旅客伤亡的损害赔偿责任提高至5.8万美元(不包括法律费用),后又提高到10万特别提款权。马耳他协议对承运人实行推定过失责任制,此点与《华沙公约》保持一致。

(三)1995年《华盛顿协议》

该协议是国际航空运输协会的67家成员航空公司,为再次提高国际运输伤亡旅客的损害赔偿金限额,于1995年6月25日在美国华盛顿签订的《关于华沙公约限制损害赔偿责任的协议》,协议将承运人的损害赔偿限额增至38.2万美元。

(四)1995年《吉隆坡协议》和1996年《迈阿密协议》

1995年10月30日,国际航空运输协会在吉隆坡召开年度大会,从事国际运输的各航空公司代表,以华沙体制为基础,通过了《国际航空运输协会关于旅客责任的承运人间协议》(IIA),简称《吉隆坡协议》。该协议将承运人对旅客伤亡的赔偿责任采用双梯度责任制,即不超10万SDR的索赔,承运人承担严格责任;超过10万SDR的索赔,承运人承担无限额的推定过错责任。吉隆坡协议增加了第五管辖权,并规定有"旅客赔偿金额参照各户籍所在国法律规定的内容"。

1996年2月14日,国际航空运输协会在迈阿密提出《关于实施国际航空运输协会承运人间协议的措施的协议》(MIA),简称《迈阿密协议》。根

---

① 我国于1979年以民用航空企业的名义参加了该协议。

② 参见刘伟民:《论国际航空运输的责任制度》,载《中国国际法年刊》1983年卷,第162页。

据协议的特别规定,承运人不得援引《华沙公约》第 22 条第 1 款规定的对第 17 条可获赔偿责任限额;对 10 万 SDR 以内的责任都放弃抗辩,仅对超过 10 万 SDR 的可恢复性损害部分有权抗辩。该协议是为实施 1995 年《吉隆坡协议》的各缔约方同意在其运输和运费条件中加入上述两个强制性条款而签署的。

1995 年《吉隆坡协议》和 1996 年《迈阿密协议》属于航空公司间达成的协议,不属于华沙体制,但与华沙体制有密切联系,因协议内容替代了《华沙公约》的赔偿限额。几乎所有承运人都加入《吉隆坡协议》和《迈阿密协议》,由此打破了《华沙公约》限额赔偿制度的平衡。

国际航空运输协会(IATA)通过的《吉隆坡协议》和《迈阿密协议》的效力来自《华沙公约》第 22 条第 1 款,即通过签订特殊协议,承运人与旅客可以约定一个更高的责任限额。这些协议内容虽然有利于旅客的利益,但是,旅客本人并不是协议的签约方,这仅是航空承运人之间达成的协议。由此引发的问题就是根据合同的相对性原理,旅客可否直接诉请承运人承担该协议的责任限额?不同国家对此有不同对待。英国是禁止的态度,美国和澳大利亚则是允许的。

此外,签署《吉隆坡协议》和《迈阿密协议》的航空公司如果没有将适当的实施措施加入其运输条件或经有权机关批准,这两个协议是无法生效的,从而无法被法院援引适用。例如,1997 年,大韩航空公司的波音 747 飞机在关岛的阿加尼亚机场附近坠毁,造成 254 人伤亡。大韩航空公司虽已签署《吉隆坡协议》和《迈阿密协议》,但在其已提交给美国运输部(DOT)的运价规章中未包含《吉隆坡协议》和《迈阿密协议》的条款。大韩航空公司抗辩认为,有关责任赔偿不应适用《迈阿密协议》,因事故发生时其尚未获国内政府批准。但法院认为,大韩航空公司虽未能及时提交包含《吉隆坡协议》和《迈阿密协议》条款的运价规章,但其已有效遵守两个协议,并有效放弃了《华沙公约》规定的责任限制,《吉隆坡协议》和《迈阿密协议》所指"必要的政府批准",是指美国及欧盟的批准①而非韩国政府的批准,后者批准不是该协议生效的前提条件,因此,法院判定大韩航空公司承运人在《迈阿密协议》中有关限额的弃权,已在事故发生时生效。

三、相关国家国内立法对航空事故责任限额的放弃与提高

国际航空运输公约虽规定统一的责任限额赔偿制度,但各国国情不同,

---

① 1997 年 2 月 14 日,《吉隆坡协议》和《迈阿密协议》已经取得美国和欧盟的批准后颁布生效。

以及受时代变迁和通货膨胀等因素的影响,一些国家的国内立法甚至航空公司本身弃《华沙公约》于不顾,主动提高责任限额。例如,1976 年,欧盟部分国家召开国际航空运输会议,将赔偿限额提高为 8 万至 10 万特别提款权,在 1994 年再度提高为 25 万特别提款权;澳大利亚在 1994 年将国内航线旅客责任限额提高到 50 万澳元,1995 年将国际航线旅客责任限额提高到 26 万特别提款权(约合 390 万金法郎);意大利 1995 年规定至少不低于 10 万特别提款权(约合 150 万金法郎)。也有国家直接放弃责任限额制度,如日本 1982 年取消国内航线旅客责任限额,1992 年航空公司所有航班取消旅客责任限额。《法国民用航空法典》第 322 - 3 条规定,无论该旅客运输是否具有国际性,其承运人责任均由《华沙公约》及其他所有法国加入的国际条约调整,此条规定已于 2010 年废止。目前,根据法国 2010 年颁布并实施的《交通运输法典》(涉及民用航空私法部分)规定,法国航空承运人责任主要由 1999 年《蒙特利尔公约》以及欧盟第 889/2002 号规则①调整。在责任限额方面,1997 年欧盟第 2027/97 号条例明确废除《华沙公约》第 22 条的所有货币性质的责任限额或者排除其他所有的法定或约定的责任限额,强调欧盟内航空承运人,对事故致乘客人身伤亡进行赔偿不应设定金钱限制,即使事前已对该限制通过法律、公约或合同予以确定。② 美国主要航空公司在日内瓦讨论的美国运输部 USDOTORDER90 - 11 - 6 号令,即实施《吉隆坡协议》协议的方案(IPA)。在 IPA 中,有两条强制性条款:一是赔偿标准参照旅客户籍所在国或长期居留国的法律规定;二是通告旅客《吉隆坡协议》/《迈阿密协议》/IPA 中关于旅客责任限额的新规定。

四、空难损害赔偿责任限额适用的除外

责任限额是一种法定责任限额,与责任限额相对应的是无限额责任。在实践中,航空旅客和托运人在主张全部赔偿或无限额责任请求时,责任限额是承运人可以适用的法定抗辩事由。但在下列情形中,承运人不得主张责任限额的适用。

(一)当事人有高于责任限额的声明价值或书面约定

责任限额是法定限额,但航空承运人和航空旅客或托运人有特别约定的,约定优先适用,此时就不受《民用航空法》或相关国际航空条约的限制,承运人承担约定的赔偿金额。例如,我国《民用航空法》第 128 条规定,旅客

---

① 欧盟第 889/2002 号规则修改了欧盟第 2027/97 号规则的相关规定。

② 参见张秋婷:《中法航空承运人责任沿革与发展比较研究——以旅客人身损害为核心》,载《新疆大学学报(哲学·人文社会科学版)》2013 年第 2 期。

或者托运人在交运托运行李或者货物时,特别声明在目的地点交付时的利益,并在必要时支付附加费的,除承运人证明旅客或者托运人声明的金额高于托运行李或者货物在目的地点交付时的实际利益外,承运人应当在声明金额范围内承担责任。第 129 条规定,旅客可以同承运人书面约定高于本条规定的国际航空运输承运人对每名旅客为 16,600 计算单位的赔偿责任限额。

(二)承运人一方存在过失(或有意的不良行为)

责任限额是对承运人承担过失推定责任或严格责任的一种对价和平衡,是对承运人利益的保护,但在承运人一方有过失时,再适用责任限额赔偿,无疑对受害人一方不公平。在我国,无论是《华沙公约》①还是我国《民用航空法》②均规定航空运输中的损失是由于承运人或者其受雇人、代理人的故意或者明知可能造成损失而轻率地作为或者不作为造成的,承运人无权援用有关赔偿责任限制的规定。1999 年《蒙特利尔公约》则通过双梯度责任制度进一步明确承运人过失情形下无限制赔偿责任。

承运人一方的过失有各种表现,如由于天气原因民用航空器不能在目的站机场降落,航行管制部门要求机组人员在备降机场降落,但机组人员认为自己有能力在此种天气条件下降落,最后造成机毁人亡。③ 飞行员违规飞行或操作不当会被认为是有意的不良行为。在 Thomas Cook Group *v.* Air Malta 案④中,法院认为,索赔人在平衡各种可能情形基础上证明其飞行员存在故意的不当行为,飞行员故意使飞机坠毁的可能性很大,故成立故意的不良行为,不能适用责任限额。在 Hennessy *v.* Air France 案⑤中,法国航空公司的从巴黎至纽约的航班飞机在圣米格尔岛的一座山上坠毁,飞机原计划在圣玛利亚岛(Santa Maria)停留,飞行员用无线电传送飞机位置给地面并获得批准。事实上,法航飞机的飞行位置远远落后于指示位置,17 分钟后,飞机坠入圣米格尔岛的山区。事故原因是飞机没有在正确的航线上飞行,降落太早。巴黎法院认为,空难事故是由飞行员和机组人员的导航失误造成的,这是建立"故意不当行为"的必要条件,"故意不当行为"的概念给原告更大空间来突破责任限制。

---

① 1929 年《华沙公约》第 25 条。

② 《民用航空法》第 132 条。

③ 参见赖怀南、彭巍编著:《公共航空运输概论》,中国民航出版社 2003 年版,第 78 页。

④ Thomas Cook Group *v.* Air Malta 2 Lloyd's Reports 399 (1997).

⑤ Hennessy *v.* Air France, Ⅷ Revue française de droit aérien et spatial 62－66 (1954). 转引自 I. H. Ph. Diederiks-Verschoor, *An Introduction to Air Law*, Revised by Pablo Mendes de Leon in cooperation with Michael Butler. Published by: Kluwer Law International, The Netherlands. 2012. p. 171。

《华沙公约》第25条规定,如果损失的发生是由于承运人的有意的不良行为,或由于承运人的过失,而根据受理法院的法律,这种过失被认为等于有意的不良行为,承运人就无权引用本公约关于免除或限制承运人责任的规定;如果上述情况造成的损失是承运人的代理人之一在执行他的职务范围内所造成的,承运人也无权引用这种规定。

关于承运人有意的不良行为无权援引责任限额的规定是否对旅客、行李和货物运输都适用的问题,司法实践存在不同认定。例如,在2003年 Chips Plus Inc. *v.* Federal Express Corp. 案和2002年 Malenstein and others *v.* Korean Airlines Co. and Aero Ground Services 案中,法院裁定是都适用,但需要原告提供被告航空公司存在故意不当行为的证据。但在2003年 Morog *v.* Kuehne & Nagel, Inc. 案中,美国一上诉法院将货物排除在故意不当行为的适用之外。①

(三)承运人同意载运未出票旅客、未填具航空货运单的货物

根据我国《民用航空法》第111条、第116条的规定,在国内、国际航空运输中,承运人同意旅客不经其出票而乘坐民用航空器的,承运人同意未经填具航空货运单而载运货物的,承运人无权援用有关赔偿责任限制的规定。

五、空难损害赔偿责任限额制度适用的判例考察

(一)责任限额制度适用的司法争议

在司法实践中,有关国际航空运输事故损害的责任限额问题,美国法院一直存在不同观点。航空承运人为利用《华沙公约》或《蒙特利尔协议》的责任限额,通常主张发生《华沙公约》第17条的"事故",但根据美国地方法律并不适用限额,②美国最高法院也没有解决这种争议。③ 但诉讼原告为获得全部损害的补偿,常排斥适用《华沙公约》第17条规定,认为根据《华沙公约》第24条④,《华沙公约》不是唯一补偿依据。例如,在

① I. H. Ph. Diederiks-Verschoor, *An Introduction to Air Law*, Revised by Pablo Mendes de Leon in cooperation with Michael Butler. Published by: Kluwer Law International, The Netherlands. 2012, p. 173.

② See Loar *v.* Air France, 31 F. Supp. 2d. 347, 350 – 351 (S. D. N. Y. 1998); See also Dias *v.* Tranbrasil Airlines, Inc. 26 Avi. (CCH) 16,048 (S. D. N. Y. 13 October 1998).

③ Air France *v.* Saks, 470 U. S. 392, 408 (1985) 18 Avi. 18. 538, Eastern Airlines, Inc. *v.* Floyd, 499 U. S. 530, 535 (1991).

④ 《华沙公约》第24条规定:在第18条和第19条规定的情况下,任何责任诉讼,不论其根据如何,只能按照本公约规定的条件和限额提起;在第17条规定的情况下,同样适用前款规定,但不妨碍确定谁有权提起诉讼以及他们各自的权利。

Union Iberoamerica *v.* American Airlines 和 Clark *v.* United Parcel Service 等案例中,原告的这种诉求获得了成功,法院借助地方侵权法对损害进行补救。①

有原告根据《华沙公约》第 25 条②主张航空公司的故意不良行为来突破限额的限制。例如,Zicherman *v.* Korean Air Lines[116S. Ct. 629(1996)]一案中,KE007 号航班遇难者亲属认为大韩航空公司作为承运人存在不良行为,诉请其承担惩罚性赔偿责任,得到法院支持。此后,空难事故的受害人更多选择在美国起诉,英国大法官丹宁曾形容当时情况,当事人"如飞蛾扑火一样纷纷奔向美国"。英国为首的欧盟国家也逐渐开始扩大适用惩罚性损害赔偿。③

航空承运人在援引责任限额制度时,其抗辩理由常常包括:(1)责任限额违背损害应予充分补偿的原则;(2)责任限额违反无差别平等保护原则;(3)责任限额制度违反公共利益;(4)责任限额制度的基础已不存在。④

(二)空难事故损害赔偿数额的实践差异和比较分析

根据《华沙公约》和《蒙特利尔公约》的规定,原告选择管辖法院,诉讼程序应当根据受理案件的法院的法律规定办理。但是,受理案件法院对公约的解释和计算标准不同,导致受害人所获赔偿金额悬殊。例如,关于空难事故的人身损害赔偿标准,美国法院按受害人一生可能获得的收入计算应获赔金额,日本法院对空难赔偿额的计算综合考虑多种因素,如每位罹难者的年龄、职业、家庭、经济、正常收入、未来发展潜力及物价上涨等,⑤由此人均获赔金额不同。具体见表 5–3。

---

① See Union Iberoamerica *v.* American Airlines,Inc.,No. 93–2510–CIV.,1994 WL 395329 (S. D. Fla. 20 July 1994);Clark *v.* United Parcel Service,778 F. Supp. 1209 (S. D. Fla. 1991);Alvarez *v.* Aerovias Nacionales de Colombia,S. A.,756 F. Supp. 550 (S. D. Fla. 1991);Rhymes *v.* Arrow Air,Inc.,636. F. Supp. 737 (S. D. Fla. 1986).

② 《华沙公约》第 25 条规定:如果损失的发生是由于承运人的有意的不良行为造成的,或者由于承运人的过失造成的,而根据受理案件的法院地法律,这种过失如果被认为是有意的不良行为,承运人无权援用本公约关于免除或限制承运人责任的规定;同样,如果损失是在相同的情势下由承运人的受雇人在执行其职务范围内造成的,承运人也无权援用这种规定。

③ 参见李梦杨:《由马航事件看航空旅客人身损害赔偿限额制度》,北京交通大学 2016 年硕士学位论文,第 10 页。

④ 参见王守潜:《国际航空运送与责任赔偿的问题》,台北,水牛图书出版公司 1994 年版,第 196 页。

⑤ 参见贺磊:《国际航空运输承运人对空难事故的责任研究》,华东政法大学 2011 年硕士学位论文,第 4 页。

表 5 – 3　全球数起空难的赔偿情况

空难名称	发生时间	死伤人数/人	人均获赔数额
印度航空印度空难	2010 年 5 月 22 日	159	400 万美元
也门航空科摩罗空难	2009 年 6 月 30 日	152	4 万美元
法航空难	2009 年 6 月 1 日	228	15.26 万美元
法航协和空难	2000 年 7 月 24 日	113	300 万美元
华航名古屋空难	1994 年 4 月 26 日	264	100 万美元
韩航上海空难	1999 年 4 月 15 日	5	88 万至 110 万元
泛美航空洛克比空难	1988 年 12 月 21 日	270	1000 万美元

资料来源:贺磊:《国际航空运输承运人对空难事故的责任研究》,华东政法大学 2011 年硕士学位论文,第 3 页。

从空难损害赔偿的结果来看,许多空难赔偿额度远远高于 1929 年《华沙公约》或 1999 年《蒙特利尔公约》的规定数额。但是,这些空难赔偿数额也并非"空穴来风",基本是航空公司参照公约的限额基础,与索赔人商议和谈的结果,因此,公约规定的责任限额制度对空难损害赔偿实践还是充分发挥了标杆作用。

从我国的空难事故损害赔偿实践考察来看,无论是诉讼还是和解,承运人提出的赔偿金额,虽然高于法定赔偿限额,但有学者认为,这种赔偿额度未能反映出中国社会经济的快速发展和消费者生活水平的提高,详见表 5 –4。

表 5 –4　国内部分空难事故赔偿金额

空难事故	发生时间	赔偿额/万元
桂林空难	1982 年 4 月 26 日	0.3 ~ 0.5
重庆空难	1988 年 1 月 18 日	0.8
温州空难	1999 年 2 月 24 日	11.0
武汉空难	2000 年 6 月 22 日	12.0
大连空难	2002 年 5 月 7 日	18.2 ~ 19.2
包头空难	2004 年 11 月 21 日	21.1
伊春空难	2010 年 8 月 24 日	96.0

资料来源:董念清:《民航空难事故赔偿:制度检视与完善路径》,载《法学杂志》 2018 年第 10 期。

六、空难损害赔偿责任限额制度存在的正当性

关于空难损害赔偿的责任限额制度,国内外学者都有提出质疑,认为赔偿限额不符合"公共秩序"的要求,也不符合法律精神和社会发展的要求,应当予以废止。① 早在20世纪50年代,著名航空法学者 H. Drion 先生曾为承运人责任限额制度的必要性和合理性列出了八条理由:(1)海商法已有类似责任限制的国际统一规定;(2)为航空企业提供必要保护;(3)航空承运人无力单独承担人类尚无法防止的风险;(4)为承运人或经营人对此类风险取得保险创造条件;(5)为潜在索赔人自行保险提供机会;(6)限制责任是对承运人推定过失责任的补偿物或交换物存在的;(7)为迅速私下解决赔偿问题提供方便,利于减少诉讼;(8)统一了赔偿金额上的规则。② 在当今21世纪,笔者认为,空难事故损害赔偿的责任限额制度予以保留,有其存续的正当性基础。

（一）责任限额制度作为严格责任的"对价"符合法律的利益平衡性

高额的赔偿金能满足空难事故受害人的损害赔偿请求权,但可能带来整个航空活动风险处理机制的负面效应。过宽的赔偿范围会发生滥诉,从而使航空损害赔偿制度陷入困境;无限额的赔偿会使航空承运人的经营成本加大,甚至还会造成航空承运人走向破产,从而带来大量失业、航空运输停止等更大的社会动荡。

责任限额制度的立法目的是平衡承运人与空难受害人的利益,以保护航空承运人利益为出发点,但其适用的对价是承运人严格责任的承担。航空运输活动是一种高度危险作业活动,承运人承担严格责任的目的是更好地保障受害人的利益,但严格责任显然是加重了承运人的责任负担,由此,需要在当事人之间寻求一个利益上的平衡点,责任限额制度则以严格责任的一种"对价"应运而生,保护了航空承运人能继续从事具有重要社会价值的高度危险的航空飞行活动,从而保证了国际或国内航空运输活动的正常运转,有利于行业保护。③

---

① 国内质疑者如叶乃锋:《论损害赔偿限额的非正当性——以国际航空运输承运人责任为例的研究》,载《暨南学报(哲学社会科学版)》2007年第3期;王瀚:《华沙国际航空运输责任体制法律问题研究》,陕西人民出版社1998年版,第59页;赵维田:《国际航空法》,社会科学文献出版社2000年版,第273页。国外质疑者如:Re Air Crash in Bali,15CCH Avi, p. 17,406 (1978);Lisi *v.* Alitalia, 9CCH Avi, p. 18,374 (1966);Georgette Miller. *Liability in International Transport-The Warsaw System in Municipal Courts.* Kluwer 1977;Blanca I. Rodriguez. *Recent Development in Aviation Liability Law*, Journal of Law and Commerce. 2000 (9). p.66。

② See H. Drion, *Limitation of Liabilities in International Air Law*, Martinus N ijhoff, Hagur,1945, p.100.

③ 参见李梦杨:《由马航事件看航空旅客人身损害赔偿限额制度》,北京交通大学2016年硕士学位论文,第17页。

（二）责任限额制度符合空难事故受害人利益保护的效率价值追求

责任限额制度的意义不仅是平衡航空业持续发展和旅客利益保护，简化诉讼程序，提高诉讼效率，节约司法资源，更重要的是限额赔偿免去了索赔人举证不能的困境，因为空难事故发生原因比较复杂，毕竟不是每个索赔人都能找寻到空难原因和致害因果关系的证据。在责任限额制度下，只要不是索赔人自身原因导致的事故损害，承运人就应予以赔偿。与责任限额制度匹配的先行给付制度使受害人快速获得补偿，从而能使受害人尽快恢复伤害和损失。

（三）责任限额制度与相关制度配合可达公平正义

在航空实践中，责任限额制度不是单独运行的，与责任限额制度和严格责任相配合的，是强制保险制度和社会救助基金制度。强制保险在最大限度内保证了赔偿限额的可支付性，如航空旅客和地（水）面第三人的强制责任保险制度。国际航空损害赔偿基金保证了在责任保险制度外的社会救助。因此，责任限额制度可能会排除部分旅客获得空难损失的充分赔偿，但这个问题通过其他途经，如保险（旅行保险、人寿保险等）予以解决。① 对于空难事故的损害，责任限额赔偿在强制保险、救助基金以及自愿投保意外伤害险等相关制度的辅助下，最终是以损害的合理分配为目的，达到社会的公平正义。②

（四）责任限额制度并不禁止承运人以高出限额赔偿与索赔人和解

立法强调的责任限额只是最低赔偿额度，任何一个低于《华沙公约》或《蒙特利尔公约》所规定责任限额的任何约定和条款都是无效的。但是，立法并不禁止旅客和托运人可以根据他同承运人的特别协议或特别声明，规定一个较高的责任限额。在实践中，航空承运人基于旅客利益和维护自身声誉、免除诉累的需要，常常自愿放弃责任限额抗辩权，突破责任限额予以赔偿。例如，在 2000 年 7 月 25 日法航协和空难中，113 名遇难者家属最终获赔 1.36 亿美元，这与 1929 年《华沙公约》、1955 年《海牙议定书》的限额相比，显然是巨大的突破。我国 2010 年伊春空难 96 万元人民币的赔偿额，也突破了现行法定的 40 万元限额。

（五）航空活动致害风险性迄今无法完全避免

航空技术虽然在突飞猛进的发展和革新，但迄今为止，人类还未能完全控制航空活动领域，所有的航空飞行活动还无法彻底避免空难事故的发生，

---

① 参见吴正与：《修改我国航空事故赔偿制度的建议（下）》，载《中国法学》1989 年第 5 期。

② 参见樊静、张钦润：《从"华航"空难谈高度危险作业的损害赔偿》，载《当代法学》2002 年第 11 期。

因此,从事高风险的航空事业从业者还需要提供一种特别保护。尤其是随着航空技术的发展,航空器容量不断增大,从而使航空器载运的乘客或货物的数量增加,一次空难可能造成数百名乘客死亡和更多货损发生,如此巨大的损失的赔偿没有限制的话,势必给承运人造成破产后果,这正是责任限额制度的必要性所在。

（六）责任限额制度可以激励索赔人寻求其他补救

限额赔偿是完全赔偿的例外,完全赔偿也许对受害人而言是公平的,但对于承运人而言未必公平。空难事故的原因很复杂,有不可避免的天气原因,也有除承运人自身以外的其他原因,如航空零部件的维修者、设计者、制造者及空中交通服务者等诸多人为差错的原因。立法科以承运人责任限额赔偿原则,除了利益平衡机制的考量外,还有另一层含义,即激励请求权人从其他主体如航空器制造商、空中交通管制当局等共同被告处取得全额补偿。这在某种意义上也强化了承运人以外的其他相关主体的责任意识,对于整个航空业而言无疑是有重大好处的。

第二节　空难事故损害的惩罚性赔偿问题

一、国际空难损害惩罚性赔偿的立法限制

惩罚性赔偿,是法律针对义务人的行为要求其为自己行为承担超过实际损害的赔偿。该制度源自英美法,重在惩戒被告,不是完全为补偿受害者。目前,在英美法系国家,如英国、美国、新西兰、澳大利亚和加拿大等国有这项制度。① 演变的国际航空运输责任公约对空难事故的惩罚性赔偿予以否定的立法态度保持了一致。

（一）《华沙公约》的目的性考察——不支持惩罚性赔偿

关于空难事故的惩罚性赔偿问题,虽然《华沙公约》没有明确规定,但应该说从华沙体制立法目的考察来看,对此是不支持的。此点可从责任限额赔偿计算的相关规定得以证明。例如,关于载运登记的行李和货物的责任限额,《华沙公约》第22条规定为以每公斤250法郎为限,除非旅客或托运人在交运包件时,曾特别声明在目的地交付时的利益并缴付必要的附加费。但如果承运人有证据证明旅客或托运人声明的金额高于旅客或托运人在目的地交付时的实际利益,承运人可以不在声明金额范围内负赔偿责任。

---

① 参见［美］文森特·R.约翰逊:《美国侵权法》,赵秀文等译,中国人民大学出版社2004年版,第67页。

1955 年《海牙议定书》第 11 条对此没有修改,增加了确定责任限额时应考虑货物重量的内容,即登记的行李或货物的一部分或行李、货物中的任何物件发生遗失、损坏或延误,用以决定承运人责任限额的重量,仅为该一包件或该数包件的总重量。如果托运由数个包件组成,损失计算仅限于受损包件的重量,除非有证据证明托运货物的整体价值会受到特定受损部分货物的显著影响,但无论如何,责任限额都不应超出基于整体托运货物重量计算的损失。同时,《华沙公约》第 24 条规定,不论根据如何,一切有关责任的诉讼只能按照本公约所列条件和限额提出。

在相当长时间内,《华沙公约》是否涉及惩罚性赔偿问题并未引起人们的重视,原因在于:一方面,限额责任的承担使惩罚性赔偿失去意义;另一方面,责任限额保护丧失的情形没有出现。但 20 世纪 80 年代以来,大韩航空公司 KE007 航班空难和洛克比空难的发生,承运人存在"有意的不良行为",惩罚性赔偿责任问题引起关注。[①]

从华沙体制所追求的目标来看,需要建立一个统一的责任规则和限制承运人的责任,以便在给予旅客必要补偿的同时推动新兴产业发展。因此,华沙体制所强调的承运人责任是针对旅客遭受的实际损害的赔偿,这种赔偿的计算要以旅客的实际损失为基础,受害人的权利是仅能就实际遭受的损害要求补偿性赔偿。如果认为华沙体制中存在惩罚性赔偿,将破坏《华沙公约》的制度核心——责任限额制度,其后果是会阻碍航空运输事业的发展,因为航空承运人往往无法为惩罚性赔偿投保责任保险,而没有航空保险的保驾护航,航空运输事业难以持续性发展。

(二)《蒙特利尔公约》明令禁止惩罚性赔偿

《华沙公约》的宗旨虽然不支持惩罚性赔偿原则,但《华沙公约》对于哪些损害可以获得赔偿没有明确,而是留给法院地法予以解决,这就给惩罚性赔偿的司法认定留下了空间,也引发诸多争议。面对争议的惩罚性赔偿问题,1999 年《蒙特利尔公约》采纳《华沙公约》不支持惩罚性赔偿原则的判例观点,进行明确排除,即第 29 条规定,在旅客、行李和货物运输中,有关损害赔偿的诉讼,不论其根据如何,是根据本公约、根据合同、根据侵权,还是根据其他任何理由,只能依照本公约规定的条件和责任限额提起,但是不妨碍确定谁有权以及他们各自的权利。在任何此类诉讼中,均不得判给惩罚性、惩戒性或者其他非补偿性的损害赔偿。《蒙特利尔公约》对惩罚性赔偿的明确排除是绝对的,任何情况下,即使是承运人或其代理人故意的不当行为造

---

① 参见黄力华:《国际航空运输法律制度研究》,法律出版社 2007 年版,第 158 页。

成损害,都不得适用惩罚性赔偿金,公约的责任限额不得突破。例如,在 Booker *v.* BWIA West Indies Airways;Sobol *v.* Continental Airlines;Kruger *v.* United Air Lines,Inc. 等案中,判决都否定了惩罚性赔偿。①

二、国际空难损害惩罚性赔偿的司法突破

1999 年《蒙特利尔公约》和《华沙公约》一样,虽然不允许惩罚性赔偿,但对哪些损害可以获得赔偿,均没有明确,留给法院地法解决。一些法院通过国内法要求承运人对受害人承担惩罚性赔偿。在许多国家的侵权诉讼或产品责任诉讼中,法院会判处惩罚性赔偿。例如,美国法院常援引国内法,引入惩罚性赔偿以突破国际公约的责任限额。②

1983 年,苏联击落进入其军事战略区上空的韩国 KE007 航班飞机,1988 年在苏格兰上空的洛克比空难,在美国引起一批索赔诉讼。为满足受害旅客突破责任限额的要求,华盛顿特区巡回法院和第二巡回法院把本国法的"惩罚性赔偿"引入判决,但判决在 1991 年均被驳回。③ 但是,在 1996 年 Zicherman *v.* Korean Air Lines Co.,Ltd. 案④中,原告坚持适用美国佛罗里达州损害赔偿法,认定居住在哥伦比亚的乘客在哥伦比亚空难中遭受的损害,美国最高法院判决支持了惩罚性赔偿。洛克比空难的惩罚性赔偿诉讼虽被否决,但后来在联合国对利比亚制裁压力下,利比亚向联合国安理会递交书面声明,正式承认对洛克比空难负责,并与空难遇难者家属在 2003 年签署赔偿协议,向每名遇难者家属支付最高 1000 万美元的赔偿金。⑤ 显然,该赔偿额远超公约规定的责任限额。2006 年美国肯塔基州的列克星敦坠机案⑥对"惩罚性赔偿"的明确运用,更为各国司法审判提供了参考。

---

① See George N. Tompkins, Jr., *Liability Rules Applicable to International Air Transportation as Developed by the Courts in the United States, from Warsaw* 1929 *to Montreal* 1999, Kluwer Law International B. V., 2010, p. 279.
② 参见贺磊:《国际航空运输承运人对空难事故的责任研究》,华东政法大学 2011 年硕士学位论文,第 4 页。
③ In re Korean Air Disaster of Sept. 1, 1983. D. C. Cir., cert Denied, 502U. S. 994, (1991). In re Air Disaster at Lockerbie, Scotland, on Dec. 21. 1988. 2nd Cir., cert. Denied 502U. S. 920, (1991). 转引自赵维田:《国际航空法》,社会科学文献出版社 2000 年版,第 260 页。
④ Zicherman *v.* Korean Air Lines Co., Ltd., 516 U. S. 217(1996).
⑤ 参见杨林、李险峰:《重大空难理赔案例》,载 http://www. sinoins. com/zt/2014 - 03/26/content_103018. htm。
⑥ In re Air Crash at Lexington, Kentucky, August 27, 2006, 4No. 5:06 - CV -316 - KSF, 2008 WL 1909007, (E. D. Ky. Apr. 25, 2008).

由此可见,在空难损害赔偿诉讼实践中,《华沙公约》第 28 条关于"原告对管辖法院的选择权和诉讼程序应根据受理法院的法律规定办理"的规定,无疑为管辖法院依据本地法关于可赔偿损害的范围界定,裁定惩罚性赔偿开辟了一条通道,1999 年《蒙特利尔公约》第 33 条有关管辖权的规定继续为保护旅客的利益保存了这条通道。

三、国际空难致预期利益损失的赔偿是否为惩罚性赔偿

依据传统民法的规定,民事权益损害赔偿的目的在于弥补受害人的损失,使其恢复到未受损害前的利益状态,因此,有关空难损害赔偿的国际航空运输公约不仅否定惩罚性赔偿,也否定预期利益损失的赔偿。例如,在上海盛帆房地产开发有限公司诉韩国大韩航空有限公司赔偿纠纷案①中,韩国大韩航空公司 1999 年的飞机坠毁,导致原告开发的沁春园小区在建房屋及工地相关财产受到不同程度损害,原告诉请被告赔偿直接损失和飞机坠毁致其开发的附近小区房产价值损失。审理法院对原告的直接损失,判处被告承担损害赔偿责任,但对原告开发的小区受不利影响而致损失的赔偿请求没有支持。本案争议的实质是预期利益可否赔偿问题。

民法上的"预期利益",是指权利人(财产所有人或者经营管理人)以其所有的或者由其经营管理的财产为前提和基础,通过一定的行为(主要表现为生产经营行为)预期实现和取得的财产增值利益。预期利益的损害赔偿责任,具有补偿和惩罚双重性质,可以填补违法行为造成受害人的财产损失,对加害人的违法行为也是一种惩戒。我国 1999 年《合同法》第 113 条规定:"当事人一方不履行合同义务或者履行合同义务不符合约定,给对方造成损失的,损失赔偿额应当相当于因违约所造成的损失,包括合同履行后可以获得的利益,但不得超过违反合同一方订立合同时预见到或者应当预见到的因违反合同可能造成的损失……"该条规定曾是我国关于合同的预期利益可以索赔的法律依据,我国《民法典》第 584 条完全承接该条规定。当然,违约赔偿的预期利益损失应具有确定性和可预见性。在大韩航空有限公司空难致损案中,由于房地产开发项目的预期利润存在不确定性,主张该损失为预期可得利益损失,显然难获法院支持。

四、国际空难损害相关诉讼费用和利息损失可否赔偿

1999 年《蒙特利尔公约》第 22 条第 6 款规定,公约规定的赔偿限额不

---

① 上海市第一中级人民法院(2002)沪一中民一(民)初字第 182 号民事判决书。

妨碍法院按照其法律另外加判全部或者一部分法院费用及原告所产生的其他诉讼费用,包括利息。这意味着空难所致损害赔偿的范围,可以在赔偿责任限额之外,根据受理管辖法院所在地的法律规定,判决承运人承担法院费用(案件受理费等)、其他诉讼费用(律师费、差旅费、鉴定费、翻译费、公证费等),并支付利息。当然,不同国家法院所规定的赔偿事项、标准不同,如美国等发达国家赔偿标准更高些,索赔人可要求律师费、诉讼费等支出,而中国法院通常不支持胜诉方的律师费。但中国在2016年以后司法规定有所变化,《最高人民法院关于进一步推进案件繁简分流优化司法资源配置的若干意见》(法发〔2016〕21号)第22条明确规定,当事人存在滥用诉讼权利、拖延承担诉讼义务等明显不当行为,造成诉讼对方或第三人直接损失的,人民法院可以根据具体情况对无过错方依法提出的赔偿合理的律师费用等正当要求予以支持。

依照我国《民用航空法》《民法典》等规定,空难事故致财产损失的赔偿原则上是补偿性赔偿,不支持惩罚性赔偿;空难事故致人身损害的赔偿,根据受害情况有不同的计算标准,致伤的赔偿范围包含医疗费、误工费、住院伙食补助费和营养费、护理费;致人残疾的赔偿范围包含残疾者的生活补助费、残疾用具费、被扶养人的生活费;致人死亡的赔偿范围包含丧葬费、死亡赔偿金、死者生前所扶养人的生活费。

第三节　空难致航空旅客的精神损害的赔偿

现代社会,航空运输业的飞速发展给旅客带来了享受航空飞行高效快捷服务的精神愉悦,但同时,航空旅客也更加关注人身权不受侵害及内心精神世界安宁的呵护,由此使精神损害索赔的诉求日益增多,赔偿制度的建构和完善日显突出。有关航空旅客精神损害的具体类型及其赔偿现状、精神损害赔偿应否设定限额、相关法律适用的选择以及法官的自由裁量权对其影响等问题,需要依循国际航空公约和各国国内立法,结合相关判例进行研究。[①]

空难的发生可能会对旅客造成三种后果:一是造成旅客的死亡;二是造成旅客的伤残;三是造成旅客的惊吓。基于这三种情形引发的航空旅客精神损害赔偿问题有所不同。司法实践关于空难事故的精神损害赔偿进行了

[①] 本部分主要在下文基础上修改而成,郝秀辉、姚昌金:《论航空旅客的精神损害赔偿》,载《北京航空航天大学学报(社会科学版)》2011年第3期。

类型化区别对待,并都有判例涉及。①

一、空难致航空旅客死亡情形下的精神损害赔偿问题

(一)旅客死亡可否请求精神损害赔偿的争议

航空运输飞行活动作为高度危险作业,在致人死亡的情形下是否许可请求精神损害赔偿存在争议。否定观点认为,对无过错责任原则下的案件适用精神损害赔偿有失公平,也违背精神损害赔偿的实质与功能。② 肯定观点认为,该种侵权案件应无例外地适用精神损害赔偿的民事责任方式,③因为这种损害赔偿毕竟有调整或慰抚的作用,这种非财产上损害赔偿制度应予以肯定。④ 肯定观点有立法例确认,例如,《德国航空法》第 53 条第 3项规定,被害人就身体或健康所生之非财产上损害,得请求相当之金钱赔偿;《俄罗斯民法典》第 1099 条规定,高度危险来源造成公民生命或健康损害,是受害人一方请求精神损害补偿的依据;我国《民法典》第 1183 条第 1款规定,侵害自然人人身权益造成严重精神损害的,被侵权人有权请求精神损害赔偿。

(二)旅客死亡所致精神损害赔偿请求的主体和数额

空难致航空旅客死亡产生的精神损害赔偿,实质是对死者近亲属精神痛苦的一种慰藉方式,故"精神损害赔偿金"也被称为"精神损害抚慰金"。⑤由于空难中死亡旅客的民事主体资格已经消灭,精神损害赔偿是对死者近亲属精神利益损失的救济,因此,精神损害赔偿请求权固为近亲属享有,而非死亡旅客享有。空难致航空旅客死亡的精神损害赔偿请求权不得让与或者继承,除非赔偿义务人已经以书面方式承诺给予金钱赔偿,或赔偿权利人已经向法院起诉,但实践中不可能存在死亡旅客"已向法院起诉请求精神损害赔偿"的情形。

---

① 参见贺磊:《国际航空运输承运人对空难事故的责任研究》,华东政法大学 2011 年硕士学位论文,第 3~4 页。
② 参见关今华:《精神损害的认定与赔偿》,人民法院出版社 1996 年版,第 57、275 页。
③ 参见胡平:《精神损害赔偿制度研究》,中国政法大学出版社 2003 年版,第 128~131 页;杨立新、朱呈义、薛东方:《精神损害赔偿——以最高人民法院精神损害赔偿司法解释为中心》,人民法院出版社 2004 年版,第 72~73 页。
④ 参见曾世雄:《损害赔偿法原理》,中国政法大学出版社 2001 年版,第 377 页。
⑤ 最高人民法院《关于审理人身损害赔偿案件适用法律若干问题的解释》(2003 年 12 月 4 日由最高人民法院审判委员会第 1299 次会议通过,根据 2020 年 12 月 23 日最高人民法院审判委员会第 1823 次会议通过的《最高人民法院关于修改〈最高人民法院关于在民事审判工作中适用《中华人民共和国工会法》若干问题的解释〉等二十七件民事类司法解释的决定》修正)第 20 条、第 23 条。

空难中死亡旅客的近亲属所获精神损害赔偿数额不受近亲属人数的影响,他们共享一个统一的请求权,[1]但精神损害赔偿具体数额的确定,从国际公约和各国立法考察来看,一般不采固定额,通常采用上限或下限的弹性额度。例如,1999 年《蒙特利尔公约》规定两个梯度,在实行严格责任制度下的责任限额为 10 万特别提款权,在过失推定责任制度下则没有最高限额的限制。澳大利亚在 1994 年将国内航线旅客责任限额提高到 50 万澳元,1995年将国际航线旅客责任限额提高到 26 万特别提款权(约合 390 万金法郎)。意大利于 1995 年放弃旅客责任限额,规定至少不低于 10 万特别提款权(约合 150 万金法郎)。[2] 我国 2006 年规定国内航空运输承运人对每名旅客的赔偿责任限额为 40 万元。也有国家立法不规定任何限额,如日本于 1982年取消国内航线旅客责任限额,1992 年航空公司所有航班取消旅客责任限额。在规定"赔偿责任限额"的立法例中,通常不详细区分死亡的丧葬费、被扶养人的生活费、医疗费和精神损害抚慰金等各项赔偿项目,例如,2002 年"5·7"大连空难,每位遇难旅客最高一次性获赔 19.4 万元。有学者认为,空难死亡赔偿是"概括性的损害赔偿",[3]在这种概括性赔偿中,死亡旅客的近亲属难以提出单独的精神损害赔偿请求。例如,在 2002 年国航"4·15"空难中,原告廉先生、韩女士的女儿廉小姐因飞机失事遇难。事故后,韩女士精神失常。原告夫妇向法院起诉,要求被告中国国际航空公司赔偿138 万元。该案由法院主持达成和解协议,被告一次性赔偿原告 94 万多元,但原告要自愿放弃今后在韩国通过诉讼可能取得的任何经济利益的请求权,这意味着原告在获得概括赔偿后,按照协议无法再另行提出精神损害赔偿。

从航空损害赔偿的司法实践考察来看,法院判决的赔偿数额除和解情形外,通常还是在区分各赔偿项目的基础上累计计算出来的,而且也常会出现对法定赔偿限额(包括精神损害赔偿额)有所突破的情形。例如,2004 年"11·21"包头空难,东方航空公司承诺对每位遇难旅客赔偿 21.1 万元,明确包括死亡赔偿金、丧葬费、家属交通食宿费等项目,其中家属抚慰金 3 万元。根据 1993 年《国内航空运输旅客身体损害赔偿暂行规定》,当时每名旅客伤亡赔偿最高限额仅为 7 万元,显然此次空难赔偿金额已远高于法定额。

---

① 参见张新宝、郭明龙:《论侵权死亡的精神损害赔偿》,载《法学杂志》2009 年第 1 期。
② 参见陆栋:《〈蒙特利尔公约1999〉的产生背景及其对航空旅客责任保险的影响》,载《上海保险》2000 年第 3 期。
③ 参见张新宝、明俊:《空难概括死亡赔偿金性质及相关问题》,载《法学研究》2005 年第 1 期。

二、空难致航空旅客身体伤残情形下的精神损害赔偿

实践中,在飞机失事情形下,航空旅客生还概率较小,如果旅客死亡,精神损害赔偿的请求权只能由近亲属行使,如果旅客有幸生还,可自己行使。在飞机未失事情形下,也可能因飞行途中的湍流、风切变、机组人员操作不当等原因致使旅客遭受非死亡性伤害或残疾,旅客由此提出精神损害赔偿请求,应否给予支持,需要进行立法和司法考察。

从国际航空公约的规定来看,无论是 1929 年《华沙公约》,还是 1955 年《海牙议定书》、1971 年《危地马拉议定书》和 1999 年《蒙特利尔公约》,航空事故致旅客"身体伤害"而引起的精神损害(mental injury caused by physical injury)或"人身损害"而引起的精神损害(mental injury caused by personal injury),都是可以获得赔偿的。从各国立法来看,国内航空旅客因身体损害引致的精神损害赔偿是允许的,只是各国对精神损害赔偿适用的要求不同。例如,《德国民法》第 847 条第 1 项规定,侵害身体或健康,或侵夺自由者,被害人对非财产上损害,亦可请求赔偿相当之金钱。葡萄牙民法规定,非财产损失只有当它因其严重性而须受法律保护时才加以考虑。日本法对精神损害赔偿适用范围的规定最为广泛,不论是侵害他人身体、自由或名誉,还是侵害他人财产权,造成财产外的损害,都应赔偿。在英美国家,伤害身体并直接引起精神痛苦的就构成赔偿的理由,受害人除可请求赔偿人体伤害部分外,还可就精神损害赔偿予以请求。我国《民法典》第 1183 条规定,侵害自然人人身权益造成严重精神损害的,被侵权人有权请求精神损害赔偿;因故意或者重大过失侵害自然人具有人身意义的特定物造成严重精神损害的,被侵权人有权请求精神损害赔偿。

各国法院对此问题的判决很少存在争议。[1] 例如,我国法院在适用《华沙公约》时,对旅客身体伤残情形下的精神损害赔偿诉求是给予支持的。例如,在陆红诉美国联合航空公司一案[2]中,法院认为,原告陆红因乘坐被告美联航的班机受伤致残提出索赔,美联航应根据《华沙公约》和双方约定,在7.5 万美元的赔偿责任限额内赔偿原告请求的护理费、误工费、伤残补偿费

---

[1] Jack *v.* Trans World Airlines, Inc., 854 F. Supp. 654 (N. D. Cal. 1994).

[2] 案情:1998 年 5 月 12 日,原告陆红乘坐被告美国联合航空公司(以下简称美联航)UA801 航班,由美国夏威夷经日本飞往香港特别行政区。在日本东京成田机场起飞时,因飞机左翼引擎故障,机上乘客紧急撤离。陆红在紧急撤离过程中受伤,后经司法鉴定为Ⅷ级伤残。陆红因与美联航协商赔偿未果,向上海市静安区人民法院起诉,请求法院判令被告赔偿伤残补助费、生活护理费和精神损失费等相关费用。参见陆红诉美国联合航空公司国际航空旅客运输损害赔偿纠纷案,载《最高人民法院公报》2002 年第 4 期。

和精神损害赔偿的合理部分,被告的行为给原告造成一定的身体与精神的痛苦,原告请求美联航赔偿精神抚慰金,亦应允许。原告在请求美联航承担违约责任的同时,又请求精神损害赔偿,应视做对责任选择不明,从最大限度地保护受害人利益的角度出发,法院依职权为受害当事人选择适用侵权损害赔偿责任,故裁决美联航承担财产损失赔偿外,给付精神抚慰金 5 万元。在杨女士诉美西北航空公司一案①中,上海市静安区人民法院审理认为,《华沙公约》虽未明确受伤或受到其他任何人体伤害而蒙受的损失具体内容,但"损失"的文义理解,一般应包括物质损失和精神损失。乘客在机上受伤,除人体伤害外,还会造成精神上的不安、紧张、恐惧、痛苦等,产生精神损失显而易见。尽管《华沙公约》使用的是"身体伤害"而非"人身伤害",但承运人责任针对的不仅仅是伤害本身,还应关注旅客因此而蒙受的损失(应包括物质损失和精神损失),作为乘客的杨女士可以向航空公司主张精神赔偿,只要该损失是由身体伤害引起且两者有必然的因果关系,这与单独的精神损害赔偿不同,故判决美西北航空公司赔偿杨女士精神抚慰金 1 美元。在美国司法实践中,法院根据《蒙特利尔公约》规定,对航空旅客因身体伤害造成的精神损害赔偿请求也是给予肯定的。②

三、空难致航空旅客纯精神损害的赔偿

在航空运输活动中,恐怖劫机事件的震惊、不轨旅客的骚扰、突发飞行故障、机上空乘人员的无礼言行、经济舱环境所致心理不良反应以及空难发生等各种情形都可能造成旅客的精神伤害。这种纯精神损害赔偿是否应给予立法支持或司法肯定,不仅涉及旅客精神利益的全面保护,还涉及航空承运人、保险人以及整个航空运输业的利益平衡。

(一)旅客纯粹精神损害赔偿司法认定的争议

从国际航空公约适用的司法实践视角考察,发现《华沙公约》和《蒙特利尔公约》关于旅客纯精神损害赔偿的司法实践一直有争议,司法实践分为两种主张和观点:

(1)根据华沙体系,纯粹精神损害不能获得赔偿,这是主流观点。美国

---

① 案情:1999 年 8 月 4 日,杨女士乘坐美西北航空公司 NW21 班机从夏威夷回国。杨女士向机上乘务员要一杯热开水,在乘务员转身离开时,热开水翻倒,致使杨女士下腹部及大腿根部严重烫伤,后经医院诊断为深二度烫伤。后杨女士向法院起诉,要求美西北航空公司对其进行精神损害赔偿,并登报赔礼道歉。

② Kruger *v.* United Air Lines,Inc.,31 Avi. 18,565(N. D. Calif. 2007).

法院在 Floyd *v.* Eastern Airlines,Inc. 案①中,确立纯粹精神损害不予赔偿的先例,并获终审最高法院的肯定与支持。《蒙特利尔公约》生效后,美国法院对《蒙特利尔公约》中旅客责任规则适用的态度一如遵循《华沙公约》一样。其他普通法系国家的司法受美国法院判决的影响,基本上采纳该主流观点。② 例如,在 Burnett *v.* Trans World Airlines 案③、Rosman *v.* Trans World Airlines 案④和 Eastern Airlines *v.* Floyd 案⑤中,法院认为,单纯精神损害赔偿不属于《华沙公约》第 17 条的伤害,身体伤害是精神损害赔偿的前提。在 Kotsambasis *v.* Sigapore Airlines 案⑥中,原告诉其在旅行中因遭受飞机引擎爆炸灾难导致心理和精神的巨大恐惧,澳大利亚审理法院认为,原告不能就其没有身体损害的单纯精神损害获得赔偿,1929 年《华沙公约》的签字国无意于将单纯精神损害包括在公约第 17 条之内。在 Morris *v.* KLM Dutch Airlines 案⑦和 King *v.* Bristow Helicopters Ltd. 案⑧中,英国法院也均从身体伤害的概念出发,认为单纯精神损害不予赔偿,伴有身体损害的精神损害才是可赔的。⑨

(2)《华沙公约》支持精神损害赔偿,通过对《华沙公约》第 17 条进行扩大解释,纯粹的精神损害在一定条件下也可主张。例如,在 Floyd *v.* Eastern Airlines 案中,纽约巡回上诉法院扩大解释《华沙公约》第 17 条,认为不伴随身体伤害的纯粹精神损害可以获得赔偿。该案终审的最高法院最终驳回了上诉法院的判决,认为公约第 17 条不包含纯粹的精神损害,不应给予支

① See George N. Tompkins Jr. , *The* 1999 *Montreal Convention*:*Alive*,*Well and Growing*, Air and Space Law 34 ,No. 6 ,2009 ,p. 421 –426.
② Daniel *v.* Virgin Atlantic Airways Ltd. ,59F. Supp. 2d 986 ,992 –993(N. D. Cal. 1998).
③ CCH avi. ,Vol. 12 ,p. 18 ,045 (1973).
④ CCH avi. ,Vol. 13 ,p. 17 ,231 (1975).
⑤ 499 U. S. 530 ,533 (1991). 该案应该说是结束了美国法院对《华沙公约》适用的争议,其确立了美国法院对华沙体制下精神损害赔偿诉讼的基本原则,后期发生的相似案例都遵循了本案确定的“纯粹精神损害不能获得赔偿”的原则。例如,Fishman *v.* Delta Air Lines ,132 F. 3d 138 ,140 (2d Cir. 1998);Croucher *v.* Worldwide Flight Servs ,111F. Supp. 2d 501 ,502 (D. N. J. 2002)。
⑥ See David B. Johnston, *Article* 17 – *Australian Court Holds that Damages for Pure Psychological Injury Not Recoverable in Warsaw Convention Cases* ,16 Aviation Insurance and Law ,1997 ,p. 166.
⑦ Morris *v.* KLM Dutch Airlines ,EWCA Civ 790 (2001).
⑧ King *v.* Bristow Helicop ters Ltd. , Lloydps Report 95 (2001).
⑨ 参见叶乃锋:《从身体损害到精神损害——华沙体制之精神损害赔偿研究》,载《暨南学报(哲学社会科学版)》2009 年第 5 期。

持。① 在 Husserl v. Swiss Air Transport 案②中,法院认为,单纯精神损害属于《华沙公约》第 17 条旅客损害的范畴。③

目前,在司法实践中,对空难损害的纯粹精神损害赔偿问题虽存在争议,但司法认定有从宽的趋势。美国司法实践对空难造成幸存旅客或其家属的精神损害,也获得法院支持。④

(二)旅客纯精神损害赔偿的法源解释

在司法实践对国际航空公约的适用中,航空旅客单纯的精神损害赔偿争议的焦点在于《华沙公约》第 17 条和《蒙特利尔公约》第 17 条的理解和释义不同。为维护法律尊严及其安定性价值,法律解释须先由文义解释入手,解释法律文义一般须按词句的通常意义解释,同一法律或不同法律使用同一概念,原则上应作同一解释,作不同解释须有特别理由。⑤ 文义解释难于确定条文真正意义的,可兼用历史解释、体系解释和目的解释等方法。

1929 年《华沙公约》第 17 条规定:"因发生在航空器上或者在旅客上、下航空器的过程中的事故,造成旅客死亡、受伤或者其他任何身体损害的(death or wounding of a passenger or any other bodily injury),承运人应当承担责任。"从文义解释来看,承运人责任应是严格限制在身体伤害的范围内。从法意解释来看,《华沙公约》的两个英译本均译做"bodily injury",而且查询华沙会议记录,发现当时并没有对该词语的使用做任何讨论或特别说明。1955 年修订《华沙公约》时,希腊代表建议增设"精神伤害"条款,以免在今后司法判决中产生歧义,但 1955 年《海牙议定书》并没有将其纳入旅客损害的范畴。从此,旅客精神损害赔偿问题引发更多争议,1971 年《危地马拉议定书》开始使用"人身伤害"(personal injury)术语。从"身体伤害"到"人身伤害"的变化,表明 1971 年《危地马拉议定书》开始认可旅客的纯精神损害。尽管该议定书至今尚未生效,但它是第一个承认航空旅客精神损害的国际航空公约。1999 年《蒙特利尔公约》第 17 条⑥的用语与 1929 年《华沙公约》

---

① 参见黄涧秋:《国际航空法研究》,中国法制出版社 2007 年版,第 207 页。

② CCH avi,Vol. 13,p. 17,603 (1975).

③ 参见何祥菊:《国际航空法中的旅客精神损害赔偿问题探讨》,载《华东政法学院学报》2004 年第 5 期;贺富永:《国际航空旅客运输中的精神损害赔偿探讨》,载《郑州航空工业管理学院学报(社会科学版)》2008 年第 2 期。

④ Donald R. Andersen,Recent development in Aviation Law,74 J. Air L. & Com. 153, 2009.

⑤ 参见梁慧星:《民法解释学》,中国政法大学出版社 2000 年版,第 210 页。

⑥ 对于因旅客死亡或者身体伤害而产生的损失,只要造成死亡或者伤害的事故是在航空器上或者在上、下航空器的任何操作过程中发生的,承运人就应当承担责任。

第 17 条的用语稍有不同,但没有明显变化。

考察《蒙特利尔公约》的起草过程和背景,发现一些起草者也曾想对不伴有身体伤害的精神痛苦或精神伤害提供赔偿,如国际民航组织(ICAO)法律委员会任命的华沙体制现代化一体化研究小组在 1995 年提出的《华沙公约》修订稿将"精神损害"与"死亡、身体损害"并列为公约意义上的损害。研究小组的报告指出:人身损害一词涉及了诸如诽谤、侮蔑、歧视、恐惧、害怕和忧惧等非物质性人身损害,采用身体损害一词虽然可取,但由此排除了惊吓等精神损害,只有对身体、精神和心理损害都给予赔偿才符合法律的公平和正义。为清晰地表述公约适用范围,建议以涵盖身体损害和精神损害的术语——人身损害进行表述较为适当。ICAO 法律委员会审查该报告后,在 ICAO 的公约修订草案第 16 条保留了精神损害。但是,这个为单纯精神伤害提供赔偿的草案,在航空运输协会(Air Transport Association)、美国和其他国家代表的强迫下,被国际民航组织大会否决,公约修订最后文本只保留了"身体损害"的术语。由此,《蒙特利尔公约》仅为身体伤害提供赔偿,单纯的精神损害还是不予以赔偿的。[①]

对国际航空公约的"身体伤害"术语是否包括精神损害的争议,再从利益衡量、目的解释和体系解释的角度考察,语义可能更为清晰。从"一战"结束(1918 年)到"二战"结束(1945 年)近 30 年,是国际民用航空业的萌生期,为刺激和促进航空运输业的发展,《华沙公约》确立了"过失推定责任"和"限制责任"并存的责任基础。[②] 而限制责任的目的就是一定程度上减少承运人可能承受的巨额赔偿责任,解除其后顾之忧,保证航空运输业资本投入的安全性,调动投资运营者的积极性,促进国际空运业的稳健发展。因此,从利益衡量上看,《华沙公约》及其相关修订本采用的"身体损害"术语不可能包括精神损害的内涵,国际航空承运人责任制度的数次演变都没有抛却"责任限制"制度,也足以说明《华沙公约》和《蒙特利尔公约》的立法目的不仅是要保护航空旅客的利益,更要从根本上维护航空承运人的利益和国际航空秩序的稳定与和谐,立法者坚持保留"身体损害"术语而拒绝使用"人身损害"术语,就足以证明前者是不包括精神损害在内的。更为值得注意的是,《华沙公约》订立时,精神损害及其赔偿并没有国内立法先例,精神损害在 20 世纪 50 年代以前都不是一种为法律所确认的伤

---

① Thomas J. Whalen, *The New Warsaw Convention : The Montreal Convention* [J], Air & Space Law, Vol. XXV Number 1 , 2000. p. 17.

② 参见郝秀辉:《国际航空承运人责任演变基础之探究——以空运业发展史为视角》,载《中国民航大学学报》2009 年第 1 期。

害,20 世纪 50 年代以后才为法律认可,因此《华沙公约》的本意应该是不包括精神损害的。

综上分析,国际航空公约无论是从文义解释,还是从法意解释、目的解释或体系解释,都可推断出"身体损害"不包括精神损害,即《华沙公约》对于单纯的精神伤害是不给予赔偿的,公约适用实践已经证明。① 《蒙特利尔公约》对单纯的精神伤害也不给予赔偿,此点与《华沙公约》相同。② 一些学者提出了一个"解释性声明",试图允许对单纯精神伤害进行赔偿,并将其作为《蒙特利尔公约》的一部分。但这个解释性声明所使用的语言模棱两可,对《蒙特利尔公约》的解释应该没有法律影响。③

(三)旅客纯精神损害赔偿的发展趋势

从各国国内法考察来看,由于航空运输业已进入发展的成熟期,航空承运人的特别保护已经远不及航空旅客权益的特别保障更为迫切,因此,航空旅客的纯精神损害赔偿开始进入一些国家如美国、英国、澳大利亚、新西兰等国的立法与司法视野,尤其是许多国家法律都已允许精神损害在许多情况下单独获得赔偿,其中也没有排除对航空旅客适用。美国法对单纯的精神损害赔偿是允许的,并已形成判例法。④ 但是,单纯精神损害赔偿进入航空法领域还是比较曲折的,因为 20 世纪初的美国,精神损害赔偿之诉还依附于人身伤害之中,处于不明确状态,直到 20 世纪 40 年代,《侵权责任法重述》才明确承认故意导致的精神损害赔偿,20 世纪 70 年代以来,发展出包括故意和过失导致的纯精神损害赔偿。⑤ 目前,美国各州立法虽不一致,但多数州的法院越来越多地支持单纯精神损害赔偿,陪审团对精神损害赔偿的认定有很大自主权。例如,1989 年发生了一位乘客状告航空公司案,案由是飞机不安全地着陆导致其精神损害,明尼苏达州上诉法院判定被告支付赔偿金。⑥ 但因精神痛苦的抽象性、主观性,量化难度大,轻易地承认单纯精神损害赔偿,可能导致滥诉风险,浪费司法资源,因此法院在审判旅客精神损

---

① Eastern Airlines,Inc. *v.* Floyd,499 U. S. 530 (1991).

② Booker *v.* BWIA West Indies Airways,Ltd. ,32 Avi. 15,134 (E. D. N. Y. 2007),aff'd,2009 WL 76516 (2d Cir. 2009).

③ Thomas J. Whalen:*The New Warsaw Convention* :*The Montreal Convention*,Air & Space Law. XXV Number 1,2000. p. 17.

④ American Home Assurance Co. *v.* Jacky Maeder (Hong Kong) Ltd. ,969 F. Supp. 184,187 (S. D. N. Y. 1997) citing Trans World Airlines,Inc. *v.* Franklin Mint Corp. ,466 U. S. 243,256 (1984).

⑤ 参见徐爱国:《名案中的法律智慧》,北京大学出版社 2005 年版,第 30 ~ 32 页;陈龙:《美国精神损害赔偿制度——历史的考察》,华东政法大学 2008 年硕士学位论文,第 2 页。

⑥ 参见徐爱国:《名案中的法律智慧》,北京大学出版社 2005 年版,第 47 页。

害赔偿案时非常谨慎,通常会使用许多标准或规则如"可预见性规则"或"生理损害后果规则"①等对其进行审查。

比较而言,英美国家通常将纯精神损害赔偿作为一种独立之诉,大陆法系国家通常是通过对健康权的扩张解释,将健康的内涵包容精神利益,精神损害被作为健康权受到损害的一种类型。② 总之,在各国国内法或国内判例对航空旅客精神损害赔偿的推动下,国际航空公约对旅客纯精神损害的认可是必然的趋势。③ 王泽鉴先生认为一概否定或一概肯定纯粹精神损害均非妥当,前者不足保护被害人,后者加重了行为人责任。④

四、航空旅客的精神损害赔偿案中的法官的自由裁量权

法官在航空旅客的精神损害赔偿案件中,行使着很大的自由裁量权,这种裁量权表现为:第一,对精神损害事实的裁量。旅客在不同情形下是否存在精神损害事实,法官通过运用自由心证方法进行确认,同时还对承运人的损害行为与旅客的损害后果是否存在因果关系进行判断。第二,对精神损害赔偿法律适用的裁量。国际航空运输和国内航空运输适用的法律不同,不同时期、不同法院、不同法官对相同或类同案件的法律适用和理解会有不同的选择和判断。第三,对精神损害赔偿金数额评算和确定的裁量。不同旅客对同种精神损害的反应和表现会有所不同,现行法律规范都没有规定精确的精神损害赔偿数额,需要法官依据法律规则和原则,以高深的法学素养和超常的良知,妥当确定和评算精神损害赔偿金,平衡各方利益。

为保证判决结果的合理性,对于航空旅客的精神损害赔偿,必须赋予法官较大的裁量权,同时,为保证判决结果的确定性、一致性和可预见性,在完善我国的相关制度时,可以借鉴德国法院在计算抚慰金时考虑的主要因素:人身伤害的严重程度;精神损害的类型和具体情况;受害人的感知能力和程度;加害人的过错程度;责任双方的相对经济地位。⑤

---

① 依据该规则,原告需要有足够的证据证明其精神损害的严重性和客观性。
② 参见曾世雄:《损害赔偿法原理》,中国政法大学出版社 2001 年版,第 344 页。
③ 参见贺富永:《国际航空旅客运输中的精神损害赔偿探讨》,载《郑州航空工业管理学院学报(社会科学版)》2008 年第 2 期。
④ 参见王泽鉴:《侵权行为法》,中国政法大学出版社 2001 年版,第 213~214 页。
⑤ 参见王军、粟撒:《德国侵权法上的人身伤害抚慰金制度》,载《暨南学报(哲学社会科学版)》2008 年第 6 期。

第四节　空难致地(水)面第三人精神损害的赔偿

空难不仅会使旅客遭受精神损害,也会造成第三人精神损害。空难对第三人精神损害的类型及其立法差异、构成条件、请求权基础和主体范围等问题,值得关注和研究。[①]

"第三人",泛称为"非旅客",既指航空法上的地(水)面第三人,也指合同法上的非合同当事人。由此,第三人的"精神损害"具体包括三种类型:(1)和空难有直接关系的第三人(如因飞机坠毁致财产或人身损害)的精神损害,即基础权益受损引起的精神损害;(2)和空难没有任何直接关系的第三人(如旁观者)因目睹空难而致的精神打击,即纯粹精神损害;(3)空难受害人的近亲属因听闻或目睹旅客死亡而遭受的精神痛苦。不同类型的第三人精神损害赔偿,国际航空私法和国内法的规定不同,其立法态度、赔偿要件、赔偿数额和赔偿原则等有所差异。

一、空难致权益受损的地(水)面第三人的精神损害赔偿

在航空实践中,飞行中的航空器受多种因素影响,可能会发生坠毁,或航空器部件坠落,或超低空飞行,由此可能造成地(水)面人员伤亡或财产损害,有些损害即使借助大陆法系的举证责任程序倒置或普通法系的事实自证规则也都无法证明航空器经营者的过错或过失。例如,美国1987年发生的原告车库被失事航空器致损的 Crosby v. CoxAircraft Co. 案;意大利1998年发生的喷气飞机超低空飞行剪断滑雪游览船的电缆致19人死亡案;德国的直升机超低空飞行造成90年历史的老屋屋顶受气流和震动影响的坍塌案。[②]

关于航空器致地(水)面人员的损害,1952年《罗马公约》肯定了航空器经营人或所有人的损害赔偿责任,但否认了对第三人的精神损害赔偿。[③]长期以来,地(水)面第三人精神损害赔偿问题都存在激烈争议。国际航协、罗马尼亚等代表持反对态度,理由是精神损害没有客观判断标准,认可其赔偿势必引发诈欺诉讼和保险费率上升,给承运人造成经济压力,可能更不利于第三人身体损害的及时和充分赔偿。拉丁美洲民用航空委员会却认为,

---

[①]　本部分内容主要在下文基础上修改而成,郝秀辉:《论空难致第三人的精神损害赔偿》,载《当代法学》2012年第1期。

[②]　参见 A. J. Mauritz, *Liability of Operations and Owners of Aircraft for Damage Inflicted to Persons and Property on the Surface*, Printed in The Netherlands, Copyright Shaker Publishing, 2003, p. 14。

[③]　参见1952年《罗马公约》第1条。

为受害方提供充足的法律保护(包括对精神损害提供赔偿)是目前拉丁美洲国家法院认同的趋势。① 作为《罗马公约》现代化成果的2009年《关于因涉及航空器的非法干扰行为而导致对第三方造成损害的赔偿公约》第3条明确规定:"运营人对属于死亡、人身伤害和精神伤害的损害,应当予以赔偿,如果精神损害是某种可以辨认的精神疾病,且该精神疾病是因身体伤害或直接面临可能即将死亡或发生身体伤害的情况造成的,则应当予以赔偿。"《非法干扰公约》的规定是对1999年《蒙特利尔公约》回避做法的一种叛逆,是国际航空私法立法史上的一次创新。

从国内立法考察来看,空难致第三人精神损害的概念及基础权益的要求有所差异,有的国家要求只有人身权益受损所致的精神损害才可请求赔偿,有的国家则对财产权益受损引发的精神损害也进行救济。例如,1992年,两架飞机空中相撞后坠毁于原告的邻居区,原告提起精神损害过失侵权诉讼,美国联邦上诉法院第九巡回审判庭适用加利福尼亚州法律撤销了初审法院驳回原告索赔的即决审判,否决了原告(旁观者)因担心近亲属致精神损害赔偿的请求,但原告因目睹自己财产被毁损而致的精神打击却获得了赔偿。② 值得注意的是,20世纪80年代的美国立法对空难致第三人财产损坏造成的精神损害索赔还是进行限制的,如在 Turgeau v. Pan American World Airways 案中,房主闲置的房子被飞机燃料烧毁的精神损害赔偿请求被否决。③ 直至20世纪90年代,因目睹自己财产遭空难毁损而生打击才允许获得精神损害赔偿。

我国《民用航空法》采取与1952年《罗马公约》一致的态度,仅支持第三人人身伤亡和财产损害的赔偿责任,对于损害事故非直接后果的精神损害赔偿是否认的。众所周知,空难发生以及失事飞机坠毁何处并非某人所能完全控制,如果飞行的航空器坠毁于地面,第三人已亡父母留下的唯一照片被坠毁飞机失火烧毁,或者造成第三人为父母修建的墓葬毁损,这将子女睹物追忆亲人的权利被剥夺,子女的精神痛苦和悲伤可想而知。笔者认为,第三人的精神利益与这些特定财产密切相连,财产中附着某种深厚情感,立法或司法漠视这种客观存在的精神损害是不合理的。《民法典》侵权责任编扩大了精神损害赔偿的适用范围,因故意或者重大过失侵害自然人具有人

---

① See ICAO:DCCD Doc No. 21,20/4/09,DCCD Doc No. 9 Appendix D,26/3/09; LC/33 – WP/3 – 2,11/3/08.

② 973 F. 2d 1490,24 Av. Cas. (CCH) 17,139 (9th Cir. 1992).

③ Turgeau v. Pan American World Airways Inc. ,767. F. 2d 1084,19 Av. Cas. (CCH)17,452 (5th Cir. 1986).

身意义的特定物造成严重精神损害的,被侵权人有权请求精神损害赔偿。因此,空难致第三人的精神损害应予赔偿。

二、空难致目睹第三人的纯粹精神损害赔偿

在实践中,空难的恐怖景象可能会使无任何身体伤害和财产损害的第三人(旁观者)遭受严重的精神打击和心理伤害,这种精神损害的性质是一种"需证实的精神损害",被称为纯粹精神利益损害。纯粹精神利益是精神利益多样化的表现形式,之所以被允许提请损害索赔,问题不在于精神损害的本质,而在于空难固有的打击性质不言自明,其虽非融于权利而独立存在,但应是受法律保护的独立法益。①

(1)考察英美法系国家对第三人纯粹精神损害赔偿的做法,目前基本是承认的,并将其视为独立的诉因。② 由于许多重大航空事故都与相关人员的"过失"相关,因此,美国常运用一般的过失法原则提起独立精神损害索赔诉讼。③ 美国大多数州法院也都允许提起空难致第三人纯粹精神损害索赔之诉。但考察其发展历史,在20世纪初的美国,精神损害赔偿之诉还依然附属于人身伤害之中,处于不明确状态,直至20世纪40年代,《侵权法重述》才明确承认故意致精神损害的赔偿,自20世纪70年代以来,随人格权保护呼声的提高和重视,精神权益逐渐被分离,发展出了纯粹精神损害赔偿制度,包括故意和过失导致的精神损害。④ 而在美国航空侵权领域,精神损害以过失侵权的形式进入航空法还是非常曲折的,尤其是作为旁观者的地面第三人以及营救飞机失事受害者的第三人遭受严重精神损害的索赔,更为艰难。诸如路易斯安那州、得克萨斯州、佛罗里达州、加利福尼亚州和哥伦比亚特区等州和特区的早期立法中,对于第三人因目睹自己财产损坏或因恐惧和惊吓而致的精神痛苦都是限制索赔的,法院在司法审判实践中对这种案件也非常谨慎,通常会使用许多标准或规则进行审查。例如,"危险区规则"、"可预见性规则"、"危险邀请援救"和"生理损害后果规则"等。因此,第三人因目睹空难致精神损害的赔偿一般而言都难获成功。例如,在LaConte v. Pan American World Airways 案⑤中,依据得克萨斯州法律,参加

---

① 参见鲁晓明:《论纯粹精神损害赔偿》,载《法学家》2010年第1期。
② 参见[德]马克西米利安·福克斯:《侵权行为法》,齐晓琨译,法律出版社2006年版,第80~85页。
③ 参见郝秀辉:《论航空人身侵权赔偿中的"过失"》,载《法商研究》2008年第4期。
④ 参见陈龙:《美国精神损害赔偿制度——历史的考察》,华东政法大学2008年硕士学位论文,第2页。
⑤ Christy v. Delta Air Lines,Inc.,21 Av. Cas.(CCH)17,657(5th Cir. 1988)。

事故援救和清理现场的人员遭受的精神损害不能索赔,非旁观者的索赔更不允许。到 20 世纪 80 年代,美国一些州纷纷立法规定了各种限制规则,如纽约州法律规定,只有符合以下条件之一才可请求纯粹精神损害赔偿:(1)旁观者必须在危险区范围内因目睹空难遭受精神创伤;(2)被告因违反对原告的直接注意义务导致原告精神损害。考察 20 世纪 90 年代的航空事故赔偿,发现空难致第三人精神损害赔偿的司法实践依然不是一帆风顺的,有时还存在一些难以逾越的障碍。例如,在 Cassidy *v.* Aerovias Nacionales De Columbia 案①中,法院依据纽约州法律驳回了原告因自愿帮助疏散和援救失事乘客时致心理伤害提出赔偿的请求,认为被告航空公司对原告不负有特殊注意义务,原告主张被告对其负有不使飞机坠毁的特定义务是不正确的,航空公司对地面所有人仅负有一般义务。原告随后又依据"危险邀请援救"规则主张航空公司对其负有特殊注意义务,但法院认为,在"危险区域范围"之外遭受纯粹精神损害的人不能适用"危险邀请援救"规则。再如,在 Hassanein *v.* Avianca Airlines 案②中,被告的飞机在距离原告房屋 50～100 码的地方坠毁,原告自愿参与事故救援受到损害而提起精神损害过失侵权之诉,法院认为,根据"危险邀请援救"规则,原告所谓的"援救行为"仅是在夜间指挥交通和允许紧急救援队使用原告的房屋而已,被告对原告不负有义务,因此不支持原告的赔偿请求。

(2)从大陆法系国家对第三人纯粹精神损害赔偿的规定来看,请求权的权利基础与英美国家有所差异。英美国家通常将第三人纯粹精神损害赔偿建立在精神利益的独立性基础上,而大陆法系国家的典型做法是通过对健康权的扩张解释,将第三人的精神损害视为健康权受损的一种类型。例如,德国法院借助《德国民法典》第 823 条第 1 款关于健康权的规定处理"精神打击"损害赔偿案件,而且德国法院将精神打击损害的可赔偿性与健康影响的强度联系起来。③ 相对而言,法国法比较宽松,没有对纯粹精神损害赔偿作出限制,④但在审判实践中,法国最高法院也曾不断尝试进行限缩,原则上把非财产上的损害限制在人格权和身份权的范畴之内。⑤

(3)从两大法系一些国家的立法与司法实践考察来看,第三人纯粹精神

---

① Cassidy *v.* Aerovias Nacionales De Columbia, S. A. , – F. Supp. – 24Av. Cas. (CCH) 18,240 (E. D. N. Y. 1994).

② Hassanein *v.* Avianca Airlines,872 F. Supp. 1183,1186 – 1188(E. D. N. Y. 1995).

③ 参见曾世雄:《损害赔偿法原理》,中国政法大学出版社 2001 年版,第 344 页。

④ 参见胡平:《精神损害赔偿制度研究》,中国政法大学出版社 2003 年版,第 28 页。

⑤ 参见邵世星:《人身损害赔偿的理论与实务》,中国方正出版社 2003 年版,第 75～76 页。

痛苦的损害赔偿都有较为严格的构成要件,其中主要包括:

①第三人所受精神损害须达到严重程度。判断精神损害严重程度的实践标准:一是理性人标准,即以法律虚拟的理性人在面对同一事故时会遭受的精神打击为标准。该标准一般是公平的,但对精神打击异常敏感的人可能有失公允。二是医疗标准,即借助医学对精神性疾病进行确认的标准,该标准通常以医疗专家的诊断报告单为精神痛苦严重性的重要证明。三是身体伤害标准,即精神损害要在结果上表现为身体损害,如因此致死或心脏病突发,该标准是判断精神损害严重的有力证据。

②第三人必须在现场亲眼看见了侵权事件的发生。与实质受害人无亲属关系的第三人不是在现场而是听他人转述或新闻转播所致的精神损害,不能给予赔偿。例如,美国"9·11"恐怖袭击事件经全球卫星电视不断重复播放时,全世界的人都可在电视上看到航空恐怖袭击的悲惨场面,会造成许多人精神不安,如果允许任何人都可向航空公司提出精神损害赔偿,必然加重航空公司乃至国家的赔偿负担,也有违民事责任的真正目的与合理限制原则。因此,在实践中,因电视、报纸等新闻媒体对空难的报道而遭受精神损害的第三人提起的索赔之诉是难以胜诉的。① 当然,对于法院在确定精神损害赔偿时要求时间和空间的近因性,有学者质疑了其合理性,如巴尔教授认为,"经验表明,要求必须直接看见或听见事故的发生是不实际、也不公平的,只要当事人在事发后很快时间内接触了这一场面就不能排除近因的存在。一个失去孩子的母亲为什么必须位于事发地点旁,为什么她必须亲眼看见孩子的尸体,为什么电视实况转播不构成足够的诉因"。②

三、空难致受害人近亲属的精神损害赔偿

一场严重的空难往往机毁人亡并可致地(水)面人员伤亡,作为受害人的近亲属因此会蒙受巨大精神伤害。近亲属作为空难事故的第三人,包括受害旅客的近亲属和受害地(水)面人员的近亲属两类。如上所述,空难致旅客的精神损害(包括纯粹精神损害)赔偿问题,华沙体制的历史发展和各国司法的司法判例都有所支持。但受害旅客的近亲属,作为第三人面对或听闻旅客的死亡或伤残,可能会引发极度悲痛、恐惧、震惊、忧郁等情形。例如,航空旅客甲在空难中受伤丧失了性功能,甲的配偶因此丧失配偶间的性

---

① E. g. Ledford *v.* Delt Airlines, Inc. ,658F. Supp. 540 (S. D. Fla. 1987); Saunders *v.* Air Florida, Inc. ,558F. Supp. 1233 (D. D. C. 1983).

② 参见[德]科雷斯蒂安·冯·巴尔:《欧洲比较侵权行为法》(下卷),焦美华译,法律出版社2004年版,第92页。

利益,由此导致精神忧郁。当旅客因空难而成植物人时,受害旅客的近亲属此时遭受的精神痛苦远大于受害者本人。正因近亲属与死者之间的特殊情感关系,近亲属确实会存在精神受损情形,法律如果漠视近亲属的这种精神痛苦,有悖于民法公平原则。

近亲属精神利益的损害一般是依通常伦理、情感产生规律所推知的结果,因而,近亲属的精神损害是一种"可推知的纯粹精神损害",这种损害推定以人类正常的伦理为基础,是对近亲属间情感联系的肯定。空难的加害人对死者近亲属的精神损害行为具有道德上的可谴责性,正如"中国古代思想家认为,慎终追远,民德归原。对逝去亲人的怀念和哀思,是生者精神利益的重要内容,其中所体现出的人性的光辉,有助于社会的团结和睦,有利于维护社会稳定"。① 因此,一些国家立法规定,近亲属精神利益的损害无须举证,只要存在以死者为对象的加害行为或有致人死亡的侵权行为,即可行使精神损害赔偿请求权。例如,《美国侵权法重述》(第2版)第46条第2款规定"第三人若与直接被害人有亲属关系时,其无须证明精神上之损害,可请求精神损害赔偿"。②

受害人死亡的,其近亲属的精神损害赔偿在国内外立法和司法中已得到广泛认可,因此,航空旅客或地(水)面人员因空难致死情形下,死者的近亲属请求精神损害赔偿应没有问题。而且在许多国家,第三人的精神损害赔偿请求权不以第一受害人死亡为前提,第三人因自己所爱的人经受的痛苦而遭受的精神震撼通常也具有可赔偿性,受害人的配偶因无法和对方有性生活也可要求精神损害赔偿。③ 但从航空损害赔偿实践考察,航空旅客或地(水)面人员因空难致残时,其近亲属的精神损害索赔一般都极难以获得支持。④ 近亲属因空难所致纯粹精神损害索赔更难成功。例如,在1982年,泛美航空公司的飞机在路易斯安那州一个居民区坠毁爆炸,一些旁观者因担心家人生命安危所生精神痛苦都未能获得赔偿。⑤

关于近亲属精神损害赔偿的判定,近亲属范围的界定是一重要问题,因

---

① 唐德华主编:《最高人民法院关于确定民事侵权精神损害赔偿责任若干问题的理解与适用》,人民法院出版社2015年版,第1页。

② 潘维大:《第三人精神上损害之研究》,载《烟台大学学报(哲学社会科学版)》2004年第1期。

③ [德]科雷斯蒂安·冯·巴尔:《欧洲比较侵权行为法》(下卷),焦美华译,法律出版社2004年版,第215页。

④ E. g. Giancontieri v. Pan American World Airways Inc. ,764. F. 2d 1151,19 Av. Cas. (CCH)17, 517 (5th Cir. 1985); Tissenbaum v. Aerovias Nacionales De Columbia,S. A. , – F. Supp. – ,24 Av. Cas. (CCH)18 ,428 (E. D. N. Y. 1995).

⑤ See Lee S. Kreindler,*Aviation accident law*,Bender,release No. 34. 1996. p § 2. 10[25]2 – 72.

这关涉请求权人的数量和范围。各国法律对此规定差异较大。在美国,目前因侵权失去亲权请求精神损害赔偿的亲属范围,基于配偶之间关系请求者有 31 个州同意,父母基于子女之损害请求精神上之损害者有 20 多个州同意,子女基于父母之损害而请求精神损害者有 6 个州同意,但基于兄弟姐妹相互间之损害请求精神上损害者尚未有任何州同意。① 希腊、爱尔兰、苏格兰和葡萄牙等国法律规定请求权人不仅限于配偶、父母及子女,还考虑所谓"生活伴侣"的利益;德国法上的请求权人原则限于与第一受害人有紧密人身关系的家属,生活伴侣是否属于此列尚未最终阐明。② 我国《民法典》第 1045 条对近亲属的规定不限于死者的父母、子女和配偶,还包括兄弟姐妹、祖父母、外祖父母、孙子女、外孙子女。

关于近亲属精神损害赔偿的请求权,立法实践通常以身份权益为权利基础,即提起精神损害赔偿的第三人要具有一定亲属的身份权。例如,我国立法也强调第三人精神损害赔偿的法定亲属关系。③ 我国一些学者也支持立法的态度。例如,杨立新教授的《侵权责任法草案建议稿(第二稿)》(见第 177 条)、梁慧星教授负责起草的《中国民法典草案建议稿》(见第 1581 条)和王利明教授主持的《中国民法典草案建议稿》(见第 1830 条)都要求第三人精神损害赔偿应以亲属身份利益为基础。但美国侵权法的规定并不限于亲属身份权,与受害人无亲属关系的第三人因精神损害导致身体伤害的,也有权提请精神损害赔偿。④ 法律对死者近亲属关系进行严格限制,目的是为避免请求权人的泛滥。但社会生活中的亲属关系比较复杂,有的近亲属之间形同陌路、甚至互相仇视,有的虽非法律上的近亲属,但感情甚密、关系甚好,如某些同居恋爱关系或事实扶养关系。因此,实践中,空难对死者近亲属所致精神损害未必严重,相反可能对非近亲属造成了极大的精神痛苦,如果允许未有精神伤害的近亲属获得赔偿,而真正遭受精神打击的非近亲属不能获赔,不仅违背立法初衷,也忽视了死者的情感需求。立法应对近亲属范围仅作一般原则规定,由法官对近亲属和非近亲属的精神利益损害进行具体裁量,赋予相关利害关系人举证对抗某些近亲属的精神损害赔偿请求的权利,如果证据确凿也可排除未遭受精神损害的近亲属的赔偿请

---

① 参见潘维大:《第三人精神上损害之研究》,载《烟台大学学报(哲学社会科学版)》2004 年第 1期。

② [德]科雷斯蒂安·冯·巴尔:《欧洲比较侵权行为法》(下卷),焦美华译,法律出版社 2004 年版,第 88 页。

③ 参见《最高人民法院关于确定民事侵权精神损害赔偿责任若干问题的解释》第 2 条、第 7 条。

④ 参见韩松:《人身侵权损害赔偿中的第三人损害及其赔偿请求权》,载《华东政法学院学报》2006 年第 3 期。

求,对非近亲属的精神损害,如有证据证明确因空难的死者而发生,也可适当支持其赔偿的请求。

小结

空难致第三人的精神损害赔偿虽经历了曲折痛苦的立法与司法抉择,但国际法、国内法都呈现了由坚决禁止—严格限制—特定条件下支持的发展态势。尽管目前这种精神损害赔偿还依然要跨越许多标准和规则,但转变本身即已表明人类立法和司法的进步,也标示人类对各种精神权益损害救济的积极努力和不懈追求。也许当社会发展到某一天,面对客观存在的损害事实,法官的注意力只集中于考虑整个的赔偿数额,而不再是解决精神损害赔偿案件是否成立的问题,①这将是人类更大的福音。

从英美国家第三人精神损害赔偿制度的发展史,不难发现,在精神损害的认定和判断标准上,一个国家的立法制度或司法判例是否认可精神损害赔偿请求权,利用有限的法律资源救济遭受精神痛苦的人,公共政策②的考量发挥了很大作用。例如,在传统普通法上,对于原告因害怕对他人的危险或损害而产生精神打击,法院拒绝认可诉因,无论其是配偶、父母、子女、兄弟姐妹、其他亲属或无关的第三人,否决该补偿的动机就是一种公共政策,因为法院担忧对旁观者的精神打击给予保护可能导致无限和不当责任,甚至会造成更大欺诈或琐碎诉讼的风险。③ 因此,法官根据不同情形自由裁量或依据医学的确认只不过是在肯定精神痛苦损害赔偿制度前提下实现个案正义的一种路径选择。在我国现行立法对空难致第三人精神损害赔偿的规定不明确和不周全的现状下,授权法院利用公共政策的机制在尊重社会需求的基础上对个案进行利益平衡,应是不错的选择。因为我国"航空强国"目标的实现和法制文明的进步不能以牺牲第三人的精神利益为代价,这是获得人们普遍认同的。更何况"无论立法者多么充满理性和睿智,他们都不可能像万能的上帝那样全知全觉地洞察立法所要解决的一切问题,也不可能基于语言文字的确定性和形式逻辑的完备性,而使法律文本的表述完美无缺、逻辑自足"。④

---

① 参见张平:《论美国侵权法上的精神损害赔偿》,载王军:《侵权行为法比较研究》,法律出版社2006年版,第503页。

② 有关"公共政策"的词义参见薛波主编:《元照英美法词典》,法律出版社2003年版,第1117页。

③ See Lee S. Kreindler, *Aviation accident law*, Bender, release No. 34. 1996. p § 2. 10[25]2 – 65.

④ 巩军伟:《中国语境下的司法功能主义》,载《西北师大学报(社会科学版)》2012年第2期。

第六章　国际空难损害赔偿的免责事由

综观国际空难事故损害赔偿的责任归责原则,历经了过失推定责任—严格责任—双梯度责任的发展历程,呈现了对航空旅客或第三人权益保障不断加强的发展趋势。免责事由是基于航空承运人或航空器经营人的利益需求而设计的比较有利于其的思维方式,可以更好地实现利益平衡。同时,免责事由符合公平与效率的要求。因为对诸如恶劣天气、武装冲突等特定的不可抗力造成的空难事故,要求已经采取"一切必要措施"或"不可能采取此种措施"的航空承运人对该类事故进行防范不仅没有效率,也有违公平。

第一节　国际空难损害赔偿免责事由的特征

一、空难损害赔偿的免责事由具有法定性

免责事由与抗辩事由并非同一概念。[1] 免责事由是法律明确规定的,范围有限;免责事由仅限实体法所列事项,侧重于从损害原因的分析;免责事由可以由加害人主张,也可以由法院依职权调查。抗辩事由的范围广泛,不限实体法所列事项,还包括程序法所列事项;抗辩事由需要由加害人提出。

二、免责事由在一般法上的范围非常狭窄

严格责任的严格性主要表现在其免责事由应受到严格限制。航空运输飞行活动是一种"高度危险作业"活动,对他人财产和人身造成损害的责任属于高度危险责任范畴,也称为严格责任或危险责任。危险责任以特别的危险为归责基础,在德国法中一般被称为所谓的严格责任。[2] 我国《民法典》第 1238 条规定只有证明损害是因"受害人故意"造成的,民用航空器的经营者才不承担责任。本条承接的是原《侵权责任法》第 71 条的规定,依然

---

① 参见咸慧晶:《航空旅客索赔诉讼中承运人的抗辩事由比较研究》,中国民航大学 2015 年硕士学位论文,第 9~10 页。

② See B. A. Koch & H. Koziol eds., *Unification of Tort Law: Strict Liability*, Klwer Law International,2002,p. 147.

排除了不可抗力、第三人过错、受害人过失等免责事由。有学者曾认为,适当扩大民用航空器致人损害免责事由的范围应是《侵权责任法》第71条修改的方向。①

三、免责事由在特别法上因运输对象不同呈现差异性

关于航空器致人损害责任的法律适用,原《侵权责任法》第69条和第71条是一般规定,既可以适用于航空承运人对旅客运输和行李/货物运输的事故损害赔偿,也可适用于飞行中的航空器致地(水)面第三人的事故损害赔偿;《民用航空法》是特别规定。特别法比一般法的免责事由要宽一些。无论依据一般法还是特别法,"受害人故意"显然都构成赔偿人的免责事由,其他免责事由将依据旅客运输和行李/货物运输的不同有所差异。例如,《民用航空法》上使用"受害人过错"术语,除"受害人故意"外,还有"受害人过失"的减责事由,同时还有"已尽一切必要措施"或"不可能采取此类措施"、"武装冲突或者骚乱"、"货物固有缺陷、质量瑕疵"、"受害人自身健康状况责任"和"不可抗力"等其他免责事由。

四、空难事故损害赔偿免责事由的适用范围有限制性

在航空运输的高度危险责任领域,空难事故损害他人权益时,应就所生损害负赔偿责任,赔偿义务人对该事故的发生是否具有故意或过失,在所不问。② 航空运输活动被列入高度危险责任领域,不是基于航空器本身为危险物品,而是基于航空飞行活动是一种高空作业活动。民用航空器在没有运营状态下造成他人损害的问题,应不属于高度危险责任,而是依据具体情况适用过错责任。

从国际公约和国内法考察来看,发生空难事故赔偿的航空器应是运行中的航空器。例如,航空旅客可请求损害赔偿的空难事故被限定为"在航空器上或者在上下航空器过程中"的航空运输期间。③ 第三人可请求损害赔偿的航空器也仅是指"飞行中"的航空器。1952年《罗马公约》对"飞行中"定义为"一架航空器自为实际起飞而使用动力时起至着陆冲程终了时止"以及"如是轻于空气的航空器,在其离开地面时起至其重新着陆时止"。④ 2009年《一般风险公约》和《非法干扰公约》对"飞行中"的定义是"一架航

---

① 参见张新宝:《民法分则侵权责任编立法研究》,载《中国法学》2017年第3期。
② 参见王泽鉴:《侵权行为法》(第1册),中国政法大学出版社2001年版,第16页。
③ 参见我国《民用航空法》第124~125条;《华沙公约》第17~19条。
④ See Rome Convention 1952 Art. 1(2). 我国《民用航空法》第157条第2款规定与此一致。

空器在完成登机或装货后其所有外部舱门均已关闭时起,至任何其此种舱门为下机或卸货目的开启时止,其间的任何时间"。[1] 这实际上与 1970 年《制止非法劫持航空器公约》及 1971 年《制止危害民用航空安全非法行为公约》(以下简称《蒙特利尔公约》)对"飞行中"的定义一致,称为"门到门"标准。[2] 因此,在航空运输活动中,从受害人的权利救济考虑,要求航空承运人或经营人承担更严格的责任是有必要的,相比其他严格责任的适用,有关空难事故损害赔偿的免责事由必定受到更多限制。

第二节 国际空难损害赔偿的通用免责事由

在空难损害赔偿领域,有些免责事由通用,如"一切必要措施"或"不可能采取此种措施"的免责事由,均可适用于航空承运人对旅客/行李/货物的损害赔偿;"受害人过错"除适用航空运输合同相对人外,也适用于地(水)面第三人。

一、"一切必要措施"或"不可能采取此种措施"

(一)"一切必要措施"的内涵和法源依据

"一切必要措施"一词源于《华沙公约》第 20 条和中国《民用航空法》第 126 条,是对旅客、行李或者货物的航空运输共同适用的免责事由。1929 年《华沙公约》以第 20 条、第 21 条和第 26 条三个条文规定承运人的免责事由。

"一切必要措施"免责的含义,是指承运人证明本人及其受雇人为了避免损失的发生,已经采取一切必要措施,或者不可能采取此种措施的,不承担责任。《华沙公约》第 20 条还曾规定,货物和行李运输承运人证明损失的发生,是由于领航、航空器的操作或导航方面的过失,而在其他一切方面本人及其受雇人已经采取一切必要措施以避免损失的,不承担责任。但该免责事由被 1955 年《海牙议定书》第 10 条删除。

"一切必要措施"免责的立法本意不是要航空承运人证明自己的过失,而是要承运人证明其和其代理人为避免损害已采取一切必要措施或者不可能采取这种措施的,则可以免责。

(二)"一切必要措施"术语的模糊性与法官自由裁量权

"一切必要措施"术语的内涵和外延都非常模糊,在司法实践中授予了

---

① See GRC 2009 Art. 1(c);UICC 2009 Art. 1(c)
② 参见郑派:《1952 年〈罗马公约〉现代化的国际现实问题研究》,华东政法大学 2012 年硕士学位论文,第 12 ~ 13 页。

法官一定的自由裁量权。例如,在1954年Rugani v. KLM案①中,昂贵的皮草在纽约机场的荷航机库被武装匪徒窃走,纽约市法院裁定认为,荷航虽有一名警卫值班但没有携带武器,无法保护货物,故荷航没有采取一切必要和可能的措施保护贵重货物,应对托运人负责任。在1977年Manufacturers Hannover Trust Company v. Alitalia Airlines案②中,美国法院作出同样裁定。③ 但在2006年Medina v. American Airlines, Inc.案④中,机上一名乘客把咖啡洒在了他的衣服和身上,起诉航空公司要求赔偿。航空公司辩称已采取一切必要措施避免损害。法院支持了航空公司的观点,并认定乘客的疏忽是造成其受伤的唯一直接原因。

法官在自由裁量承运人是否采取了"一切必要措施",需要查核承运人的举证责任,并综合相关情况裁量。例如,在航空器发生紧急迫降或鸟击事故后,尤其是在无法追查出事故原因时,承运人如何证明已采取一切必要措施? 承运人至少需要证明飞机适航、检查了航空器、配备了合格机组人员,并对空中出现的各种情况采取了迅速反应和有效行动,甚至没有出现任何违规操作,否则,承运人无法免责。

(三)"一切必要措施"的判断标准

承运人及其代理人以"一切必要措施"作为免责事由,依据什么标准来判断? 从英美法等国法院判例考察来看,所谓"一切必要措施"就是承运人作为一个正常人而采取的全部可能的"合理技能和谨慎",特别强调这种措施应是"正常的和合理的"。例如,在原告下机时从舷梯上摔下受伤的案例中,法国法院认为,舷梯属于正常类型和国际标准,如果旅客不能证明舷梯没有按照使用目的安放,航空公司雇员对旅客下机给予了正常照料,就足以证明承运人已经采取必要的措施,对旅客摔伤可以免责。⑤ 这意味着"一切必要措施"应是普通旅客正常期望的,承运人采取的措施是"合理注意"和

---

① Rugani v. KLM Royal Dutch Airlines, City Court, New York County, 20 January 1954.

② Manufacturers Hannover Trust Company v. Alitalia Airlines, US District Court, Southern District of New York, 16 April 1977.

③ I. H. Ph. Diederiks-Verschoor, *An Introduction to Air Law*, Revised by Pablo Mendes de Leon in cooperation with Michael Butler Published by: Kluwer Law International, The Netherlands 2012, p. 166.

④ See Medina v. American Airlines, Inc., 31 Aviation Cases 18,306 (S. D. Fla 2006) as reported by G. N. Tompkins in XXXII(3) Air and Space Law 228 – 229 (2007).

⑤ 参见张宪初:《从国际公约看国际航空运输承运人对旅客的责任》,载《政法论坛》1985年第1期。

"应有谨慎"的。又如,在 Olding v. Singapore Airlines Limited 案①中,柯林诉请新加坡航空公司,主张其赔偿因吞咽了新加坡航空公司提供的饮料中含有玻璃碎片造成的人身伤害。香港特别行政区高等法院审理发现,饮料是该航班的乘务员从一个罐装果汁饮料中直接倒进塑料杯里的,且没有收到索赔乘客的任何投诉,柯林主张所依据的医疗报告已被更改,证据是欺诈性的。法院裁定驳回了柯林的诉请,并认为"一切必要措施"应解读为航空公司采取了与受伤风险相适应的预防措施,根据提交法庭的事实,认为罐装果汁饮料有外来玻璃碎片的风险很小,即使索赔人证明他的杯子里有小块玻璃碎片造成伤害,航空公司也会受到《华沙公约》第 20 条的保护。

在实践中,"一切必要措施"的"合理注意""应有谨慎"的要求,对于承运人而言,往往也会是一个较高、较难跨越的标准,承运人常常不能够成功以此实现免责②,因为"一切必要措施"的判断是一个事实判断,承运人多数情况下不易证明其采取的措施是合理、必要和谨慎的。例如,在 2001 年关岛事件中,三名中国乘客乘坐从北京—关岛—大阪的往返航班,在从关岛转道大阪回国时被告知大阪有台风,需改道东京再回天津,但因没有日本签证被"全日空"拒绝登机,被拒退机票,要求改乘三天后航班,三天食宿自行解决。其中两名乘客将机票作废,改乘当天关岛至香港的航班回国,另一乘客三天后回国,承运人主张不可抗力免责。对于本案的争议问题不难发现,乘客延误虽因台风和遵守日本法所致,但承运人显然没有采取"一切必要措施"避免旅客延误,承运人可签转其他承运人飞香港的航班但没签转;可退票却不退票致转道旅客客票作废,故承运人要承担赔偿责任,不能免责。③

(四)"不可能采取必要措施"的认定

除"一切必要措施"的免责事由外,《华沙公约》第 20 条和我国《民用航空法》第 126 条还规定,航空承运人"不可能采取此种必要措施"的也免除责任。

因"一切必要措施"的模糊性和不确定性,"不可能采取此种必要措施"的含义是否暗示不可抗力也可构成免责事由? 对此会令人发生误解。从《华沙公约》的过失推定责任到《蒙特利尔公约》的严格责任的制度演变,航空旅客权益的保障呈现不断强化趋势,因此,立法本意绝不是要航空承运人可以更多以此进行免责,而是要求承运人自证无法采取一切必要措施来避

---

① See Olding v. Singapore Airlines Limited 1 Hong Kong Unreported Judgments 352 (2003), decision made by the Hong Kong High Court, reported in the Newsletter of Barlow Lyde & Gilbert.
② Antwerp United Diamond BVBA v. Air Europe(1993)4 All ER 469,427.
③ 参见贺元骅:《不可抗力与航空承运人延误责任——以"全日空"两起延误案为例》,载《社会科学研究》2003 年第 6 期。

免损害,故立法本意应是在确定举证责任的分配规则。从司法实践考察看,承运人常常无法证明已经采取"一切必要措施"或"不可能采取此种必要措施"而承担损害责任。①

"必要措施"或"不可能采取此种措施"的含义与认定并非固定不变,随着时代变迁和科技发展,判断标准在不断变化。例如,恐怖劫机行为是否为航空承运人"不可能采取的必要措施"而主张免责问题,在发生判断上的变化。在 1978 年"哈代德诉法航案"②中,法国航空公司客机遭恐怖分子劫持,引发旅客的损害赔偿诉讼,航空公司以恐怖劫机是不可抗力为由主张免责。初审法院认为,恐怖分子登机并非无法预料,被告不能证明机场安检有错,因此,法国航空公司不能援用《华沙公约》第 20 条规定。上诉法院认为,恐怖分子登机是航空公司无法预料的,因航空公司没有限制旅客登机的权利,并对所有旅客应"一视同仁",不能区别对待,航空公司不可能采取措施避免恐怖分子劫机,因此可免除责任。当时许多学者都认同上诉法院对本案的判决意见。但在 2001 年"9·11"事件后,航空公司被要求承担责任,支付了巨额赔款。

二、不可抗力

不可抗力是民法中一项重要的风险分配与责任分担制度,在各国法上界定并不一致。例如,我国《民法典》总则编第 180 条第 2 款将"不可抗力"定义为"不能预见、不能避免且不能克服的客观情况"。

不可抗力是跨越合同责任和侵权责任的重要概念。在侵权法中,不可抗力具有影响侵权构成和作为免责事由的双重功用。在过错责任原则下,不可抗力通过影响过错和因果关系要件决定侵权责任是否成立;在无过错责任原则下,因无过错责任不要求行为人的过错,不可抗力对过错和因果关系的构成要件难生影响,但不可抗力作为免责事由决定着责任的承担与否。③ 不可抗力规则体现了法律的归责性与道德的谴责性在民事责任制度上的统一④。

---

① Wyman and Bartlett *v.* Pan American Airways, New York Supreme Court, New York County, 25 June 1943; United States Aviation Reports 1 (1943); 1 Aviation Cases 1,093. See, D. Ficht, Die unbekannte Schadensursache im interationalen Luftverkehr, 1986.

② See Ruwantissa I. R. Abeyratne, *Aviation Trends in the New Millennium*, USA: Ashgate Publishing Limited, 2001, p. 174.

③ 袁文全:《不可抗力作为侵权免责事由规定的理解与适用》,载《法商研究》2015 年第 1 期。第 130~131 页。

④ 蔡雅洁:《论不可抗力规则的适用》,中国政法大学 2007 年硕士学位论文,第 6 页。

　　根据造成航空事故的原因,将有关的不可抗力可分为三类:

　　(1)自然原因的不可抗力,如地震、飓风、台风或火山爆发等自然灾害。例如,2010 年,冰岛火山喷发期间所形成的巨大火山灰云层威胁到航运安全,欧洲大部分地区机场关闭取消航班。Mc Donagh 乘坐的瑞安航空公司的航班被取消,她起诉要求航空公司支付一周内的饮食、住宿和交通费计1130 欧元。① 争议焦点问题是:火山爆发造成机场关闭,是否构成意外的"不可抗力";承运人是否可以免除照顾义务。欧洲法院认为:火山爆发的确构成意外情形,但不免除承运人的照顾义务;承运人照顾的义务尤其应当在意外情形下履行。在美国司法实践中,不可抗力一直是异常危险行为严格责任的免责事由,一般只限于自然原因引发的不可抗力。

　　(2)社会原因的不可抗力,如战争、敌对行动(不论宣战与否)、入侵、叛乱、恐怖活动、革命、暴动、军事政变或篡夺政权或内战、骚乱、混乱、罢工或停业。

　　(3)国家原因的不可抗力,如政府封锁、立法或行政干预(如禁令)等。

　　(一)不可抗力可否成为空难事故损害赔偿的免责事由

　　在空难事故责任领域,不可抗力是否可以成为免责事由? 在国际航空公约中,无论是华沙/蒙特利尔公约体系还是罗马公约体系,都没有不可抗力术语及其可否免责的任何规定。因此,有人认为,法律没有明确规定不可抗力可作为抗辩事由,行为人则不得以此进行抗辩。② 也有人认为,航空飞行是在"极高代价"下被允许的,航空飞行造成的损害可能会极其严重,但基于其对社会发展的贡献和价值需要,在由运营者承担航空活动危险成本的前提下,应当允许并鼓励这种活动,故不可抗力不能作为免责事由。③ 但是,科学技术虽然已相当发达,但事实上远未能完全预见和有效地防止一切自然灾害和社会动乱等意外情况,完全不考虑不可抗力因素而实行绝对责任,不合公平与正义。同时,国际航空运输发展是不平衡的,航空发达国家与航空不发达国家之间、实力雄厚的空运企业与力量较薄弱的空运企业之间,在抵抗和克服意外灾害以及损害责任的承担能力上还存在悬殊的差距。④ 因此,不可抗力免责规则在航空运输领域的适用,有赖于科技水平、效率和公

---

① Mc Donagh v. Ryanair Ltd. (C‑12/11) Unreported January 31,2013 (ECJ).

② 参见赵振华、陈清清:《论侵权责任中不可抗力范围的限定》,载《西南政法大学学报》2012 年第 4 期。

③ See Markes in is /Unberath, *The Germ an Law of Torts*：*A Comparative Treatise*,4ed.,Hart Publishing,2002,p. 716.

④ 参见徐振翼:《航空法知识》,法律出版社 1985 年版,第 89 页。

平的衡量。

在实行严格责任的航空事故损害赔偿领域,基于不幸损害的合理分配考虑,不可抗力不应成为免责事由,但基于促进航空运输业发展和公平与效率考量,特定形式的不可抗力应成为免责事由。在华沙/蒙特利尔公约体系、罗马公约体系中,都有特定形式的不可抗力免责条款之规定。

从比较法来看,《德国航空交通法》第 33 条没有一般性地将不可抗力作为民用航空器致害责任的免责事由。英国规定从 1981 年 4 月 1 日起其空运企业不适用不可抗力原则的保护[①]。我国《民用航空法》将不可抗力规定为特殊免责事由[②],即航空运输期间的货物毁灭、遗失或者损坏,因"战争或者武装冲突、公共当局实施的与货物入境、出境或者过境有关的行为"所致可以免责[③];地面第三人的损害是"武装冲突或者骚乱的直接后果",经营者可以免责[④]。《罗马公约》第 5 条和《一般风险公约》第 3 条也有类似规定,如果损害是武装冲突或民事骚乱的直接后果,或者被公共权力机关的行为剥夺了使用航空器的权利,则按照规定应负责任的人将对该项损害不承担赔偿责任。显然,武装冲突或骚乱属于不可抗力范畴,航空器使用权被依法剥夺,运营人无法控制航空器的运营和避免损害发生,无法承担责任。

(二) 不可抗力作为空难损害赔偿免责事由的要求

不可抗力作为免责事由,直接关系到行为人责任的承担与否,关系到行为人及受害人等利益的公平维护。在司法实践中,有关不可抗力的争论主要集中在范围上,其具体适用条件很少探讨。是否只要存在不可抗力,即可适用免责规则?答案是否定的,实践中适用不可抗力作为免责事由,还须满足以下相关条件。

1. 不可抗力须是法定免责事由

在空难事故损害赔偿责任领域,不可抗力是否免责以及可以免责的不可抗力类型,都是法律明确规定的,即使在航空公司的运输总条件(航空运输合同的核心构成)约定了不可抗力免责,但没有法定情形,约定依然无效。

2. 不可抗力是引起空难事故损害的唯一原因

损害仅是不可抗力造成的,且在行为人没有过错的前提下,才能对行为

---

① 参见徐振翼:《航空法知识》,法律出版社 1985 年版,第 91 页。
② 参见周友军:《论侵权法上的民用航空器致害责任》,载《北京航空航天大学学报(社会科学版)》2010 年第 5 期。
③ 《民用航空法》第 125 条第 5 款。
④ 《民用航空法》第 160 条。

人免责。① 如果航空承运人以不可抗力作为损害的手段，或者因承运人一方的过错致不可抗力发生机会增大，如航空器故意飞越发生战乱并(或)已发出飞行通告的地区空域，不可抗力不能作为免责事由。再如，2017年，从巴黎飞往昆明的东航航班突遇气流颠簸5次，持续十多分钟，最终导致20多名乘客受伤。② 即使气流属于不可抗力，但本案损害并非气流这个唯一原因造成，东航公司是否对异常气流的预报和防止飞机颠簸损害进行告知和警报？换言之，机上发生的强烈颠簸所致伤害是否为"不可抗"？如果东航公司不能证明已经对损害发生尽到一切防范，或不能证明损害是由索赔人的过错造成或者促成的，就应对机上旅客的人身损害承担赔偿责任。如果旅客的受伤是因未系安全带导致，自身也存在过错，应当承担部分或全部责任。

3. 不可抗力发生后，当事人应采取一切必要措施防止了损失发生或扩大

航空运输飞行活动蕴涵着巨大的风险，不可抗力这种外力的介入又将这种风险转变为现实的破坏力，无法采用过错责任原则，否则会导致风险分配的失衡，引起不公正的后果。在社会不能取缔这种危险活动的情况下，只有让从事航空运营活动的一方承担该活动招致的风险(无论是否存在不可抗力的外力介入)，才能实现基本的公正。由此可见，对于从事航空运输这种高度危险作业的承运人而言，其有义务防范该危险的发生或防范该危险转变为现实的损害，即使高度危险不是他造成的或维持的，如其不能证明其已经采取一切必要措施或不可能采取此种措施进行了防范，发生不可抗力的后果并不能免除他的赔偿责任。③ 例如，在阿卜杜勒·瓦希德诉中国东方航空股份有限公司航空旅客运输合同纠纷案④中，上海第一中级人民法院认为，航班由于天气原因发生延误，东方航空公司未能提供证据证明损失的产生系阿卜杜勒自身原因所致，也未能证明其为了避免损失扩大采取了必要的方式和妥善的补救措施，故判令东方航空公司承担赔偿责任。该判决认定东航公司存在过错，该过错与旅客的延误损失有因果关系，亦同时证成"不能克服"要件的欠缺，排除了不可抗力规则的适用。⑤

---

① 参见全国人大常委会法制工作委员会民法室编：《侵权责任法立法背景与观点全集》，法律出版社2010年版，第129～130页。
② 参见张灿灿：《飞机颠簸致重伤，索赔须厘清责任》，载《检察日报》2017年6月20日，第4版。
③ 参见王军：《侵权法上严格责任的原理和实践》，法律出版社2006年版，第153页。
④ 上海市第一中级人民法院(2006)沪一中民一(民)终字第609号民事判决书。
⑤ 参见孙学致：《过错归责原则的回归——客观风险违约案件裁判归责逻辑的整理与检讨》，载《吉林大学社会科学学报》2016年第5期。

三、受害人的过错

(一)受害人过错的含义与意义

故意和过失作为过错的两种形式,在民法中大量使用,但都缺少民事立法的明确定义。① 民法中故意和过失的区分远没有刑法上的意义重大,尤其是在严格责任适用领域,责任人的故意和过失区分没有任何意义。

在空难事故损害赔偿责任领域,责任人的过错和受害人的过错均具有意义。在空难事故中,航空承运人没有过错的,实行责任限额赔偿,不超过法定最高限额;若受害人能够证明对于空难事故的发生或者损害的扩大,承运人一方具有过错的,应承担过错赔偿责任,按照实际损失实行全部赔偿,如1999年《蒙特利尔公约》对航空承运人规定的"双梯度责任制"。

在空难事故损害赔偿责任领域,受害人的过错(包括故意和过失)对于减轻或免除航空承运人或航空器经营人的责任具有重要意义。例如,根据我国《民法典》第1173~1174条的规定,被侵权人对同一损害的发生或者扩大有过错的,可以减轻侵权人的责任;损害是因受害人故意造成的,行为人不承担责任。《民法典》第1238条将民用航空器致害责任的免责事由仅限于"受害人故意"。我国《民用航空法》第127条和第161条采用过错概念,将"受害人的过失"也规定为减、免责事由。

从国际航空运输公约来看,1999年《蒙特利尔公约》第20条规定,经承运人证明,损失是由索赔人或者索赔人从其取得权利的人的过失或者其他不当作为、不作为造成或者促成的,应当根据造成或者促成此种损失的过失或者其他不当作为、不作为的程度,相应全部或者部分免除承运人对索赔人的责任。《华沙公约》第21条、1952年《罗马公约》第6条、2009年《一般风险公约》第10条都有责任人类似减免责的规定。这些规定实际上是过失相抵规则的表现。

(二)"受害人过错"减免责适用范围

《蒙特利尔公约》第20条和《华沙公约》第21条的规定实质上将免责的举证责任分配给了航空承运人,②如果承运人证明损害是由受害人的全部或部分过失造成的,可免除承运人的全部或部分责任。例如,在 Charpin et

---

① 参见魏振瀛:《民法》,北京大学出版社、高等教育出版社2012年版,第659页。

② Naneen K. Baden, *The Japanese Initiative on the Warsaw Convention*, 61 Journal of Air Law and Commerce 437 (1995–1996).

al. *v.* Quaranta et al. 案①中,一名乘客无视"系好安全带"的标志,也没有注意到连接飞机的舷梯已被移走,结果从飞机上摔下造成腿部受伤,法院裁定承运人不承担责任。

《华沙公约》第 21 条和《蒙特利尔公约》第 20 条关于"受害人过错"减免责的规定是否均适用于旅客和行李或货物运输的损害赔偿,存在不同观点。有的观点认为,这个减免责事由只适用于旅客运输而不适用于行李或货物运输。② 笔者认为,"受害人过错"的减免责任可以适用于任何对象的航空运输,虽然《华沙公约》和《蒙特利尔公约》的规定不是很清晰,但我国《民用航空法》第 127 条的规定是非常明确的,而且在相关司法实践中已经得到法官的认可。例如,在 Florence Prescod and others *v.* American Airlines and BWI 案③中,从加州洛杉矶飞往圭亚那乔治敦的航班上,一名乘客丢失了装有药物的行李,行李在乘客到达两天后才到达,该乘客在抵达乔治敦 8 天后死亡,法院和上诉法院均裁定,索赔人充分说明和证明了乘客死亡和药物丢失之间的因果关系,构成《华沙公约》第 17 条"事故",航空公司有故意不当行为。但上诉法院裁定,已故乘客的家属没有为避免可能的伤害采取积极行动,没有在乔治敦购买新药物,对乘客死亡负有共同过失。

(三)"受害人过错"的判断标准

自《美国侵权法重述》(第 2 版)实施以来,比较过失理论得到引入并且被广泛地接受。根据比较过失理论,受害人的过失可以成为被告减轻或者免除责任的理由。④ 从外延上判断某一行为是否构成过失,应采取综合考量方法,即判断过失应考虑若干重要因素,这些因素应考虑原告、被告和社会三方利益。⑤ 但值得注意的是,由于空难事故的突发性,受害人在空难事故状态下的判断力会有所降低,因此受害人过失的适用应受到限制。例如,在空难事故损害赔偿责任中,受害人的过失一般不能作为被告免于承担严格责任的理由,只能成为被告减轻责任的条件。在受害人的过失具有"极度"的情况下,如受害人的过失是损害发生的唯一原因,被告可以完全免责。

---

① Charpin et al. *v.* Quaranta et al. ,Cour d'Appel Aix-en-Provence,9 October 1986,Ⅻ Air Law 205 – 207 (1987).

② George N. Tompkins,Jr. , *Liability Rules Applicable to the International Air Transportation as Developed by the Court in the United States—from Warsaw 1929 to Montreal 1999* ,published by Kluwer Law International,2010,p. 289.

③ Florence Prescod and others *v.* American Airlines and BWI,United States Court of Appeals for the Ninth Circuit,No. 02 – 55097 D. C. No. CV – 99 – 00496 – CAS,Per Curiam Opinion,Filed 19 August 2004.

④ 参见王军主编:《侵权行为法比较研究》,法律出版社 2006 年版,第 68 页。

⑤ 参见王泽鉴:《侵权行为法》,中国政法大学出版社 2001 年版,第 261 页。

简而言之,根据受害人的过失在造成损害的原因力中的大小而减免被告的责任。这是美国侵权行为法两次重述的观点,也基本上代表了美国司法界对待受害人有过失情形的立场。再如,在航空飞行导致的风险中,虽然是航空旅客主动搭乘飞机飞行,但不能适用"自甘冒险"规则免除承运人的事故损害赔偿责任。乘客虽然明知飞行有危险,但为了正常的社会活动不得已而选择搭乘飞机,尽管这种介入使自己陷入损害,但这种介入行为是正常合理、合法的,事故损害发生的真正原因也并不是乘客的搭乘行为导致。因此,即使航空公司在机票上印有醒目的警告:"乘坐飞机危险、风险自担、责任自负",这种免责提示仍然不能免除航空公司的严格责任。①

四、第三人的过失

作为免责事由的第三人过失中的"第三人",是指除原告和被告之外的第三人,而非《民用航空法》或罗马公约意义上的地(水)面第三人。

(一)第三人过失免责的立法依据

在空难事故损害赔偿中,第三人的过失是否可以成为免责事由?在一般法范畴内,我国《民法典》第 1175 条规定"损害是因第三人造成的,第三人应当承担侵权责任"。在航空运输活动中,能否运用合同相对性原则切断通过引入"第三人过失"免除航空承运人承担责任的通道?

从《华沙公约》和 1999 年《蒙特利尔公约》及我国《民用航空法》的规定考察,第三人过失可能会引起航空运输承运人责任的免除或减轻。例如,我国《民用航空法》第 125 条规定,承运人或者其受雇人、代理人以外的人对货物包装不良,或政府有关部门实施的与货物入境、出境或者过境有关的行为,造成货物毁损或遗失的,承运人不承担责任。1999 年《蒙特利尔公约》第 21 条第 2 款规定,承运人对空难事故旅客超过 10 万特别提款权的部分,承运人证明损失不是由于承运人或者其受雇人、代理人的过失或者其他不当作为、不作为造成的;或者损失完全是由第三人的过失或者其他不当作为、不作为造成的,不应当承担责任。

(二)过失免责中"第三人"的范围

我国立法上并未对第三人的范围进行明确,因而产生较多争议。有的认为此处第三人不是合同当事人以外的任何第三人,是指与当事人一方有关系的第三人,如一方当事人的雇员、内部职工、当事人一方的原材料供应

---

① 参见王军:《侵权法上严格责任的原理和实践》,法律出版社 2006 年版,第 156 页、第 161 页。

商、配件供应人、合作伙伴或上级等。① 有的认为第三人包括履行辅助人和上级机关两类。② 有的学者对履行辅助人是"第三人"提出质疑。③ 有的学者倾向于独立第三人不为履行辅助人的观点。④ 笔者认为，这些观点不宜完全适用空难事故损害赔偿，依据《华沙公约》和1999年《蒙特利尔公约》及我国《民用航空法》的规定，承运人据以免责的有过失的第三人并未具体明确，但从立法采用的排除和列举方式看，第三人的范围是有限制的。从排除的视角来看，下列人员并不在第三人范围之内：

（1）承运人的受雇人和代理人。根据《民用航空法》第132条、第139条和第158条等条款的规定，承运人的受雇人、代理人在受雇、代理范围内的作为和不作为，应当视为承运人的作为和不作为；经营人的受雇人、代理人在受雇、代理过程中使用民用航空器，无论是否在其受雇、代理范围内行事，均视为经营人使用民用航空器。

显然，承运人或经营人的受雇人、代理人不在第三人的范围内，在涉及受雇人、代理人原因违约的场合，立法都已经归因于承运人或经营人本人的过错。

（2）非法使用人。我国《民用航空法》第159条规定，未经对民用航空器有航行控制权的人同意而使用民用航空器，对地面第三人造成损害的，有航行控制权的人除证明本人已经适当注意防止此种使用外，应当与该非法使用人承担连带责任。依据澳大利亚1999年《航空器损害条例》，即使在非法使用的情况下，有权控制航空器的人（一般是航空器的经营人）通常也要承担责任，除非他采取了一切合理的措施防止这种非法使用，⑤这似乎暗示了在非法使用情形下，航空器经营人存有过失。⑥

劫机者是否属于非法使用人的范围？劫机又称非法劫持航空器，恐怖劫机目前已不是新鲜或陌生事件，早在20世纪三四十年代就已发生，六七十年代全球性的劫机高峰迭起，为此国际民航组织曾先后制定《东京公约》、《海牙公约》和《蒙特利尔公约》等反劫机公约。劫机者未经航空承运人或航空器经营人许可，擅自使用航空器，应属于航空器的非法使用人。

恐怖劫机的预防是否属于航空器经营人应尽的安全注意义务范畴？笔

---

① 参见梁慧星：《梁慧星教授谈合同法》，四川省高级人民法院川新出内字(98)第174号，第150页。

② 参见韩世远：《他人过错与合同责任》，载《法商研究》1999年第1期。

③ 参见王立兵：《关系论视阈下第三人违约问题研究——以〈合同法〉第121条为中心》，载《学术交流》2010年第2期。

④ 参见张影：《第三人原因违约及其责任承担》，载《北方论丛》2002年第6期。

⑤ Clause 10(2)(3) of the Damage by Aircraft Act 1999.

⑥ Clause 7 of the Damage by Aircraft Act 1999.

者认为,无论恐怖劫机的损害程度如何,都无法消除航空器经营人所负的安全注意义务。航空活动是一个高风险领域,理智的航空器经营人应该知道其需要的注意程度较大。如果航空器经营人未加注意,或施加的注意未达到法律所要求的标准或程度,或根本未采取或未有效采取避免损害要求的预防措施,即构成注意义务的违反。在恐怖劫机事件中,航空器经营人故意制造劫机事件几乎不太可能,但欠缺注意程度致恐怖劫机事件的情形却经常出现,致乘客或第三人损害发生,与其说是劫机行为,不如说是航空器经营人未尽到安全注意义务或未提供充分的安全救助更恰当。① 如果航空器经营人自身违反安全规定,注定是有过失的。②今天,利用先进技术发现可疑乘客、炸弹藏匿处所或其他故意破坏行为已不是难事,关键在于航空器经营人是否愿意或者尽全力采取这些反恐预防措施。预防和控制恐怖劫机作为航空器经营人应尽的注意义务。航空器经营人在防止恐怖主义者登机环节和空中飞行环节没有尽到足够的安全注意义务,致使恐怖主义者能够登机并在飞机运行中能够成功挟持飞机撞击预定目标,造成毁灭性损害后果。即使地面登机的安全检查义务由航空器经营人转移给航空港经营人或其他地面服务公司,也无法免除航空器经营人对乘客和第三人应尽的安全注意义务,更不能摆脱其安全注意义务违反的可归责性。因此,在恐怖主义劫机造成的损害赔偿中,作为航空器经营人难逃过失之嫌。如果没有可以免责的情形,航空器经营人注定要承担过失责任。

(3)维修人员或空管人员等。在空难事故损害实践中,有大量空难事故是因各种人为因素造成的,如劣质的飞机维修、维修错误或维修疏忽是导致航空事故的三个主要原因。但是,在航空损害赔偿的严格责任原则下,航空承运人无法因维修人员过失、或空管人员过失或非法使用人过失而免除责任或减轻责任。因此,这些人员不在第三人的范围。

从国内《民用航空法》和国际航空运输公约的规定考察,航空承运人可以依据第三人过失免责的第三人包括:

(1)依据1999年《蒙特利尔公约》第18条或我国《民用航空法》第125条规定,关于货物的毁灭、遗失或者损坏,承运人证明是由于下列一个或者几个原因造成的,在此范围内承运人不承担责任:承运人或者其受雇人、代理人以外的人包装货物的,货物包装不良;公共当局(或政府有关部门)如海

---

① Seguritan v. Northwest Airlines, Inc. , 446 N. Y. S. 2d 397, 398 (N. Y. App. Div. 1982). Aff d, 440 N. E. 2d 1339 (N. Y. 1982).

② See Hall v. Osell, 102 Cal. App. 2d 849, 228 P. 2d 293 (1951); Notes, 32 Calif, L. Rev. 80 (1944), 13 Calif. L. Rev. 428 (1925).

关、边检部门实施的与货物入境、出境或者过境有关的行为。

(2)依据 1999 年《蒙特利尔公约》第 21 条第 2 款规定,对于旅客死亡或者伤害的赔偿超过 10 万特别提款权的部分,承运人证明有下列情形的,不应当承担责任:损失不是由于承运人或者其受雇人、代理人的过失或者其他不当作为、不作为造成的;损失完全是由第三人的过失或者其他不当作为、不作为造成的。

从上述规定可见,在承运人对货物损失的严格责任中,可以有两类第三人过失的免责。在承运人对旅客运输的损害赔偿责任中,在第一梯度赔偿下,即使是第三人的过失,承运人也不能免责,在第二梯度下,第三人的过失可以免除承运人的责任,但前提是必须针对超过 10 万特别提款权的请求。

(三)"第三人过失"作为空难损害赔偿免责事由的条件

虽然公约规定了航空承运人的第三人过失免责事由,但第三人过失免责的具体条件并未明确。根据美国法和英国法的观点,第三人的行为成为基于异常危险行为严格责任的免责事由,通常需满足的条件是第三人的行为是独立的、不可预见和无法防止的行为,并且被告对第三人行为的发生不存在过失。[1] 概括而言,第三人过失免责的条件应包括:(1)损害完全是由于第三人的过失行为造成的;(2)第三人过失是损害发生的全部原因;(3)航空承运人负有举证责任。承运人的举证责任通常包括自己对损害无过失、第三人的过失和因果关系的证明,否则,不能免除承运人的赔偿责任。

在空难事故损害赔偿实践中,损害的发生既有第三人的行为,也有航空承运人的行为,承运人不能主张免责。例如,机上旅客遭到其他醉酒旅客性侵,要求乘务员为其调整座位,但乘务员拒绝该请求并继续为醉酒旅客提供酒精饮料,此种情形构成航空事故,承运人无法免责。[2] 在第三人的行为不是损害发生的全部原因的情形下,不适用第三人过失免责的规则,应当分别按照不同责任形态承担不同的责任,具体规则可借鉴如下观点:共同侵权行为→连带责任;分别侵权行为→按份责任;竞合侵权行为→不真正连带责任;第三人侵权行为→第三人责任。[3]

---

[1] 参见王军:《侵权法上严格责任的原理和实践》,法律出版社 2006 年版,第 146 页。

[2] Price *v.* British Airways, 27 Avi. 18,465(S. D. N. Y. 1996); Stone *v.* Continental Airlines, Inc., 905 F. Supp. 823(D. Hawaii 1995).

[3] 参见杨立新、赵晓舒:《我国〈侵权责任法〉中的第三人侵权行为》,载《中国人民大学学报》2013 年第 4 期。

第三节 国际空难损害赔偿的特殊免责事由

针对不同运输对象发生的航空事故损害赔偿,航空承运人可以免责的事由有所不同,从而构成特殊的免责事由。

一、航空旅客本人的健康状况造成的伤亡

根据我国《民用航空法》第124条规定,旅客本人的健康状况与航空运输活动没有关系,如果由于旅客本人的健康状况造成旅客死亡或者遭受人身伤害,承运人不承担责任。1999年《蒙特利尔公约》第20条没有把旅客的健康原因作为承运人的免责条款,仅规定旅客的过失或不当作为是承运人免除全部或部分责任的事由。依据免责事由法定原则,旅客的健康原因不是公约的免责事由,但不能由此得出"旅客本人的健康状况造成旅客死亡或者遭受人身伤害,承运人应承担责任"的结论。

旅客本人的健康状况造成旅客伤亡,需要探讨的核心问题是应否构成承运人的航空事故责任,而非免责问题。大量的判例表明,旅客在飞行中出现下列情形均不构成航空事故:①心脏病发(包括心脏病发时机上医疗条件不足在机上死亡)、自然死亡、因自身特异体质而遭受严重的后背疼痛、发生心源性猝死、致命哮喘、癫痫病发。

判定航空承运人对旅客的事故损害责任,应符合以下要件:(1)旅客的死亡是否发生在航空运输期间;②(2)旅客的死亡与航空器使用是否存在因果关系;(3)旅客的死亡是否完全为旅客本人健康状况造成;(4)航空承运人在旅客发病时是否采取了一切必要合理的救助措施。这些要件需要承运人提供证据予以证明。

完全是旅客健康状况引起的,或与飞行无关的事情或事件,不构成航空事故,这种除外责任在航空规章和航空公司运输总条件或购票须知中均予以明确的排除。③ 显然,承运人对旅客因本人健康状况致人身伤亡予以免

---

① See George N. Tompkins, Jr. , *Liability Rules Applicable to International Air Transportation as Developed by the Court in the United States—from Warsaw* 1929 *to Montreal* 1999 , Kluwer Law International B. V. ,2010, p. 156,166.

② 例如,旅客在航空运输结束一天后发生中风死亡的,不能构成公约第17条的事故,该事件不在航空运输期间。

③ 如《中国国际航空股份有限公司旅客、行李国内运输总条件》规定,承运人对因旅客健康状况引起或者加重的任何疾病、受伤或致残,包括死亡,不承担责任。《购票旅客须知》规定:患病者或者其他需要特殊服务的旅客,须事先通知承运人,经承运人同意并作出相应安排后,方予承运。如旅客购票时未通知,旅客应对其自身原因造成的危险负责。

责的仅限于伤亡"完全"是因健康原因造成的,而不能有其他可归责于承运人的混合原因的并存。例如,乘客患有心脏病,因心脏病处于治疗阶段,航空飞行过程中心脏病突然发作,机上的机组人员全力抢救,机组为照顾病人专门申请了较为稳定的飞行高度,并积极寻找最近机场降落,已经尽了自己所能尽的义务,所以承运人对乘客的死亡不应承担责任。但是,如该乘客虽患有心脏病,但处于相对稳定状态,如飞行中因气流颠簸引发心脏病发作死亡,承运人则需承担责任。因此,承运人应对与航空风险有关的事件造成的旅客人身伤亡承担责任,该事件也许是旅客人身伤亡的全部、唯一原因,也许是部分原因。①

如果旅客随身携带行李有呼吸设备和药品,已知该情形的航空承运人不许旅客将行李随身携带,给予托运的行李恰巧丢失或延误,致旅客呼吸困难而死亡,承运人则需承担事故责任。② 如果机上旅客生病或在气流颠簸中昏迷流血,机组人员未能提供充分的紧急救助,也构成事故责任。③

二、航空行李和货物在运输的异议期间丧失

根据《华沙公约》第 26 条第 4 款和 1999 年《蒙特利尔公约》第 31 条第 4 款规定,除非承运人方面有欺诈行为,如果在规定期限内没有提出异议,不得向承运人提起诉讼。我国《民用航空法》第 134 条规定与 1955 年《海牙议定书》规定相同。

根据 1999 年《蒙特利尔公约》第 31 条规定,有权提取货物的人收受货物而未提出异议,为货物已经在良好状况下并在与运输凭证或者其他方法保存的记录相符的情况下交付的初步证据;发生损失的,有权提取货物的人必须在发现损失后立即向承运人提出异议,货物发生损失的,至迟自收到货物之日起 14 日内提出;发生延误的,必须至迟自货物交付收件人处置之日起 21 日内提出异议;任何异议均必须在前款规定的期间内以书面形式提出或者发出;除承运人一方有欺诈外,在前款规定的期间内未提出异议的,不得向承运人提起诉讼。我国《民用航空法》第 134 条第 3 款规定:"任何异议均应当在前款规定的期限内写在运输凭证上或者另以书面提出。"(见表 6 – 1)

---

① 参见郝秀辉:《航空运输合同法》,法律出版社 2016 年版,第 144 页。
② Prescod $v.$ AMR. Inc. 383 F. 3d861(9th Cir. 2004).
③ Cheng $v.$ United Airlines, Inc. ,1995 WL 42157(N. D. Ⅲ. 1995).

表 6-1　国际航空公约关于承运人责任的异议期限比较

事项		1929 年《华沙公约》	1955 年《海牙议定书》	1999 年《蒙特利尔公约》
异议期间	行李	至迟行李收到后 3 日内	至迟行李收到后 7 日内	
	货物	至迟货物收到后 7 日内	至迟货物收到后 14 日内	
	有延误	至迟应在行李或货物交付收件人自行处置之日起提出	至迟应在行李或货物交付收件人自行处置之日起 21 日内提出	
异议提出形式要求		写在运输凭证上或者另以书面提出		以书面形式提出或者发出

　　立法规定"书面异议"之目的,主要是便于对航空货运损失及时进行调查留存证据,避免因时间久远难以查清损失和延误原因,从而保护承运人的利益和收货人的合法权益。提出书面异议的性质是一种单方行为,关于提出的具体方式,《蒙特利尔公约》并未明确,我国《民用航空法》规定了两种,即可写在运输凭证上或者另以书面提出。至于承运人在其运输事故记录上自行记载确认损失的,是否为书面异议的一种形式,立法并未明确,在实践中则会因此生疑而致纠纷。但在航空货物运输中,"书面异议"是基于收货人一方当事人的意思表示即可成立的单方民事法律行为,而且这种单方行为必须是收货人向相对人一方即承运人提出,而不是相反。收货人未提出书面异议即为放弃索赔的权利,并被视为交付货物完好的初步证据。尤其是承运人并不知道货物确定的损失程度,这需要收货人在规定的期限内,确定货物损失程度后提出明确的书面异议,这种要求对承运人和收货人双方是公平的。①

三、货物的固有缺陷、质量或瑕疵或货物包装不良

　　有关承运人对航空货物运输的特定免责事由,根据 1999 年《蒙特利尔公约》第 18 条第 2 款规定,承运人证明货物的毁灭、遗失或者损坏是由于货物的固有缺陷、质量或者瑕疵,或承运人或者其受雇人、代理人以外的人对货物包装不良原因造成的,在此范围内承运人不承担责任。我国《民用航空法》第 125 条也有相同规定。

---

① 参见郝秀辉:《航空运输合同法》,法律出版社 2016 年版,第 348~349 页。

四、航空器噪音损害赔偿的免责问题

当前有关航空器对地(水)面第三人损害责任的国际公约有1933年《罗马公约》、1938年《布鲁塞尔保险议定书》、1952年《罗马公约》、1978年《蒙特利尔议定书》、2009年《一般风险公约》和《非法干扰公约》。从国际公约看,有关航空器对地(水)面第三人造成损害的赔偿责任普遍实行严格责任原则,航空器运营人法定的免责事由比较有限。

根据1952年《罗马公约》第1条、2009年《一般风险公约》第3条第2款和我国《民用航空法》第157条的规定,损害并非造成损害的事故的直接后果,或者所受损害只是航空器遵照现行的空中交通规则在空中通过的结果,航空器经营人不负损害赔偿责任。这不仅意味着地(水)面第三人索赔范围仅限于直接损害,而且意味着对航空器噪音损害,地(水)面第三人也无权向航空器运营人依据本法进行追索。

（一）国际公约对航空器噪音损害的免责与赔偿之争议

自20世纪六七十年代大量现代喷气式航空器剧增以来,航空器噪音和声震对地面的人或物的损害引起国际重视。国际民航组织1972年颁布《国际民航公约》附件16《环境保护》第1卷"航空器噪音",规定了各缔约国对航空器噪音的相关协调建议,但其仅是对航空器噪音损害的一种预防性控制立法。有关航空器噪音损害补偿性救济的相关国际公约只能寻求罗马公约体系。但在1933年《罗马公约》制定时,世界航空运输业处于萌芽时期,噪音、声震的损害问题未能引起国际重视,故没有进入公约的视野。1952年《罗马公约》也没有预见到喷气式飞机对地面产生噪音损害的严重问题,故将其排除在运营人责任之外。20世纪60年代中期,美、法等国因频繁发生噪音诉讼而促使提出公约修改建议,但因修订程序的阻碍和国际航空组织忙于航空刑事公约的制定,直到1974年后才成立法律小组拟订噪音和声震损害责任文本,在1976年法律委员会第22次会议讨论,但终因条件不成熟而予以搁置,[①]以致通过的1978年《蒙特利尔议定书》对此未做决议,只能留给国内立法解决。[②]

在《罗马公约》现代化议程中,噪音与声震的环境损害问题虽被关注,甚至还曾被纳入公约草案进行审议[③],但终因复杂性与牵扯的利益矛盾的广

---

① ICAO Doc.9222 – LC/177 – 1,177 – 2;ICAO Doc.9238 – LC/180 – 2.

② 本段及以下主要参见郝秀辉:《航空器噪音损害及其补偿性救济途径之探索》,载《甘肃社会科学》2009年第4期。

③ ICAO Doc. LC/31 – WP/5 – 1;ICAO Doc. 9832 – LC/192 Attachment D,Art. 3(7).

泛性,在《一般风险公约》中对噪音与声震损害赔偿问题没有规定。由上可见,国际公约对航空器噪音损害补偿责任的努力是失败的,有关这个问题的损害赔偿还依然需要诉诸国内立法。

不可否认,预防性措施确实不可或缺,但终究不能代替补偿性措施,尤其是对于已经造成损害和即将造成的损害,必须有相应的补偿性救济,因为有损害就必须有补偿是一项永不失色的民法誓言。在人类现有的技术下,客观上完全消除飞机噪音是不现实的,而"一定程度的声音和振动都是有害于公众健康、安宁、安全和生活质量的,是与公众利益相违背的。每个人都有权获得这样一种环境的权利,即不受噪音侵扰、影响其生活及生活的质量、健康以及享受其财产的权利"。①

(二)航空器噪音损害补偿性救济的国内立法实践

与国际公约的态度相反,各国对航空器噪音损害补偿性救济的立法实践一直是积极响应和支持的,甚至美、英、德、加等航空大国没有批准 1952 年《罗马公约》就是因其对噪音责任没有规定。德国 1936 年《航空交通法》已对飞机噪音损害进行关注,规定有严格责任和排除不可抗力的免责事由。英、美等国判例法对航空器噪音损害赔偿发挥了有益的作用。例如,美国俄勒冈州最高法院 1962 年判决的"索恩伯格诉波特兰航空站案"和华盛顿州最高法院 1964 年判决的"马丁诉西雅图航空港案"就对影响土地所有人的过度噪音给予了赔偿。②

各国内立法对航空器噪音损害的补偿救济比国际公约积极,原因是遭受航空器噪音干扰的人的诉求一定程度上依赖于国内法,因为这种诉讼是对航空港所有者或经营者抑或使用航空港的国家航空器的经营者,不是国际诉讼问题,除非是外国航空器造成的噪音妨害,诉讼才会有国际因素,否则,这种诉讼本质上是在本国领土上的国内诉讼。③

(三)航空器噪音损害补偿性救济工具的利用

航空器噪音损害具有存在的广泛性、程度的严重性和公私利益的交叉性等特性,确须不同部门法相互配合与共同调整。航空法和环境法对噪音损害的补偿虽然应承担救济的重责,但它们作为一个新兴的综合性法律部门,需要从其他部门法获取理论支持,尤其需要来自民法的支持。民法理论

---

① 参见金俭、朱喜钢:《美国城市噪音控制与法律救济》,载《城市问题》2004 年第 1 期。

② 参见[荷]迪德里克斯·弗斯霍尔:《航空法简介》,赵维田译,中国对外翻译出版公司 1987 年版,第 170 页。

③ See Gerald F. FitzGerald, *Aircraft Noise in the Vicinity of Aerodromes and Sonic Boom*, University of Toron to Law Journal, Vol. 21, No. 2, 1971, p. 226–240.

经过长期演化已经相对成熟和完善,很多理论观点和制度规则可以对航空法和环境法的成长发挥示范作用,供其有选择地吸收和借鉴。没有任何人比自己更关心自己的利益,没有任何人比自己更痛苦于自身利益的受损,对航空器噪音损害的救济保护,仅有预防性保护是不够的,这是一个"瘸腿"保护,必须加强补偿性保护,民法的"权利"工具对其补偿性救济具有重要的意义和作用。

1."人格权"工具之利用

人格权是以权利者的人格利益为客体的民事权利。人格权作为近代社会人权运动的产物,直接与权利者的生存和发展密切联系。随着社会发展和文明进步,人格利益不断扩大,尤其是一般人格利益概念的提出,为各种新的具体人格利益的法律确认和保护提供了源泉和动力。

以人格权为法律依据提起航空器噪音损害补偿性救济的价值基础何在? 从噪音损害的客体来看,它不仅破坏了人们居住地区安宁、清净、舒适的环境,还通过环境破坏这一媒介造成人们精神自由、身体健康和心理健康的种种伤害。对于噪音损害的身心健康,是人格权法要保护的人格利益,这些人格利益是人权的重要内容,属于民法要救济的法益,其价值基础即是人格的法益有比物的法益更高的价值。人类早已走过仅作为生物存在的时代,当今人的精神自由和快适、生活环境的安宁与洁净,已成为个人维系其自身生存、健康和全面发展的基础,不可或缺。① 因此,对航空器噪音损害的补偿性保护,人格权为首选工具。

2."相邻权"工具之利用

相邻权是指两个或者两个以上相邻的不动产所有人或使用人之间,一方行使所有权时,享有要求另一方提供便利或接受限制的权利,是对不动产物权的限制和延伸。"相邻"并不以相互毗邻为限,应界定为"邻近的"。② 航空器噪音和声震可能影响到一定距离的地域范围,相邻法不仅适用于直接相邻的不动产关系,远距离的不动产也可能受相邻法的调整,只要某不动产的影响能够延伸到远距离的不动产。③ 相邻权是法定的平衡相邻各方冲突的调控器,它虽然强调邻人的容忍义务,但也赋予容忍方在对侵扰超出限度造成损害时的赔偿诉讼请求权。

作为航空港的相邻方,在为航空港所有人的经营活动提供空域通行方

① 陈华彬:《法国近邻妨害问题研究——兼论中国的近邻妨害制度及其完善》,载梁慧星主编:《民商法论丛》(第5卷),法律出版社1996年版,第300页。
② 参见傅穹、彭诚信:《物权法专题初论》,吉林大学出版社2001年版,第108页。
③ 参见[德]曼弗雷德·沃尔夫:《物权法》,吴越、李大雪译,法律出版社2002年版,第171页。

便与合作的同时,也有谋求自身土地使用价值的最大化、生活的舒适与安宁的权利,这需要相邻的航空港所有人提供协作,保证进港离港航空器的噪音和声震控制在人们可以忍受的限度内,应拒绝超出噪音标准的航空器在本港起降。否则,超标的航空器噪音会促使邻人起用"相邻权",请求近邻妨害赔偿。

有学者提出,相邻权呈现进步性和发展性的现代化态势,相邻权实为财产性利益与人格性利益相结合的一种权利形态。相邻权深深渗透着对人格利益的关心,不仅是对土地、房屋的利用提供方便的权利,还包括为人们日常生活提供方便的权利。① 因此,航空器噪音会造成土地等不动产价值减损,也会对邻人的精神和身体健康造成严重损害,须通过财产性救济才能消除,才能全面维护受害者的利益。

3."地役权"工具之利用

地役权是指以特定的土地供自己土地的方便和利益的权利,有学者称其为"邻地利用权"。② 地役权和相邻权虽然均以不动产利用的调节为对象并以不动产权利的扩张或限制为基本内容,地役权是相邻权的补充,但二者差异显著,相邻权是法定的,是对邻近不动产利用的一种最低程度的调节,通常为无偿;地役权是超越相邻关系的限度在当事人之间约定的一种权利义务关系,可有偿也可无偿。因航空技术发展的有限性,迄今无法生产出静音飞机,作为航空器起降的基地机场与相邻土地之间在利用上的紧张关系,是相邻权(或称相邻关系)无法调节的。机场所有人、经营人或出租人通常成为邻地空中通行地役权的占有人,机场须要一定长度和宽度的跑道,跑道的指向和长度就是航行地役权所需要的土地。

早期的土地所有者对其地上空域权是绝对的,土地属于谁,谁就拥有土地上的天空。但当人类开始飞行后,该原则就让位于空域是公共通路的司法与立法的裁决。为避免空中旅行被非法侵入诉讼阻断,各国和国际的相关飞行规则都划定一定空域范围作为"可航行空域",即美国民用航空委员会定义的"最小安全飞行高度以上的空域",③并对飞机的低空飞行作禁止性规定。土地上方的大部分空域对公众开放的同时,还有部分保留在私人手中,尤其是在土地私有的国家,土地所有者拥有完全的土地所有权,至少

---

① 参见彭诚信:《现代意义相邻权的理解》,载《法制与社会发展》1999 年第 1 期。

② 梁慧星、陈华彬编著:《物权法》,法律出版社 2003 年版,第 185 页。

③ Air Commerce Act of 1926, ch. 344, § 10, 44 Stat. 574, as a men-ded, Act of June 23, 1938, ch. 601, § 1107(i)(1), 52 Stat. 1028. The Su-preme Court in United States *v.* Causby, 328 U. S. 256, 264(1946).

拥有与其土地相连的、其能占有和使用的一些地上空间,故航空器起降过程必须保证土地所有者空域的安全,因为"对土地的使用就含有对地上一些空域的使用"①。

在实践中,航空器通行权和相邻土地所有者或使用者的权利会发生碰撞和冲突,因为机场起降的航空器必须低空飞越机场周围的邻地,邻地所有人或使用人经常遭受飞机噪音、震动和排放气体的侵害。例如,喷气式飞机的飞越或靠近,会打断谈话、淹没声音、干扰收音机和电视的接收,甚至引起房屋震动、睡眠被打扰、噪音造成小孩的恐惧与惊吓②,喷气飞机排放的气体造成油垢不堪的黑色沉淀物③。显然,航空器会对机场周围相邻土地的私人空间造成诸多损害,航空器起降时通过邻人享有的空域时,即构成对地役权的占用,其噪音、震动、气体一旦对邻人造成损害,应给予补偿。机场或航空港所有人可以通过协商,获得地役权,避免持久诉讼。相邻土地所有人通过移转空域通行地役权获得经济补偿,一定程度上能够减轻对飞机噪音的恐惧、抚慰受害者的身心健康。在美国航空实践中,航空承运人通常不承担责任,尽管使用航空港的航空承运人是相关的租用人,但租赁契约赋予其起飞和着陆的权利,如果其飞机没有违反规定,没有低于安全要求进行起飞和着陆,遵守了飞行模式,即使造成了损害,航空承运人也免于承担责任。因为航空承运人只是按照要求飞行,航道所在位置不是他们决定的,而是取决于联邦的决定和航空港的自然情况。当然,如果航空承运人的飞机违反了规定的飞行模式,可依据过失、侵入和违反联邦航空条例而起诉航空承运人。④ 反之,航空港的所有人或经营人需要对邻人的损害负全部责任,其原因在于:航空港所有者或经营者对相邻土地享有地役权,应付出一定的代价和责任,更重要的是,政府通常为航空港所有者已经提供补偿,其建设计划得到当局批准后便享受了工程费用津贴,其中包括获得土地、通过地役权和其他空气空间利益的费用,因此,航空港所有者如果未能获得足够土地以满足航空港建设使用的需要,就应该对赔偿诉讼承担责任。在法国的实践中,高层公寓建造人因飞机噪音致房屋无法出售,从而对航空公司提起诉讼,在航空公司不能证明其飞机发出的噪音未超出法定限度的情况下,法院判决

---

① Indiana To llRd. Comm'n v. Jankovich,244 Ind. 574,581,193N. E. 2d 237,240(1963),cert. Dismissed as improvidently granted,379 U. S.487(1965).

② Martin v. Portof Seattle,64 Wash. 2d 309,312,391P. 2d 540,543,cert,denied,379 U. S. 989 (1965).

③ See Batten v. United States,306 F. 2d 580,582(10th Cir. 1962),cert. Denied,371 U. S. 955 (1963).

④ Cf. EastHaven v. Eastern Airlines,36 U. S. L. W. 2499(D. Conn. Feb. 20,1968).

飞机经营人对飞机操纵所引起的损害应负赔偿责任。由此可见,法国法院对噪音损害赔偿的态度比普通法系各国的态度要宽大一些。[1]

4."所有权"工具之利用

土地所有者享有自主使用土地的权利,但相邻土地的邻居也有不受妨碍地使用其土地的权利,在两种所有权的使用发生冲突和伤害时,法律须给予平衡和救济。当航空港所有者或经营者的航空器起飞、降落或试飞等活动给邻人造成噪音和震动等损害时,邻人以使用其土地或享受其地上利益受到不合理干扰或妨碍为由进行赔偿诉讼,土地或房屋的所有权是邻人损害救济的重要权利支撑和诉讼的利用工具。这充分体现在英国的私人妨害制度、德国的不可量物侵害制度、美国的"违宪拿取"和"逆向征用"等救济制度。土地或房屋的所有权是联结航空港所有者和噪音受害邻人之间诉讼的纽带,是邻人获得适格的诉权主体的最有力支持。从航空器噪音损害救济可用的权利工具中,所有权也是相邻权、地役权工具利用的前提和基础。

对于噪音造成的不合理干扰或妨碍,英国司法确认了私人妨害制度,即对土地所有权及相关利益的妨害行为可以提起侵权诉讼,请求损害赔偿。严格从理论而言,私人妨害制度不是英国侵权法中一项独立的制度[2],但在英国侵权法上的地位很重要,是其尊重和保护私有不动产理念的表现。私人妨害制度的本质是保护土地所有权,航空器噪音对土地所有人造成无形损害的,可以提起所有权妨害之诉。在德国,对于噪音损害适用不可量物侵害制度,即对航空器噪音和声震这种没有具体形态、不能用传统衡量方式计量的物体,如对土地使用未造成侵害或轻微侵害的,土地所有权人不得禁止。根据《德国民法典》第 906 条,土地所有权人在必须容忍航空器排放物侵入的情况下,如果这种侵入造成超过设定限制的损害时,可以向排放侵害物的土地所有权人要求金钱赔偿。但《德国民法典》第 906 条受到《营业法》第 26 条[3]限制,飞行航空器所产生之噪音属于经政府许可设立的营业,又是国家重要的营业,因此不得提起除去妨害和不作为之诉求,只能行使

---

[1] 参见[荷]迪德里克斯·弗斯霍尔:《航空法简介》,赵维田译,中国对外翻译出版公司 1987 年版,第 167 页。

[2] 参见李旭彬:《论英国侵权法中的私人妨害制度》,载王军:《侵权行为法比较研究》,法律出版社 2006 年版,第 652 页。

[3] 1869 年 6 月 21 日施行的《德国营业法》第 26 条规定:"土地所有人或占有人,对于因邻地所生之有害作用,依现行法虽许其提起排除侵害之民事诉讼,但对于经政府许可设立之营业设备,则仅可请求设置防害设备,不得请求停止营业;其不能为此设备,又与营业之适当经营不能并存者,则许其请求损害补偿。"参见陈华彬:《德国相邻关系制度研究——以不可量物侵害制度为中心》,载梁慧星主编:《民商法论丛》(第 4 卷),法律出版社 1996 年版,第 284 页。

"牺牲补偿请求权"。美国判例对于航空器噪音损害赔偿的诉由,采取"违宪拿取"。法官认为,空气空间虽是公共领域的一部分,但土地所有人能够拥有自己占据或利用的土地上空,如果飞机过低、频繁飞入,直接干扰了其对土地的利用和享用,对土地所有人造成了不舒服和烦恼,就等于拿取了应予赔偿的舒适。对于因机场的航空器噪音影响致临近土地用途及价值猛降时,美国法提供了"反征用"诉讼的救济手段。反征用也可解释为"逆向征用",即国家征用土地而使临近地块价值大减,该地块虽然未被正式征用而应推定为已经征用,其所有人有权要求政府给予合理补偿。反征用之诉(invers condemnation)的目的在于获取对被征用土地的公正补偿,是一种迫使政府部门运用征用权力的一种方法,一般是在征用人无意提起征用权程序时使用,这种诉由是由私人而非官方启动的。启动这种诉讼程序有利于航空港所有者和政府,因为陪审团可能是由那些熟悉土地价值、有责任的商人组成,他们不愿意给予过分赔偿,政府也可获得现在和将来的通行地役权,一劳永逸地解决请求。财产所有者提起这种诉讼,也能够就目前的干扰获得补偿,在航空港所有人没有为避免将来的事故取得永久地役权的情况下,将来还可再提起新诉讼。①

(四)航空公司承担航空器噪音损害补偿责任的正当性

机场噪音损害的受害人往往具有群体性或社区性,谁应对众多受害人负责,这是机场噪音损害赔偿制度建构的核心问题。从航空器噪音受害人可以利用的人格权、相邻权、地役权和所有权等民事权利工具来看,索赔对象更多指向航空港所有人或经营人。但从噪音产生和加剧的原因上探讨,航空公司应是首要责任主体。②

航空公司正常运营的航空器一般需要在机场起降,机场噪音表面上看似乎是由机场造成的,但实质上是由航空公司起降运行的航空器产生的,航空器才是机场噪声的噪声源。航空公司作为航空器经营人或所有人,应该对其航空器产生的噪音损害依据"无过错责任原则"承担赔偿责任,这是因为航空公司运营航空器进行飞行活动是一种高度危险作业活动,应适用无过错责任原则。如果航空公司不能证明航空器的噪音与机场附近居民的人身和财产损害之间不存在因果关系,就应该承担相关侵权责任。有关环境噪音损害的举证责任倒置的规定都有相应要求。当然,在要求由污染者承

---

① See Marsha lIT. Bohannon,*Airport Easements*,Virginia Law Re-view,Vol. 54,No. 2,1968,p. 355 – 381.

② 以下部分主要参见郝秀辉:《论机场噪音损害赔偿的责任主体》,载《北京理工大学学报(社会科学版)》2014 年第 4 期。

担举证责任的因果关系时,受害人应当首先承担因果关系具有可能性的初步证明,未证明具有存在因果关系可能性的,不得进行因果关系推定。

航空公司能否以其航空器符合有关噪声限制规定为由要求免除环境噪音污染侵权责任?回答应是否定的,因为符合公法上的标准只是行为人不承担行政责任的根据,并不能成为免除其私法责任的根据,航空公司的航空器即使符合噪声排放标准,如果仍然给他人的合法权益造成损害,要承担侵权损害赔偿责任,这符合"有损害就有赔偿"的民法基本准则。① 从国外的通说、判例与法规来看,污染源遵守公法标准并不能成为私法上免责的理由。将航空公司列为机场噪音损害赔偿的首要责任主体,其依据的理由在于:

(1)符合"谁污染,谁付费"的立法原则。"谁污染,谁付费"原则也称污染者负担原则或污染者自负原则,主要是指污染者应该承担因其污染导致的所有费用。该原则是在近代环境问题日益严重的情况下,适应环境污染损害的特点确立的一项原则。该原则在 20 世纪 70 年代由经济合作与发展组织提出后,在许多有关环境保护的国际文件中得到确认。例如,《斯德哥尔摩人类环境宣言》第 22 条规定:"各国应进行合作以进一步发展有关它们管辖或控制之内的活动对它们管辖以外的环境和其他环境损害的受害者承担责任和赔偿问题的国际法";《里约环境与发展宣言》第 16 条规定:"考虑到污染者原则上应承担污染费用的观点,国家当局应该努力促使内部负担环境费用,并且适当地照顾到公众利益,而不是歪曲国际贸易与投资。"1986年《单一欧洲文件》、1992 年《马斯特里赫特条约》以及环境行动计划等,也有污染者自负的相关规定。1990 年《国际油污防备、反应和合作公约》在前言中指出:污染者负担原则是"国际环境法的一般原则"。对该原则最简单的表述是《东北大西洋海洋环境保护公约》第 2 条第 2b 款的规定:各缔约方应适用污染者负担原则,根据这个原则,预防、控制和减少污染措施的成本将由污染者承担。② 污染者自负原则具有理论上的合理性,其符合权益与责任对等的法理,也利于确认损害赔偿责任的承担主体。因此,机场噪音污染损害的赔偿责任由造成该损害的航空器的所有人或经营人承担是合理的。

(2)具有一定的现实可操作性。在环境损害赔偿制度建构上,确认责任承担主体还应考虑主体承担责任的可行性,以便能够真正地落实赔偿责任。在机场起降的航空器涉及不同航空公司,各航空公司起降飞机的次数和时

① 参见王利明:《侵权行为法归责原则研究》,中国政法大学出版社 1992 年版,第 370 页。
② 参见刘梦兰、莫守忠:《论污染者自负原则》,载《法学评论》2007 年第 6 期。

间点对机场周边居民造成的噪音损害程度不同,如果由每个航空公司逐一核算其责任大小和赔付金额,实践上可能不便于操作。但是,目前许多航空发达国家采取的共识做法,是通过机场征收航空噪音防治费的方式治理机场噪声污染问题,如西欧、美、日、韩等国家和地区都征收航空噪音防治费。我国没有任何立法专门规定航空噪音防治费用问题,我国的机场噪音防治欠缺经济支持。

从我国 2007 年施行的《民航机场管理建设费征收使用管理办法》(现已失效)来看,旅客缴付的机场建设费没有安排用于机场噪音治理。航空公司曾经缴付的民航基础设施建设基金也没有用于机场噪音防治。2012 年施行的《民航发展基金征收使用管理暂行办法》较以往规定前进一步,将由原民航机场管理建设费和原民航基础设施建设基金合并而成的民航发展基金的用途扩大,增加了民航节能减排的使用范围,支持民航部门及机场、航空企业节能减排新技术研发和推广应用,节能设施或设备更新改造,行业节能减排管理体系建设等。① 但是,民航业减排工作的主要任务包括监控机场噪音,有关防控机场噪音的专项费用依然无任何规定。从机场向航空公司收取的费用用途看,也没有特别拨付用于机场噪音防治的费用。见图 6-1②。

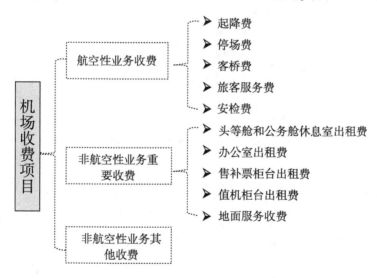

图 6-1　机场收费项目统计

---

① 参见《关于印发〈民航发展基金征收使用管理暂行办法〉的通知》(财综〔2012〕17 号)的附件:《民航发展基金征收使用管理暂行办法》第 23 条。
② 根据《关于印发民用机场收费标准调整方案的通知》(民航发〔2017〕18 号)附件《民用机场收费标准调整方案》整理。

目前,我国机场噪声排放问题日渐突出,民众对机场噪音的维权意识逐年增强,因此,航空噪音防治在继续强化行政管制方式的同时,应该引进经济管制方式,征收机场噪声污染费或防治费。其中,向航空公司征收的机场噪声污染费,可综合考虑飞机的类型、起降时间等影响噪声排放的因素差别征收,该费用可包含在起降费中一起征收;向旅客征收的机场噪声污染费,该项费用可包含在旅客交纳的民航发展基金中一起定额征收。建议制定"机场噪声污染费使用办法",对机场噪音污染费的征收标准、征收方式、资金用途和监管等进行详细规定。采取机场噪声污染收费制度,可以达到用市场激励手段降低机场飞机噪音影响的目的,还可以用此专项经费补贴机场因噪音影响而采取的隔音、拆迁或补偿所支付的费用。①

---

① 参见陈林:《基于收费模式的机场航空噪声治理分析》,载《中国民航飞行学院学报》2011 年第1 期。

第七章　国际空难损害赔偿的
司法救济机制

第一节　国际空难损害赔偿司法救济的意义

所谓"司法救济",是指当宪法和法律赋予人们的基本权利遭受侵害时,人民法院应当对这种侵害行为作有效的补救,对受害人给予必要和适当的补偿,最大限度地救济他们的生活困境和保护他们的正当权益,从而在最大限度上维护基于利益平衡的司法和谐。

空难事故发生势必造成人员伤亡和财产损失,事故的责任人能够自动满足受害方的所有赔偿请求应该是很难的,由此产生的纠纷和争议,需要进行司法救济。司法救济制度不仅可以明确空难损害赔偿诉讼管辖权问题,还可通过司法调查认定空难事故的原因、损害及其二者的因果关系,判定相关责任主体及其过失有无,确定对事故调查报告采用的程度等。

一、司法救济能够促进空难事故损害赔偿和解协议的达成

空难事故发生后,损害赔偿救济方式包括事故关系方自己达成和解和向司法机构提起索赔诉讼。考察航空事故损害赔偿实践,很多事故赔偿都以放弃所有将来的追索权为条件的"和解协议"方式结案;但很多和解协议是在空难索赔诉讼过程中实现的,那些选择诉讼索赔的家属,在承受漫长的等待和挫折后,最终还是会走上和解道路。在诉讼过程中,通过审理法官的司法调查和对事故双方当事人的大量调解工作,赔偿和解协议更容易促成。例如,2008 年,美国大陆航空公司的客机在科罗拉多州丹佛国际机场起飞时偏离跑道撞击后起火,机长及 5 名乘客重伤,2 名乘务员、副驾驶和 38 名乘客轻伤,飞机损坏严重。事故原因是飞行员差错和强劲侧风。事后,65 名乘客和机组人员分别对 FAA(美国联邦航空管理局)和大陆航空公司提起诉讼,因空中交通管制员没有将侧风的阵风风速达 40 英里/小时情况通知飞行员,FAA 和大陆航空公司对事故难辞其咎,最终 FAA 支付事故和解费用达数百万美元。

二、司法救济可有效利用航空安全审计报告信息查找事故真正原因

空难事故以其突发性、国际性、高死亡率和损失巨大等特点格外引人关注,人们对民航的安全性、舒适性和快捷性要求越来越高;基于防患于未然而非亡羊补牢的民航安全审计工作,作为国际上普遍认同的安全管理手段之一,在整个行业领域内有很高的重视程度。航空安全审计报告的结果不仅使航空企业对当前的安全状况有一个系统全面的认识,而且对于司法机关找出空难事故的潜在原因及其对事故的严重性和影响的判断具有重要价值和意义。

但是,航空安全审计报告的信息如果没有被披露,或在航空事故调查机构进行技术调查时无法获得,可能会对事故真正原因的查找尤其是认定承运人一方是否存在过失问题有重大影响,而司法调查会达到这个目的。例如,2009 年,科尔根航空公司(Colgan Air)①一架通勤航班发生失速并坠毁在布法罗国际机场附近,机上 49 人全部罹难,同时致地面 1 人死亡、4 人受伤。事故调查显示原因为飞行员差错。坠机事故引发 40 余起乘客家属对大陆航空、科尔根航空以及其母公司顶峰航空公司和飞机制造商庞巴迪公司的诉讼;除 8 起外,其余诉讼都通过调解结束。坠机事故后,科尔根航空公司委托尼克萨巴蒂尼联合公司(Nick Sabatini & Associates)进行内部安全审计。科尔根航空和顶峰航空都反对披露相关审计报告信息,对美国国家运输安全委员的事故调查也没有提供审计报告信息,认为萨巴蒂尼公司不是受雇调查事故,只是负责审核科尔根航空事故后的运行情况,该审计报告与诉讼无关。但是,在裁决披露相关信息时,美国地区法官 William Skretny说:报告存在潜在的相关性,因为在事故发生后的几周内,科尔根航空的文化不可能发生显著性改变。

三、司法部门有权协调空难事故调查矛盾和决定调查资料的公布

根据芝加哥公约第 26 条的要求,航空器事故的所在国在某些情况下承担着手查询并在其法律许可的范围内按照国际民航组织的程序进行查询的义务。

芝加哥公约附件 13《航空器事故和事故征候调查》第 5.10 条规定,进行调查的国家须认识到调查负责人和司法部门进行协调的必要性,为使调查工作取得成功,须特别注意需要及时记录和分析证据,如对遇难者的检验

---

① 美国一家航空公司,与大陆航空公司(Continental Airlines)联营接驳航班。

和辨认以及对飞行记录仪记录的判读;调查和司法部门对飞行记录仪及其记录的监护可能存在的矛盾,可通过司法部门的官员把记录带到判读的地方来解决,从而保持监护。根据该附件 13 的规定,进行航空事故调查的国家应注意,除非司法部门断定,公布有关记录的意义超过其可能对调查产生的不良影响,否则,不得为事故调查外的目的公布有关记录,包括调查部门在调查过程中从有关人员处获取的所有陈述、参加航空器操作的人员之间的所有通信、事故或事故征候所涉及人员的医疗或私人资料、驾驶舱话音记录及此种记录的文本、空中交通管制单位的记录及此种记录的文本、驾驶舱航空图像记录及此种记录的文本和分析资料等。[①]

第二节　国际空难损害赔偿诉讼的管辖权

一、国际空难损害赔偿司法管辖的立法演变

国际空难损害赔偿诉讼具有诉讼主体多元化、法律关系复杂化、国际化、专业化和适用法律多元化等特征。发生在国际航空运输领域的与航空器和航空客货运输相关的航空侵权案件和运输合同等纠纷案件,是民商事审判的重要组成部分,在司法领域中具有重要的地位。

(一)《华沙公约》关于事故赔偿诉讼的管辖权规定

1.空难事故的诉因问题

所谓"诉因",是指民事诉讼的原告据以提出诉讼的原因——案由。司法最大意义上的公正,即是平衡诉讼双方的权利和义务;诉因制度的基本功能是告知法院的审判范围和被告行使防御权及防御范围。因此,在诉因制度下,禁止法官擅自变更当事人的诉讼请求,不告不理原则是诉因制度的基础,法院应当尊重当事人的诉因选择,仅能提示原告在一定期间内可变更诉讼请求,是否变更应由当事人自行确定,其追求实体真实与程序公正的统一。

关于空难事故赔偿的诉因问题,在 1929 年《华沙公约》出台前,国际社会没有明确统一的诉因或基础:有些国家对所有运输事故统一规制,有些国家对航空事故特别规定;有的国家依据侵权法律调整航空事故,也有国家依据合同法对此调整。[②] 有的国家允许事故受害人进行选择。我国《民法典》

[①]　参见朱子勤:《航空器失联后的搜寻与事故调查法律责任研究——兼谈马航客机失联后的搜寻与事故调查》,载《政法论坛》2014 年第 5 期。

[②]　See Andreas F. Lowenfeld, Aviation Law, §2.1. §1.31. 转引自宣增益:《国际空难事故管辖权机制:问题与建议》,载《澳门法学》2018 年第 2 期。

第 186 条规定:"因当事人一方的违约行为,侵害对方人身权益、财产权益的,受损害方有权选择请求其承担违约责任或者侵权责任。"这表明在发生违约责任与侵权责任竞合时,法律赋予当事人法定的诉因选择权,当事人可以通过衡量获赔利益大小、可能性与现实性进行选择。例如,关于马航MH370 失联事件旅客索赔的诉因(案由)选择,由于失联事件涉及了飞机、机械动能、通信系统、跟踪能力的设计和质量评判问题,故本案既有国际航空运输合同法律关系,又有航空产品质量侵权法律关系,因而出现了航空运输合同责任、侵权责任和产品责任的竞合,失联旅客家属可根据需要选择确定一个利益最大化的管辖权。

2.《华沙公约》规定的管辖权

不同国家对航空事故诉因的不同规定,会造成乘客在不同国家所获赔偿差异较大,不平衡的法律制度也可能使"承运人置于潜在的毁灭性的巨额赔偿的风险之中"。① 由此可见,作为统一国际航空运输规则的《华沙公约》第 24 条创设了统一诉因,不论损害赔偿诉讼的根据如何,均按照本公约的条件和限制提出。

当然,关于《华沙公约》是否创设了诉因问题,曾在美国司法界引发较长时间的争论,如 1952 年 Komlos v. Air France 案②和 1956 年 Noel v. Linea Aeropostal 案,③直到 1978 年 Benjamins v. British European 案④才终结"华沙公约不创设诉因"论。美国法学界也曾对"华沙公约不创设诉因"论开展批判。⑤

诉因的确定密切关系到司法管辖权问题。国际空难事故赔偿的诉讼管辖权是一国法院根据本国缔结或参加的国际航空条约和国内法对特定的涉外空难事故赔偿案件行使审判权的资格。国际空难事故管辖权的法律依据是华沙/蒙特利尔公约和航空器对第三人损害赔偿公约等国际条约和各国国内法。

根据《华沙公约》第 28 条的规定,原告乘客可以根据自己的意愿,在一缔约国内选择以下法院起诉:承运人住所地法院、承运人主要营业地法院、

---

① Paul Stephen Dempsey, *Pennies from Heaven: Breaking Through the Liability Ceilings of Warsaw*, 22 Annals of Air and Space Law 267, 268(1997).

② Komlos v. Air France, CCH avi Vol. 3, p. 17, 969(1952); Vol. 4, p. 17, 281(1953).

③ Noel v. Linea Aeropostal, CCH avi Vol. 3, p. 18, 204(1956); Vol. 5, p. 17, 125(1956). p. 17, 544(1957).

④ Benjamins v. British European, CCH avi Vol. 14, p. 18, 369(1978).

⑤ G. N. Calkins, *The Cause of Action under the Warsaw Convention*, Journal of Air Law and Commerce, 1959, p. 217 – 323.

承运人签订契约的机构所在地法院、运输目的地国法院。①

客观地评判《华沙公约》规定的管辖权,主要还是以便利航空承运人的立法视角而定,多数是不利于乘客的:

(1)表面上赋予乘客诉讼管辖选择权,但实际上可选择性很小。《华沙公约》虽列出4种管辖法院,但实际上有3种都是方便承运人诉讼的管辖法院。

(2)《华沙公约》第28条第2款规定"程序问题由受理案件法院地法决定",这在一定程度上限制了乘客选择管辖法院的绝对权利,承运人可能会依据法院地法改变管辖权或诉讼地。② 第28条第2款规定优于该条第1款赋予原告选择法院的权利,故法院有权将案件移送其他法院审理。这就为航空诉讼实践中援引"非便利法院理论"奠定了基础,公约没有禁止非便利法院作为一种诉讼手段进行使用。

(3)承运人的住所地、主要营业地、契约签订机构所在地等术语存在模糊性,常常会产生分歧和争议。例如,不同国家立法对公司法人的住所地是指"成立地"还是"公司章程规定地",有所不同。③ 在1962年Herfroy c. Cie Artop案④中,曾发生"营业地"是营业机构所在地还是包括其附属和分支机构及代理机构所在地的争议。但在Berner v. United Airlines, Inc.案⑤中,澳大利亚英联邦太平洋航空公司在纽约的销售总代理机构因出售事故航班的机票,法院认可纽约这个运输合同签订地构成营业地,纽约法院即享有管辖权。笔者认为,从方便乘客诉讼的角度出发,有关"契约签订机构所在地"的含义仅指承运人实质性的商业存在的观点⑥是不符合实际需求的,应将任何代销或代理机构均认定为承运人的契约签订机构所在地。

(二)《蒙特利尔公约》关于事故赔偿诉讼管辖权的升级

1.《蒙特利尔公约》规定的管辖权

1999年《蒙特利尔公约》除确立双梯度责任制度外,还扩大了管辖法院的范围,在保留《华沙公约》规定的四个管辖权的基础上,增加乘客主要且永

---

① Osborne *v*. British Airways Plc. Corp. ,198 F. Supp. 2d 901,905(S. D. Tex. 2002). In Wyler *v*. Korean Airlines Company,Ltd. ,928 F. 2d 1167(D. C. 1991).

② Allan I. Mendelsohn, Renee Lieux, The Warsaw Convention Article 28, The Doctrine of Forum Non Conveniens, And The Foreign Plaintiff, Winter, 2003, 68 J. Air L. & Com. 75.

③ 参见赵相林主编:《国际私法》,中国政法大学出版社2011年版,第78~79页。

④ Herfroy c. Cie Artop. 16 R. F. D. A. 177(C. A. Paris,2 March,1962). 原告选择在巴黎起诉承运人,认为承运人与销售代理之间的永久代理协议足以构成承运人在巴黎有营业机构,但遭到法院否决,使巴黎法院的管辖权基础丧失。

⑤ Berner *v*. United Airlines,Inc. ,157 N. Y. S. 2d 884(1956).

⑥ 宣增益:《国际空难事故管辖权机制:问题与建议》,载《澳门法学》2018年第2期。

久居所地国法院管辖权——第五管辖权。这意味着如果承运人在旅客的主要且永久居住地有业务经营,则旅客或其家属可以在该居住地的当事国领土内提起诉讼。因此,所谓的第五管辖权是对原《华沙公约》4 种司法管辖权的补充。此外,订立合同的营业地,法院可根据公约对损害赔偿诉讼作出决定。在 Transvalue v. KLM Royal Dutch Airlines 案①中,签发航空货运单的地点为订立运输合同的地点,但是,在航空公司的办公室交换了有关货物运输的信息,该办公室不是合同签订地。

2. 第五管辖权的含义和适用条件

第五管辖权,实际上来源于未生效的 1971 年《危地马拉议定书》,其适用范围受有限制,仅适用于乘客死亡和人身伤害损失,不适用延误损失或货物损失。

如果符合《蒙特利尔公约》第 33 条第 2 款的条件,在旅客死亡或受伤的损害情况下,第五管辖权允许旅客向其主要且永久居住国的法院提出诉讼。第五管辖权的"乘客主要且永久居所地"应是指事故发生时乘客的"固定和永久住所",与乘客的国籍无关,而且主要且永久居所地只能有一个,这避免了乘客多头诉讼的可能性。②

根据《蒙特利尔公约》第 33 条的规定,援用第五管辖权必须符合的条件是:(1)诉请必须是乘客死亡或人身伤害;(2)乘客必须在法院所属国有主要且永久居所地;(3)承运人使用自己的航空器或者根据商务协议(包括代码共享安排)③使用另一承运人的航空器经营到达该国领土或者从该国领土始发的旅客航空运输业务;(4)法院必须设在承运人经营航空运输服务的缔约国或其领土以外的缔约国,但根据一项商业协定,该航空运输服务可由承运人自己的飞机或另一承运人的飞机提供。④

3. 第五管辖权的争议

第五管辖权在公约起草过程中就已经是争论最激烈的问题之一,其中形成以美国为代表的支持派和以法国为代表的欧洲反对派,巴西、日本和哥伦比亚都赞成美国引入第五管辖权的观点,印度、阿拉伯国家都跟随法国坚

---

① Transvalue v. KLM Royal Dutch Airlines,539 Federal Supplement 2d 1366 (S. D. Fla. 2008).

② 转自宣增益:《国际空难事故管辖权机制:问题与建议》,载《澳门法学》2018 年第 2 期。

③ 所谓"商业协议"仅指联合运输协议而不包括代理协议。承运人之间存在互运协议或者有些商业安排均不能简单地作为适用第五管辖权的依据。

④ See I. H. Ph. Diederiks-Verschoor,*An Introduction to Air Law*,revised by Pablo Mendes de Leon in cooperation with Michael Butler, published by Kluwer Law International,2012,p. 241.

决反对。① 支持派的理由是乘客或代表他们的人在乘客的"家乡"法院提出索赔的权利,更具有公平性,因为这些法院最能根据当地的生活水平评估损害;反对派的观点是第五管辖权不符合现行的国际私法原则,即要求争议的合同关系与所选择的管辖权之间有明确的联系。②

无论如何,自第五管辖权制定以来,尽管遇有各种各样的问题,而不容否认的事实是,在旅客的主要且永久居所所在地国的法院起诉,确实是为旅客诉讼带来了极大便利,减少了诉讼费用,切实保护了其根本权益。③

二、国际空难损害赔偿诉讼管辖的判例考察

空难发生后,航空承运人常常会按公约规定先行赔付部分金额,并在6个月内赔偿,避免集体诉讼带来的麻烦以及繁重的法院费用、律师费用等。但如果索赔人不满意赔偿额,可以选择起诉。在空难事故索赔诉讼中,因不同管辖法院所在国的赔偿数额认定有较大差别,索赔人在《蒙特利尔公约》规定的五个管辖权中,往往会选择"可能获得损害赔偿数额较大的法庭地"。例如,韩国航空公司一架客机1997年在美国关岛坠毁,机上228人遇难,在韩国提出诉讼的遇难家属获62.65万美元赔偿,在美国提出诉讼的遇难家属获得179万美元赔偿,韩国法院2001年判处韩国航空公司对空难中失去女儿、女婿和3个孙辈的一名韩国妇女赔偿51万美元。④

(一)运输合同目的地法院管辖的判例考察

运输合同的目的地,是指运输合同约定的运输最终目的地,包括往返运输。连续运输的,航程的最终目的地是运输合同的"目的地"。例如,在耿女士诉日本航空株式会社赔偿案中,⑤原告耿女士是一位以投资移民身份获得加拿大永久居留权的中国侨民,1995年9月30日在多伦多订购了多伦多—芝加哥—东京—上海—香港,然后原路返回的往返机票,日本以她没有中国护照为由拒绝她入境。1996年,耿女士就此事向上海市长宁区人民法院提起诉讼,要求判令被告日航公开赔礼道歉,并赔偿损失人民币15万元

---

① See Devendra Pradhan, *The Fifth Jurisdiction under the Montreal Liability Convention: Wandering American or Wandering Everybody?* 68 J. Air L. & Com. 717, Fall, 2003.

② See I. H. Ph. Diederiks-Verschoor, *An Introduction to Air Law*, revised by Pablo Mendes de Leon in cooperation with Michael Butler, published by Kluwer Law International, 2012, p. 241.

③ 参见张超汉:《航空国际私法领域中弱者利益保护问题初探》,载《北京政法职业学院学报》2009年第2期。

④ 参见邹强:《韩亚空难引发索赔诉讼大战》,载 https://news.163.com/13/0723/06/94ESTQ1O00014AED.html,最后访问日期:2013年7月23日。

⑤ 参见董念清编著:《航空法判例与学理研究》,群众出版社2001年版,第85~87页。

和 2.4 万日元。法院经审理后驳回原告起诉,认为原告所持机票上已经明确载明出发地和目的地均是加拿大多伦多,原告因个人经商原因在上海停留,不能否定机票上目的地为加拿大多伦多的效力,原告以上海为其目的地,并认为目的地只能根据旅客到达地来认定,并以此为由要求管辖,没有法律依据。又如,2013 年,韩亚航空 214 航班在旧金山机场降落时失事,致 3 名中国女中学生遇难、180 多人受伤。美国国家运输安全委员会 2014 年发布空难调查结果,认为客机飞行员多次犯错是事故发生的重要原因,空难所涉波音客机的"自动驾驶"和"自动油门"装置的复杂性也是事故原因之一。韩亚航空的运输目的地是旧金山,中、韩、美均是《蒙特利尔公约》签约国且赔偿标准不一,韩亚航空空难赔偿的绝大部分伤亡乘客则选择在美国进行赔偿诉讼,其中伤势较轻的乘客在诉讼中达成赔偿和解协议。

(二)承运人住所地法院管辖的判例考察

这个管辖权相对简单、明确。住所是由法律加以规定的,而各国规定又有所不同。美国以法人的注册地为住所地,英国则以注册登记时所注明的法人管理机构所在地为住所地。① 我国公司的住所又称公司注册地,根据《公司法》的规定,公司以其主要办事机构所在地为住所。对该主要办事机构所在地的认定,司法实务中通常以公司登记所记载的地点为其住所。但最高人民法院《关于适用〈中华人民共和国民事诉讼法〉若干问题的意见》第 4 条规定,法人的住所地是指法人的主要经营地或主要办事机构所在地。由此可见,我国对公司住所地的认定有两个标准,即主要办事机构或主要营业地。登记的公司住所只能有一个,营业地可能有两个以上,在两个以上的营业地中,应确定一个主要营业地。例如,在 1996 年 Milor *v.* British Airways 案②中,原告价值 120 万美元的珠宝在航空运输中丢失,选择在英国商事法院起诉英国航空公司,被告以"不方便管辖"原则要求中止诉讼,辩称美国宾夕法尼亚州法院是更适当和便利的管辖法院。但初审法院和上诉法院均认为,《华沙公约》第 28 条赋予原告选择法院的权利是绝对不容侵犯和挑战的。英国航空公司住所地在英国,英国商事法院享有管辖权。

(三)承运人主要营业地法院管辖的判例考察

在实践中,比较常见的是公司登记注册所在地是公司主要办事机构所在地,但也有公司因经营需要在他处建立主要营业场所(如为获得税收优惠在自贸区注册公司,但其实际经营地在自贸区外),在主要营业地与登记注

---

① 参见董念清:《中国航空法:判例与问题研究》,法律出版社 2007 年版,第 261 页。

② See Milor S. R. L. *v.* British Airways, Plc. , [1996] Q. B. 702(Eng.).

册所在地不一致的情形下,根据法律规定,公司的主要营业地可以作为公司的住所。目前法律和相应司法解释对主要营业地的认定标准均未作明确规定,实践中只有根据与营业相关的证据来证明主要营业地,如在当地的纳税凭证、办公房屋的租赁合同、对外宣传中的表述等。

据此,航空公司法人的主营业地,是指承运人大部分业务活动所在地或者连续从事经营活动的地点。主营业地应体现航空公司营业的长期性、稳定性。

当然,如果承运人的住所地与主营业所在地重合,则《华沙公约》规定的四种管辖权实际上变成三种。

(四)承运人签订契约的机构所在地法院管辖的判例考察

《华沙公约》和《蒙特利尔公约》没有对运输合同和营业所进行界定和解释。在销售代理网络化情形下,法院如何认定合同签订地,客票签发地、代理方营业所、实际承运人营业所在地是否都为合同签订地? 各国存在较大分歧。

实践中,有些国家的法院为扩大司法管辖权或者保护本国公民的利益,对营业所采取宽泛解释以获得管辖权。例如,美国纽约法院在 1964 年的 Eck v. United Arab Airlines, Inc. 案中,原告机票是通过其他航空公司设在纽约的售票机构代理购买,法院以被告在纽约拥有一家售票机构认定纽约法院具有该案的管辖权。①

(五)乘客主要且永久居所地法院管辖的案例考察

乘客主要且永久居所地,是指事故发生时乘客的那一个固定和永久的居住地;旅客的国籍不得作为决定性的因素,即拥有第五管辖权的国家只有一个,并且不能单单考虑国籍因素。实践中,"主要且永久居所地"的判断取决于法院,一些国家可能由此扩大自己的管辖权。例如,在 Hornsby v. Lufthansa 案②中,法院试图根据《布莱克法词典》定义"永久住所"一词,其应被理解为"住所或固定居所,当事人可以根据自己的兴趣或一时的兴致离开,但他目前无意放弃"。尽管原告是德国居民,拥有德国的银行账户和医生,并在美国出售了自己的房子,但她从未打算成为德国或美国以外任何国家的永久居民。法院支持了原告,认为她的意图是考虑因素,原告可以基于

---

① 参见张云贵:《国际航空客运人身损害赔偿制度研究——论国际航空承运人对旅客的人身损害赔偿责任》,外交学院 2015 年硕士学位论文,第 14 页。

② Hornsby v. Lufthansa, No. CV07－07594, －Federal Supplement 2d－2009 Westlaw 116962 (C. D. Cal.).

第五管辖权选择诉讼地。① 又如,2014 年 3 月 8 日,马来西亚航空公司 MH370 航班客机从吉隆坡飞往北京途中失联。马来西亚政府 2015 年 1 月 29 日正式宣布航班失事,并推定机上包括 154 名中国乘客在内的 239 人全部遇难。MH370 的乘客除从马航购票外,还有 7 名旅客是从与马航代码共享的中国南方航空公司购票,其中包括一名中国籍乘客。依据 1999 年《蒙特利尔公约》的五个管辖权,从马航购票的旅客,原告可以选择向承运人住所地(马航住所地——马来西亚吉隆坡)、主要营业地(马来西亚吉隆坡)或者订立合同的营业地、目的地(马航 MH370 目的地为北京),或向旅客的主要且永久居所所在国(且承运人经营始发或到达该国的航空运输业务,同时承运人在该国有营业所)的法院提起。从马航营业所或其他代理机构购票,且该地加入《蒙特利尔公约》,则该地为订立合同的营业地。从网上购票的,在无约定的情况下,网上购票终端设备地即为合同签订地。对于旅客的主要且永久居所地,公约规定不能以国籍为决定因素,但公约未对主要且永久居所作出规定,具体标准须依法院地法,如中国籍乘客拥有美国等国的永久居留权,且有惯常居所,则其亲属可在这些国家起诉。对于那些通过与马航代码共享的其他航空公司购票的旅客,可同时或分别对缔约承运人(如南航公司)或实际承运人(马航)提起损害赔偿诉讼。② 2016 年,15 位失联乘客家属对 MH370 的承运人及其保险人提起诉讼至北京铁路运输法院。因 MH370 飞机制造商是美国波音公司,总部位于美国芝加哥,2014 年,根据美国民事诉讼中所谓的"长臂管辖权"(long arm jurisdiction),③来自马来西亚和印度尼西亚的十几位乘客家属委托律师,向伊利诺伊州库克郡巡回法庭对马航失联客机 MH370 的制造商波音公司和马来西亚航空公司提起索赔诉讼。

(六)"不方便管辖"原则对诉讼管辖选择权的冲击与认定

所谓"不方便管辖"原则(forum non conveniens),是指如法院认为案件由另一个法院审理对双方当事人更为方便且更能达到公正目的可不予受

---

① See I. H. Ph. Diederiks-Verschoor, *An Introduction to Air Law*, revised by Pablo Mendes de Leon in cooperation with Michael Butler, published by Kluwer Law International, 2012, p.242.

② 参见张云贵:《国际航空客运人身损害赔偿制度研究——论国际航空承运人对旅客的人身损害赔偿责任》,外交学院 2015 年硕士学位论文,第 33～34 页。

③ 长臂管辖权是英美法系民事诉讼管辖制度的一种,美国各州立法及联邦立法对此均有相应规定。其依据是"最密切联系原则",即只要被告和立案法院所在地存在某种"最低联系",而且原告所提权利要求和这种联系有关时,该法院就对被告具有属人管辖权,可以对被告发出传票,哪怕被告在州外甚至国外。长臂管辖权弥补了传统管辖权的不足,对丰富传统的属人管辖权有重要意义;但其一定程度上也存在不足,可能造成国际民商事案件管辖冲突的泛滥,有损国家司法主权,不利于保护当事人双方的合法权益,甚至引发国际争端。

理。法院在作出这个决定时,必须综合考虑:取得证据的方便程度、减少证人到庭的困难和费用、勘验现场的可行性以及其他各种使审判方便、快捷、节约的实际问题。同时要有至少两个法院对案件有管辖权,即原告可任择其一起诉时,法院才能行使这项裁量权。①

"不方便管辖"原则实际上是应对长臂管辖权、保护被告免受过度诉讼负担和恶意诉讼骚扰的有效保护措施之一。该原则最早被美国法院运用于国际航空诉讼的是1981年的Aircraft v. Reyno案,②宾夕法尼亚州联邦法院经审理,批准了被告基于不方便管辖原则请求拒绝管辖的动议,美国上诉法院第三巡回法庭推翻了宾夕法尼亚州联邦法院的判决,美国最高法院最后维持了初审法院判决。③后来在空难事故索赔诉讼实践中,一些来自他国的空难案件,被美国法院以"不方便管辖"原则为由驳回至空难发生国,如2009年的法航空难案、西加勒比航空公司空难案和中国包头空难案。

第三节　国际空难损害赔偿诉讼中"过失"的认定规则与判例考察

在人类航空活动发展史上,随着科学技术在航空领域的应用和对人的生命至上保护理念的加强,航空损害赔偿归责原则客观化的趋势日益突出。在严格责任原则倍受航空风险损害赔偿立法与司法"宠幸"之时,过失责任原则通过自身不断改造和发展改变了被打入"冷宫"的危险,以其顽强的生命力屹立于新蒙特利尔公约中,对协调航空安全保障与航空活动自由的利益冲突竭尽全力地发挥作用。面对弱者保护强化呼声的提高,过失责任原则透过安全注意义务的扩张,使"劫机事件"、"经济舱综合征"和"飞机疲劳损害"等人身损害找到了责任的归属与落实。从司法实践考察来看,对航空活动致人身伤亡损害,司法判例创造与适用了"违法视为过失"、"事实自证规则"、"成本效益原则"和"信赖原则"等过失判断的标准与规则;不仅彰显了过失责任原则自强不息、与时俱进的精神,也表现出对过失责任原则多视角考量的可行性。④

---

① 参见薛波主编:《元照英美法词典》,法律出版社2003年版,第575页。
② 454 U.S. 235, at 268 (1981).
③ 参见覃华平:《非方便法院原则在美国国际航空诉讼中的运用——从7.6韩亚空难事故管辖权谈起》2014年第1期。
④ 本节主要内容在下文基础上修改而成,参见郝秀辉:《论航空人身侵权赔偿中的"过失"》,载《法商研究》2008年第4期。

一、违法视为过失规则

(一)违法视为过失的含义

违法视为过失,是指民事责任虽然名义上仍保持过失责任主义的外衣,但在过失的具体判断标准上,与违法性的判断标准在实质上进行混合,违法性的存在即认为过失亦得成立。[①] "在没有特别正当事由存在的情形,违反制定法规则自动构成过错……所以法律必须被遵守,这就规定了一个严格的注意义务。[②]" 在英美法上,违法视为过失表现为"法律上的当然过失(NielgecneperSe)",在德国法上表现为《民法典》第823条第2款"违反保护他人的法律"型的侵权行为。[③]

在航空法规、从业行为守则和航空惯例等规定有安全注意义务时,航空承运人必须竭尽所能地维护和遵守这些规则和飞行操作程序标准,对这些规则和标准的违反极可能构成过失的证据。当然,如果承运人的注意义务来源于航空行政管制法规,遵守了行政管制法规不一定没有过失;因为航空行政管制法规与侵权行为法在规范对象和评价目标上有区别。它主要是从保护和培养航空业的经营者和从业者的角度制定的最小行为准则;尽管其中也有保护人的生命、健康和财产安全的内容,但与直接以保障和补偿受损的人身利益和财产利益为目标的侵权行为法不同。管制法规的内容如果达到侵权法上过失判断具体化的理想状态,可为侵权法上过失判断造成强烈影响;但管制法规没有涵摄的角落,还要依据侵权行为法的评价标准判断过失。因此,尽管违反管制法规不一定存在过失,但足以进行过失推定,除非被告能举证排除此推定。[④]

遵守了民航行业惯例也不一定没有过失,违反了民航行业惯例就一定构成过失,因为航空惯例并不必然代表航空承运人应有的注意标准。例如,飞行惯例可能只是一般飞行员所依循的飞行行为模式,而非理性飞行员应为的行为。采取飞行惯例的标准,无疑会降低飞行员的注意义务,尤其是在航空惯例中的行为标准较低时,达到航空惯例的注意程度是远远不够和不适当的。日本法院对以行业惯例作为过失判断基准的见解持否定态度[⑤],

---

① 参见邱聪智:《民法研究》,台北,五南图书出版公司2000年版,第205页。
② 参见[德]克雷斯蒂安·冯·巴尔:《欧洲比较侵权行为法》(上卷),张新宝译,法律出版社2001年版,第44~45页。
③ 参见程啸、张发靖:《现代侵权行为法中过错责任原则的发展》,载《当代法学》2006年第1期。
④ 参见于敏:《日本侵权行为法》,法律出版社2006年版,第135页。
⑤ 参见于敏:《日本侵权行为法》,法律出版社2006年版,第136页。

美国大多数州的法律也有类似规定。如航空公司在运营飞机上未配备安全设备就构成可诉过失,也许整个航空企业生产的设备都是如此的不安全,所有航空公司也都在使用该种设备,但事故中的乘客一旦因此主张航空公司的过失,航空公司则无法抗辩。因为提供给乘客使用的设备的安全标准并不是航空工业的生产标准,而应是航空公司在任何情形下都需合理注意的标准,尤其是在明知设备有缺陷依然使用的情况下,航空公司明显存在过失,因为这种带有缺陷设备的使用极有可能造成对乘客致害的事故。①

（二）违法视为过失规则适用的判例考察

各国航空法都规定有飞机起飞的最低标准,实践中有判例对违反此规定造成损害的情形即裁判过失。例如,有一架飞机起飞后飞进厚积云层中因无法目视而发生事故,目视条件和天气情况已经被早些飞行的飞机警告过,但该飞行员未直接和气象部门联系获取详细天气资料。审理法院认为,任何航空公司故意载运不知情乘客进入危险天气,造成乘客损害或死亡的,必须对此后果承担责任。② 航空公司的机组人员违反可视飞行规则,在暴风雪天气中起飞造成原告伤害,法院裁决被告航空公司对此伤害负有责任。③ 一架飞机在降落时撞山,证据显示飞行员有过失,因为航图明显显示在3000英尺以下飞越高山存在危险。飞行员抗辩是空中交通管制员指示其下降到2000英尺高度飞行,法院认为,飞行员应该知道把飞机置于这样的高度是危险的,飞机撞到山顶的情形应是飞行员能预知的,因此驳回其抗辩。④ 在 Baker v. Delta Airlines 案中,机上一位乘客打开原告头顶储物箱时,一个很重的小提箱掉下砸到原告。原告诉称,航空公司未遵守联邦航空条例和公司关于乘客随身携带行李最大重量的规则,因为有证据证明该小提箱超过许可最大重量,并且是机上乘务员帮助乘客储放的,航空公司对原告伤害存有过失。⑤ 又如,一架飞机配备的同一飞行机组人员值勤超过32小时,航空公司未给机组人员提供充足睡眠时间,违反了联邦航空条例的规则,最可能是空难事故发生的原因。⑥ 航空公司如果使用未经充分训练的驾驶员或副驾驶员进行飞行,或飞行中航空器遇到结冰、风切变、雷雨等重

---

① See Lee S. Kreindler, *Aviation Accident Law*, New York, Matthew Bender & Co. , Inc. Pub. 332, Rel. 34. August,1996. § 2. 10〔2〕p. 2 – 53.

② De Vere v. True – Flite,Inc. ,10 Av. Cas. (CCH)17239(E. D. N. C. 1967).

③ Gatenby v. Altoona Aviation Corp. ,407 F. 2d 443 (3d Cir. 1969).

④ Independent Air v. Tosini,23 Av. Cas. (CCH)18,344(Fla. Dist. Ct. App. 1992).

⑤ Baker v. Delta Airlines,Inc. , – S. E. 2d – ,24 Av. Cas. (CCH)18,146(Tenn. Ct. App. 1994).

⑥ Glassman v. Flying Tiger Line,Inc. ,9 Av. Cas. (CCH) 18,295 (N. D. Cal. 1966).

要气象情况,飞行机组人员未向航空公司或地面塔台及时报告,导致其他航空器进入此区域而发生事故,其具有可诉过失,因为其违反了法定的注意义务。

(三)违法视为过失的判断与裁量

关于航空承运人安全注意义务的有无以及是否违反的问题,航空承运人对法定安全注意义务的履行是否适当? 法官虽有自由裁量权,但因不同环境下航空承运人的注意义务和注意程度不同,法官必须以"合理人"的标准并依据社会公共政策的变化来判断和把握。在英美侵权法上,如果航空承运人行为时的情况比通常情况更具危险性,其行为仅符合法律规定也不必然具有合理性,因为行为人此种情形下有义务采取超过法定最低要求的预防措施。

法官在裁量安全注意义务时涉及对注意程度和损害后果的判断。普通法与罗马法将注意程度均分成一般注意(ordinary diligence)、特别注意(extraordinary diligence)和轻微注意(slight diligence)三种。航空活动一般要求尽到"特别注意"的程度。

在美国航空实践中,针对航空承运人应尽何种程度的注意义务问题,各州曾分成两派。大多数州遵循的传统观点是,作为公共承运人的航空公司应尽"最高程度的注意",这种注意标准源于公共承运人应该保护乘客免受道路的各种风险。但是,这种注意标准随着航空业的成熟和"承运人并不是乘客安全的保险人"观念和规则的影响而有所变化,一些州或不再遵循,或表明其适用存在重大问题。纽约州许多早期案件,如 20 世纪 40 年代的 Levine *v.* Long Island R. R 案和 Barbato *v.* Vollmer 案,明确公共承运人有最高程度的注意义务。但到 1986 年,纽约上诉法院创立新观点,即公共承运人与其他侵权行为人负有相同标准的注意义务,其根据情况仅对乘客负有相当合理的注意义务。到 20 世纪 90 年代 Levy *v.* American Airlines 案、Plagianos *v.* American Airlines 案、Karuba *v.* DeltaAirLines 案和 Stagl *v.* Delta Airlines 案等案例,对该标准的合理性更是给予极大怀疑①。这种变化的原因在于:美国先进的科技手段在航空领域的不断应用,使航空事故原因的查明已不是难题,航空承运人与汽车或自行车的驾驶人没有本质差别,负有相当合理的注意义务足以平衡相关利益冲突。

① Lee S. Kreindler,*Aviation Accident Law*,Matthew Bender & Co. ,Inc. Pub. 332,Rel. 34. August,1996. § 2. 07 p. 2 – 29.

二、事实自证规则

(一) 事实自证规则的内涵①

事实自证规则一语源自罗马法,原意为"事实说明自己"②。该制度起源于 1863 年英国法官 Pollock 对 Byrne v. Boadle 案 ③的裁决,法官在与被告律师争论时随口说出的拉丁语 *res ipsa loquitur*,随后被用来指称他在此案中所创建和应用的判案原则,又称"事情不言自明",简言为"事实自证"。事实自证规则在英美侵权法中有非常独特的地位。该制度的本质是允许陪审团或法官在某些特定情形下,根据足够的间接证据便可作出被告存在过失的结论,裁定被告对原告承担责任。④

实践中,有些航空判例对事实自证规则进行了定义。例如,美国最高法院在 Sweeney v. Erving⑤ 判例中,认为事实自证的意思是指事件的事实担保过失推定,不是强迫这种推定;在事件的直接证据可能缺失的情况下,提供了过失的间接证据不是必然的充分证据,须由法官权衡,决定其是否适用。对法官而言,当所有证据都有争议时,事实自证使原告有了优势。总之,依据美国航空判例法,如果涉事航空器在被告专有控制下,且事故在没有过失情况下通常不会发生,法院就可以从事故发生推断被告存有过失。

事实自证规则被认为是对环境证据(circumstantial evidence)⑥的证明力的常识评价。⑦ 事实自证规则的原始形式属于侵权法上过失推定的范畴,允许从常规的环境证据和平常事件中进行过失推定,但该规则比简单的普通推定要复杂得多。过失推定依据运用的形式和效果,可分为过失的"事实推定"和过失的"法律推定"。英美法上的"事实推定过失"与德国法上的

---

① 本部分内容主要参见郝秀辉:《事实自证规则适用的考察与分析——以美国航空侵权为视角》,载《社会科学战线》2009 年第 7 期。

② W. Prosser, *The Procedural Effect of res ipsa loquitur*, Minnesota Law Review, vol. 20. 3, 1936, p. 342.

③ 2 H. & C. 722, 159 Eng. Rep. 299 (1863).

④ 参见许传玺:《侵权法事实自证制度研究》,载《法学研究》2003 年第 4 期。

⑤ 228 U. S. 233, 240, 33 S. Ct. 416, 57 L. Ed. 815 (1913).

⑥ 指案件发生时周围事物所构成的证据,又称情况证据、环境证据、旁证、间接证据。

⑦ Foltis, Inc. v. City of N. Y., 287 N. Y. 108, 114 – 15, 38 N. E. 2d 455, 459 (1941). See also Calabretta v. National Airlines, 16 Av. Cas. (CCH) 17, 325 (E. D. Pa. 1981). 原告主张飞行后遭受到耳朵损害,事实自证禁止对被告即决审判(指未经陪审团听审而做的判决)。

"外观证明"、日本法上的"初步推定"理论属于事实推定的主要代表。①

事实自证规则适用的条件是:(1)造成伤害的工具由原告控制或管理;(2)按照当时的环境,根据一般经验和常识,如果没有被告的疏忽大意,事故不会发生;(3)原告所受伤害是事故造成的,被告如要推翻此项推定,必须提出相反证据。②

(二)事实自证规则在航空侵权领域的地位变迁

事实自证规则在航空事故法中的应用有个变迁过程。在早期英美侵权法上,该规则在法理上是"原则"或"证据规则"还是"证据方法",并不清晰;因航空事故的技术原因,人们对此类事件积累的经验和相关常识非常少,难以判断航空事故在没有过失情形下是否会发生。

在美国航空运输业发展初期,事实自证规则对航空事故被拒绝适用③,或至少存在异议④。随着航空领域的先进技术应用,航空安全日益增强。航空业进入成长期后,事实自证规则的运用逐渐被认同,法院开始认识到航空案件可以适用事实自证规则。如1951年美国航空保险诉讼协会副董事长Robert A. McLarty报告说,在原告主张适用事实自证规则的24个航空事故案中,有22个案件判决对被告适用了该规则。1958年联邦法院法官在Rorabaugh v. Northwest Airlines案件中对原告律师没有运用事实自证规则曾进行暗示性的批评。⑤

从判例考察来看,在1935年Boulineeaux v. City of Knoxville案⑥中,一小飞机的发动机发生故障,法院拒绝适用事实自证规则,认为飞机运营时发动机发生故障坠落是一种普通寻常的情况。⑦ 但25年后,同一法院却对飞机失事案适用了事实自证规则⑧,并认为早期审理案件时,航空交通还处于未成熟阶段,"二战"以来,飞机已是相对安全的交通工具,法院应该顺应

---

① 参见邱聪智:《从侵权行为归责原理之变动论危险责任之构成》,中国人民大学出版社2006年版,第66~69页。

② 参见薛波主编:《元照英美法词典》,法律出版社2003年版,第1188页。

③ Sweeney v. Erving 228 U. S. 233,240,33 S. Ct. 416. 57L. Ed. 815(1913); Slater v. Bames,241 N. Y. 284,149 N. E. 59(1925).

④ Lee S. Kreindler,*Aviation Accident Law*,Matthew Bender & Co. ,Inc. Pub. 332,Rel. 34. August,1996. 2.09[2]p. 2-33.

⑤ Rorabaugh v. Northwest Airlines,Inv. ,5 Av. Cas. (CCH)18,100(S. D. N. Y. 1958).

⑥ 20 Tenn. App. 404,99 S. W. 2d 557 (1935).

⑦ Brewer v. Thomason, 215 Ark. 164, 219 S. W. 2d 758 (1949); Wilson v. Colonial Air Transport,Inc. ,278 Mass. 420,180 N. E. 212 (1932); Rochester Gas & Electric Corporation v. Dunlop,266 N. Y. Supp. 469,148 Misc. 849 (1933).

⑧ Capital Airlines v. Barger,47 Tenn. App. 636,341 S. W. 2d 579 (1960).

事实自证规则可以适用于飞机案的现代判例趋势。考察发现,事实自证规则在航空领域的适用,与该规则在其他交通领域的适用有关。例如,哥伦比亚地区法院曾经说过,当铁路交通方式还处于幼稚期时,事实自证规则早在1844 年就已被适用于铁路。航空的快速发展已足以和铁路、船舶相竞争,支配于其他公共承运人的事实自证规则也应当平等适用于航空交通。①

目前,事实自证规则虽然几乎在美国所有法院航空事故案中被运用,包括那些先前拒绝运用的法院;但是,事实自证规则应否适用于航空事故,还是存在反对观点。有的认为,空中航行风险的特殊性阻止该规则适用于空难事故,因事故原因众多。② 此外,美国各州对该规则在航空领域的适用,也非完全同步和等齐划一,例如,在密歇根州和宾夕法尼亚州,事实自证规则的运用多年都没能决定。在 Burghardt v. Detroit United Railway 案中,密歇根州最高法院宣布不会适用事实自证规则。在 Conover v. Hecker 案中,密歇根州最高法院裁定,事故的环境在没有过失的直接证据情形下也可推断过失,事实自证仅是环境证据的形式之一。③ 在宾夕法尼亚州,关于事实自证的判例至今也是非常混乱。事实自证规则的适用限于公共承运人④案件或原被告间存在合同关系的案件。⑤ 如在 Curtis-Wright Flying Service,Inc. v. Glose 案⑥中,原告的亲属(死者)曾是公共承运人的机上乘客,法院裁决,只要证据显示飞机在工厂近处田地着陆、离地 25 英尺时坠落,否定过失的举证责任就转移到被告身上。但在私营飞机失事案中,如 Rennekamp v. Meloby Co. 案⑦,虽是相同请求,宾夕法尼亚州法院却适用与公共承运人案不同的"专有控制"规则。显然,宾夕法尼亚州的法院试图区分"专有控制"规则

---

① Smith v. Pennsylvania Central Airlines Corp. ,76 F. Supp. 940(D. D. C. 1948). See also United States v. Kessinger,190 F. 2d 529(10th Cir. 1951);Haasman v. Pacific Alaskan Air Express, 100 F. Supp. 1(D. Alaska 1951),aff d,198 F. 2d 550(9th Cir. 1952),cert. Denied,344 U. S. 922(1953);Becker v. American Airlines, 200 F. Supp. 839(S. D. N. Y. 1961).

② Lee S. Kreindler,*Aviation Accident Law*, New York,Matthew Bender & Co. ,Inc. Pub. 332,Rel. 34. August,1996. § 2. 09[2]p. 2 – 33.

③ Lee S. Kreindler,*Aviation Accident Law*, New York,Matthew Bender & Co. ,Inc. Pub. 332,Rel. 34. August,1996. § 2. 09[5] p. 2 – 42.

④ 公共承运人(common carrier)与合同承运人(contract carrier)或私营承运人(private carrier)相对,指为一般公众在特定地点之间有偿运送货物或旅客的人。按照惯例,公共承运人对所运货物的损失承担绝对责任,除非该损失是由于托运人的行为或过错、敌国的行为或货物本身的缺陷造成的。从事旅客运输的公共承运人仅承担过失责任。参见薛波主编:《元照英美法词典》,法律出版社 2003 年版,第 260 页。

⑤ Miller v. Hosey,4 Av. Cas. (CCH) 17,133(Pa. Ct. C. P. 1953).

⑥ 66 F. 2d 710(3rd Cir. 1933),cert. Denied 290 U. S. 696(1933).

⑦ Rennekamp v. Meloby Co. ,4 Av. Cas. (CCH) 17,146(Pa. Ct. P. 1953).

和适用于公共承运人的事实自证规则。"专有控制"规则的要件之一是要求被告具有优越知识,而该要求对事实自证规则不存在。①

值得庆幸的是,在 1975 年 Gilbert v. Korvette's 案②中,宾夕法尼亚州最高法院结束这种混乱,明确采用事实自证规则。根据该案裁决,过失推断可在下列情况下获得:(1)事件属于没有过失通常不会发生的类型;(2)其他可能原因被证据充分排除;(3)过失在被告对原告的义务范围内。法院强调,事实自证既不是程序规则也不是实体侵权法规则,仅是过失的一个证据规则。

(三)事实自证规则适用的判例考察

事实自证规则经常被运用于航空器失事和航空器的坠落物致第三人损害情形。③ 例如,在 1949 年 Northwestern National Insurance Company et al. v. United States of America 案④中,一架歼击机失事坠落于芝加哥的一座建筑中并起火。法院认为,原告通过确定航空器在侵权行为人的经营和控制下,如果给予适当注意该事故通常不会发生,就已列出过失的表面证据。在 1951 年 United States v. Kesinger et al. 案⑤中,一架航空器起飞过程中失事坠落,损坏了农田的建筑物。法院认为,造成损害的"物"在损害发生时完全在被告控制下,如果被告尽了适当注意,通常不会发生事故,因此可适用事实自证规则。法院认为 1927 年 Sollak v. State of New York 案就是一个对飞机事故适用事实自证规则的先例⑥。

在航空器坠落物造成第三人损害的情形下,也适用事实自证规则。例如,在 1950 年 D'Anna v. United States 案⑦中,涉案航空器与其他 69 架航空器在进行公开表演期间,航空器俯冲时,被铁钩子系在容器架上的油箱脱落,坠落到水果市场,造成地面人员伤害和财产损害。法院裁定被告有责

---

① Lee S. Kreindler, *Aviation Accident Law*, New York, Matthew Bender & Co. , Inc. Pub. 332, Rel. 34. August, 1996. § 2. 09[6] p. 2 –43.

② 457 Pa. 602, 327 A. 2d 94 (1975).

③ D'Anna v. United States, 181 F. 2d 335 (4th Cir. 1950); United States v. Kesinger, 190 F. 2d 529 (10th Cir. 1951); Skeels v. United States, 72 F. Supp. 372 (W. D. La. 1947); Kadylak v. O'Brien, 1 Av. Cas. (CCH) 943 (W. D. Pa. 1941); Norden v. United States, 187 F. Supp. 597 (D. R. I. 1960); Parcell v. United States, 104 F. Supp. 110 (S. D. W. Va. 1951).

④ Northwestern National Insurance Company et al. v. United States of America (1949), CCH 2 Avi. At 14,965 sub 3 and 4.

⑤ United States v. Kesinger et al. (1951). CCH 3 Avi. , p. 17,611.

⑥ New York Court of Claims, October 14, 1927, 1 CCH Avi. 99. 该案案情是一架国家航空器和一辆汽车在一个公共高速路上相撞,原告通过援用事实自证原则成功地提出了过失推定。

⑦ D'Anna v. United States (1950), CA4 Md 181 F2d 335, 3 CCH Avi 17171.

任,并认为被告提出的反驳过失推定的证据过于模糊并不合要求①。在1956 年 Goodwin *v.* United States 案②中,原告的渔船被海军部队航空器投放的演习炸弹击中沉没,原告根据联邦侵权赔偿法③对政府提起诉讼,但原告未提出政府的过失证据,该案判决被告给予原告以补偿也是适用了事实自证规则。

在飞机"相撞"或"相扰"致害情形下,因此种致害是共同过失造成的,事实自证规则一般难以适用。例如,在 Lejeune *v.* Collard 案④中,法院指出,事实自证规则不适用于双方或多方共同过失的情况。⑤ 相反,在 Smith *v.* O'Donnell 案⑥中,加利福尼亚州的法院对飞机相撞适用了事实自证规则。法院认为,该案适用事实自证规则的理由是承运人依法对乘客负有高度注意义务,如果承运人尽到了这种注意义务,相撞通常不会发生。⑦ 显然,加利福尼亚州的法院撇开了适用事实自证规则所需的"必要排他控制"这个条件。事实自证规则可以发挥将解释负担转移给被告的政策功能,一般而言,被告在揭示相撞事故原因上比乘客处于更有利的位置。⑧

事实自证规则适用于炸弹爆炸的情形是含糊的。在1935 年 Boulineaux *v.* City of Knoxville 案⑨中,法院拒绝适用事实自证规则,原因是飞机在运行中没有任何行为干预的失速和坠落是普通而非异常事件。其实,事实自证规则不适用于炸弹爆炸的情况,是因为炸弹爆炸不是那种没有被告过失就不会发生的事故类型。⑩ 在炸弹案中,航空公司缺少"专有控制"的必要条件。但是,随着技术的快速发展,包括很多金属探测器、X 射线扫描机和高级心理测试技术等在航空领域的使用,发现可疑乘客、炸弹藏匿处所或其

① See Speiser & Krause, *Aviation Tort Law*, vol. 1, The Lawyers Co-operative Publishing Co. & Bancroft-Whitney Co. ,1978,p. 148.
② Goodwin *v.* United States, (E. D. N. C 1956) 141 F. Supp. 445.
③ 28 U. S. C. (1952) §1346 (b).该法在很大程度上放弃了联邦政府承担侵权责任的豁免权,规定联邦官员执行职务的过失或不法的作为或不作为而产生的损害,都应承担赔偿责任,而且赔偿数额也不受限制。该法是美国政府侵权赔偿方面起着中心作用的法律。该法通过后曾在1966 年、1974 年、1988 年等多次修改。
④ 44 So. 2d 504 (La. Ct. App. 1950).
⑤ Id. ,citing Dunaway *v.* Maroun,178 So. 710,712 (La. Ct. App. 1937).
⑥ 215 Cal. 714,12 p. 2d 993 (Sup. Ct. 1932).
⑦ Smith *v.* O'Donnell,215 Cal. 714,12 p. 2d 993 (Sup. Ct. 1932), citing Housel *v.* Pacific Electric Railway Co. ,167 Cal. 245,139 p. 73,75 (1914).
⑧ Lee S. Kreindler,*Aviation Accident Law*,New York, Matthew Bender & Co. ,Inc. Pub. 332,Rel. 34. August,1996. §2.09[3] p. 2 –38.
⑨ 20 Tenn. App. 404,99 S. W. 2d 557 (1935).
⑩ 例如,1988 年洛克比空难事故原因至今悬而未决,本案不可能适用事实自证规则。

他故意破坏行为已经不是难事,依据事实自证规则推断过失已证明是合理的。① 因此,在航空安全检查时,因航空公司或机场没有或不正确执行航空安保措施,以致劫机罪犯混进航空器内,就足以推定航空公司或机场过失的存在,因为他们完全可以凭借安检技术和仪器检查和探测出危害航空安全的危险物或人,此时的被告足以构成安全保障义务的违反,这种义务可能来源于有关法律或行政法规的明确规定、司法裁决/判例、航空章程及细则,也可能是直接源于航空惯例或其自身先前的行为。

综合所述,在美国判例法上,航空事故的发生不是自动适用事实自证规则的充分理由,援用这个规则的可能性如同中彩票:有些案例承认这个规则,如 San Diego Gas & Electric Co. *v.* United States 案②;有的案例却不接受这个规则,如 1952 年 Williams et al. *v.* United States 案③和 1964 年 Leventhal *v.* American Airlines 案④。同时,事实自证规则在有些州表现为举证效力;有的州表现为解释效力;有的州仅是创立一种许可推断,法官有拒绝的自由;有的州在援用事实自证规则前要求被告有优越知识;还有的州通过其他规则来达到该规则适用的结果;有的州确认单一具体过失的请求足以否决原告运用该规则的权利;而在其他州却要求适用该规则要与具体证据有某种联系。正是因为事实自证规则本身的复杂和经常变动,难以预料法院对事实自证案会作出怎样的处理。但不可否认的事实是,随着航空业的飞速发展和先进技术的应用,事实自证规则在航空领域运用的合理化已成为一种趋势。

(四)对事实自证规则运用原理的思考

通过上述大量判例的考察,不难发现,事实自证规则的运用在航空领域并非畅通无阻。虽然各判例对其适用条件的要求比较混乱,还是有些概括

---

① Lee S. Kreindler, *Aviation Accident Law*, New York, Matthew Bender & Co. , Inc. Pub. 332, Rel. 34. August, 1996. § 2. 09[3] p. 2 – 39.

② San Diego & Electric Co. *v.* United States (1949, CA9Cal) 173 F. 2d92, as cited by T. L. Kruk, Res Ipsa Loquitur in Aviation Accidents, 25 ALR4th 1237, p. 1283 (1983). 案情:一架指导学生的飞行员操控的政府航空器撞击电线后失事,电线所有者诉求适用事实自证规则。法庭同意援引事实自证规则,因失事前过失持续 5 秒的举证未能被反驳。

③ Williams et Al. *v.* United States, 218 F. 2d 473 (5th Cir. 1955). See also 4 Avi 17187 (District Court Decision, October 23, 1953). 案情:1952 年,美国空军一架喷气轰炸机爆炸解体,机上部件和物件落地后引起火灾。原告的两个未成年孩子和家人被严重烧伤后死亡。上诉法院认为,航空器在被告绝对控制下是不充分的,如果给予适当注意,事故通常不会发生,如果不能证明这个,补救基础就不存在。该案说明:法庭对于航空器因何在空中突然爆炸并没有技术知识,被告如要免责,必须证明原告提供的过失证据都不成立。

④ Leventhal *v.* American Airlines, In. , 347 Mass. 766, 196 N. E. 2d 924 (1964). 在新泽西州的被告所有和经营的一架飞机上,原告因遭受乘客的伤害而对被告提起诉讼,根据管辖地——马萨诸塞州法律,该案没有适用事实自证规则。

性结论。例如,美国侵权法学者 Prosser 将事实自证产生的过失推断概括为三种情况:(1)没有人的过失,事故一般不会发生;(2)造成损害的工具在被告专有控制之内;(3)原告共同行为的可能性被消除①。Wolff 运用排除法列举了不适用事实自证规则的情况:(1)没有证据证明航空器在被告的绝对控制之下;(2)没有人的作用不会有航空器失事的异常发生;(3)经验不足以证明事故缺乏过失就不会发生。②

值得注意的是,在航空侵权领域,如果被告确定有违反法定航空交通规则、未进行适当检查、在紧急严重的暴风雪情况下进行飞行或其他未尽适当注意情况的,原告提起过失诉讼时,事实自证规则不被允许援用,因为在程序法上,原告主张了具体的过失作为其诉因的基础,就不能再适用事实自证规则。③

从 1948 年 Smith et al. *v.* Pennsylvania Central Airlines Corporation 案④的法院判决,可以发现,事实自证规则的基础是双重的:首先,如果事故中涉事器械装置完全由被告专有控制,由被告负责解释事故如何发生和为什么发生,比原告更有利;其次,如果事故不常见,没有人的行为,事故一般不会发生,由此推定被告存在一些过失是合理的。但必须注意的是,事实自证规则并不必然导致过失的结论性推定,它甚至排除这种推定,它仅是许可这种推定并要求被告解释。事实自证规则并不是对被告施加并不存在的责任;事实如是被告没有可归咎的过失,他就没有责任。事实自证规则没有将证明负担分配给原告,而是要求被告提供事故原因的说明;在没有合理解释的情况下,法官就可以裁定事故是由被告的过失造成的。⑤

不难看出,事实自证规则的适用,允许推定有过失的被告进行反证;该规则不是必然地为原告提供过失推定,而是允许被告解释事情出错的原因,随即由法官进行评价。该规则的核心观点是,过失的推断从法律上足以满足原告的证明负担,使其案件能够绝处逢生,法官随即可以决定是否选用过失推断的方法。⑥ 通过上述考察和分析,有关事实自证规则在美国航空事故领域的运用,可以得出以下结论:

(1)事实自证规则在航空领域的运用和扩张与技术、知识相关。在航空侵权领域,航空技术知识的一般标准在决定事实自证规则的适用中发挥重

---

① Prosser, *Law of Torts*,4th ed, West Publishing Co. ,1971,p. 291.

② W. C. Wolff, *Liability of Aircraft Owners and Operators for Ground Injury*, 24 JALC 204,p. 212 (1957).

③ Clagett *v.* moore,48 App. D. C. 410 (1919).

④ Smith et al. *v.* Pennsylvania Central Airlines Corporation (1948),CCH 2 Avi,14,618.

⑤ Smith et al. *v.* Pennsylvania Central Airlines Corporation (1948),CCH 2 Avi,14,620.

⑥ See Dobbs & Hayden,on Eaton *v.* Eaton, 119 N. J. 628,575 A. 2d 858,1990,p. 175 – 177.

要作用。例如,1955 年 Williams v. United States 案①在今天的判决会不同。本案原告因一架喷气式飞机失事造成地面损害而起诉,但请求被驳回。法院裁定,喷气式航空器的经验不足以证明应用事实自证规则是正当的,我们没有喷气式飞机为什么会发生半空爆炸的知识,在缺少证据显示这种事故要不是过失就不会发生情况下,就没有追诉的基础。②

在运用事实自证规则时,是否要求被告必须具有比原告更多、更优越的知识呢?换言之,被告主张其与原告一样,对航空事故的发生没有任何相关信息或知识时,是否就不能适用事实自证规则推定被告的过失呢?这个问题的确有些困惑。例如,在 Beckman v. Des Marais③ 案中,被告辩称飞机失踪时,不能适用事实自证推定自己的过失,因为在这种事故中,各方具有同等的信息知识途径。但法院认为,优越的知识不是事实自证适用的要件,只要双方对飞机失踪情况都是同样无知,事实自证规则就可以适用。④

(2)事实自证规则并非原告能够经常完全依赖的规则。航空事故领域援引事实自证规则的目的,就是帮助证明过失;这种事实自证规则与过失的结合,为第三人损害赔偿诉讼提供了一个充分基础。但是,事实自证规则作为一种过失推定、一种过失的"许可推论"和一种证明负担向被告的移转,判例法对它的定义差异甚大。正如 Goldin 所言,"关于事实自证原则,航空法充满了混乱。该规则对航空事故适用的方向和趋势不会错,无论地面还是空中,过失规则一般都可以适用,但事实自证规则对航空事故的适用,在航空法上呈现一种不确定的范围"。⑤ 实践证明,Goldin 所言具有某些正确性,因为事实是:被告的辩护律师确实可以令法官信服航空事故是由偶然事件而非航空器经营人欠缺适当注意造成的,所以,事实自证规则在美国航空诉讼中不是原告能够经常完全依赖的。⑥

---

① 218 F. 2d 473,476 (5th Cir. 1955).
② Lee S. Kreindler,*Aviation Accident Law*,New York,Matthew Bender & Co. ,Inc. Pub. 332,Rel. 34. August,1996. § 2. 09[3] p. 2 - 34.
③ 100 F. Supp. 1 (D. Alaska 1951),aff d,198 F. 2d 550 (9th Cir. 1952),cert. Denied,344 U. S. 922 (1953).
④ Lee S. Kreindler,*Aviation Accident Law*,New York,Matthew Bender & Co. ,Inc. Pub. 332,Rel. 34. August,1996. § 2. 09[3] p. 2 - 41.
⑤ A. J. Mauritz,*Liability of Operations and Owners of Aircraft for Damage Inflicted to Persons and Property on the Surface*,Shaker Publishing,2003,p. 183.
⑥ Information received from G. N. Tompkins, Jr. , *Claims arising from 11 September 2001—The current situation*, talk givin at the Annual Meeting of the European Air Law Association, Stockholm,Sweden,on 22 November 2002. A. J. Mauritz, *Liability of Operations and Owners of Aircraft for Damage Inflicted to Persons and Property on the Surface*, Shaker Publishing,2003, p. 185.

（3）运用事实自证规则对航空事故进行过失推定的公平性受到质疑。早在 1938 年,Knauth 就提出:飞机失事通常杀死所有机上人员和内部目击者"黑匣子",残骸通常被烧毁或沉入水下,航空器在空中和非地面上被追踪的路径不能重建,很少有外部或中立目击者,空中航道不容易被观察到,事故突然,按说我们应当适用事实自证规则,但它是很麻烦、未决的证据规则,充其量是人类发明的一种权宜之计,以此来帮助原告克服过失举证规则的巨大障碍。[①] 美国法学会在 1964 年和 1965 年也承认航空事故一般是过失的结果,但事实自证规则有时可以利用。[②]

从实践看,事实自证规则确实不是在严格责任和过失之间提供一个公平合理的妥协,因为它允许被告为反对过失推定或表面证据进行解释和说明,也不影响过失的抗辩。[③] 事实自证规则的运用终归取决于法官的自由心证,在任何时期,无论如何也无法保证所有的法官都能公平、公正地自由裁量。

三、成本—效益规则

（一）成本—效益规则的含义

成本—效益规则,即是汉德法官提出的汉德公式:B（预防事故的成本）< P（事故发生概率）L（事故发生后的损失）。简言之,谨慎的边际成本增加会导致事故发生的成本减少,即潜在的加害者以较少的预防事故成本就能避免较大的事故损失,而其却没有采取预防措施来避免事故的发生,从效益观点看,被告是有过失的。在过失责任下,当 B < P L 时,潜在的加害者就应该设法避免事故;当 B > P L 时,就不用花费成本去避免事故。

（二）成本—效益规则适用的分析

对于航空事故致人伤亡的侵权责任而言,无论在何种情况下,B > PL 的情形都不会出现,航空承运人预防事故的责任是不可能完全被豁免的,因为航空事故导致乘客等人严重的身体伤害和死亡对人们造成的负担远远大于增加的预防措施对承运人造成的经济成本。从社会成本（事件各方的成本之和）的角度考量,对人生命的尊重和安全价值的追求,永远大于对航空承运人行为自由价值的限制,这是侵权责任法发展的趋势。航空公司为防止

[①] See A. W. Knauth, *The Uniform State Aeronautical Liability Act Adopted at Cleveland*, 1938, 9 ALR 352, p. 353.

[②] See The American Law Institute, *Restatement of the Law Third*, Council Draft No. 2, 2000, p. 131.

[③] See W. C. Wolff, *Liability of Aircraft Owners and Operators for Ground Injury*, 24 JALC 204, 1957, p. 214 – 216.

损害而采取高度的注意、谨慎和各种防范措施,即使这些措施要付出一定的成本代价也是值得的;因为它不仅可降低或避免事故发生率,而且为航空公司争取到良好声誉、效益增加和长远发展。成本—效益规则对航空承运人过失责任的判断是合理可行的,是经济分析方法对过失责任逻辑推演的体现,可以成为判断航空过失责任的常用规则。

例如,航空承运人不能超速飞行,是因为他获得的额外收益小于给他人造成的额外风险,对超速飞行的预防成本小于超速飞行危险的损害。航空承运人的行为具有公共价值,这一判断直接影响法官对行为过失的判定。

四、信赖原则

(一)信赖原则的内涵

"信赖原则"是指行为人实行某种危险行为时,可以被信赖其能严格按照规则行事,采取适当的行动和合理的谨慎,如果行为人无视规则,违反信赖原则,那么应对损害后果承担相应的法律责任。

航空活动领域是一个有严格规则的社会领域,该领域所有参与人的安全和利益不仅有赖于自己遵守规则,还有赖于相关各方也遵守规则,彼此可以合理的信赖和期待对方能够按规则活动。正是因为如此的信赖,航空运输飞行活动虽然会对人们生活安全产生高度危险,但也被期待存在和发展。当然,所有航空运输承运人也都被信赖能够遵守航空规则,不会无视规则或恶意违反规则。

在社会生活中,受害人和加害的行为人接触时,如果不信赖该行为人能够按理性人一样实施行为,社会生活就无法圆满进行,尤其是在现代的高度技术社会,社会生活建立在信赖之上的情况越来越多。在社会成员的行为背叛了遵守注意义务的信赖时,被允许"以有过失的侵权行为"请求损害赔偿,其归责根据即是"信赖原则"。① 由此可见,信赖是决定注意义务存在与否的重要因素之一。

(二)航空事故领域适用信赖原则的判例考察

由于航空运输的高成本、高风险和高技术性,乘客在乘机时对航空承运人的运输安全性和准时性给予了无限的信赖和期待;基于这种信赖和期待,承运人负有高度注意义务,应采取"一切必要措施"将乘客安全、准时送达目的地,应依据具体情形采取谨慎、积极的关怀与照料,履行承诺,否则就要对因违背允诺所致损害承担过失责任。例如,在 DeVito *v.* United Airlines &

---

① 于敏:《日本侵权行为法》,法律出版社 2006 年版,第 119 ~ 120 页。

Douglas Aircraft Co. 案①中,航空公司因信赖航空器生产商的设备质量,没能防止危险的二氧化碳进入飞机座舱,结果引发航空惨案。法院认为,航空公司对生产商的信赖并不能减轻其对乘客应尽的最大限度的注意义务。因乘客与航空公司之间有合同关系,航空公司必须对设备缺陷负责,其不仅对经营技术和注意义务负责,还要对那些提供设备和机械者的技术和注意负责。对生产商的信赖不能成为航空公司的抗辩理由,当然,这不影响航空公司对生产商的诉权,同样也不影响乘客对生产商的诉权。航空公司应对生产商未发现的设备缺陷所致乘客损害负责,乘客也可以追究生产商的连带责任。又如,2011 年,加拿大航空公司一架从多伦多至苏黎世的 AC878 航班上 95 名乘客由于飞机突然俯冲而受伤,航空公司告知飞机紧急俯冲是由突如其来的湍流引起的,但是,加拿大运输安全委员会(TSB)的调查报告指出,事故是因飞行员疲劳不清醒,误认为飞机要与美国军用飞机相撞而进行飞机紧急俯冲造成的。2012 年,95 名乘客对加拿大航空公司提起集体诉讼,要求赔偿 2000 万美元。显然,涉案航空承运人一方的飞行员违背了乘客对其能够以高度注意义务对待飞行行为的信赖,明显存在过失。

第四节 空难事故损害赔偿诉讼的司法调查:问题与建议

"司法调查",是指国家司法机关及其司法人员依照法定职权和法定程序,具体运用法律处理案件的专门活动。司法调查目的是确定空难事故发生的真正原因。

空难事故损害赔偿的司法调查涵盖空难事故案件的起因、过程、结果等要素,寻找各环节的逻辑联系、因果关系及其证据支撑,据此获寻事故性质和正确结论。司法调查的对象很多,包括空难发生后立即赶往空难现场的消防人员、救护人员和警察等人员,尤其是对警察的调查也有很大意义。因为警察在空难事故后会第一时间到达事故地点、对事故现场进行警戒和控制、迅速提供相关事故信息,并依据事故程序和手册发出相关警示,依据事故情况优先采取可能的救助措施,还能确保事故现场航空器残骸和碎片不被破坏和挪动,这为事故的司法调查提供便利和发挥重要作用。

① Lee S. Kreindler. *Aviation Accident Law*, New York, Matthew Bender & Co., Inc. Pub. 332, Rel. 34. August,1996. §2. 13[11]p. 2 - 127 ~ 2 - 128.

一、空难事故调查的种类①

国际民航组织在其起草的一系列条约和措施中明确提出将技术调查和司法调查分离,技术调查只涉及事故的技术原因,司法调查则对职责和责任予以认定。独立的事故调查机构是保证事故调查排除各种利益和行政权力干扰的必要前提,也是使事故调查过程和调查报告具有客观性、公正性和权威性的重要保障。② 根据空难事故调查目的和调查机构的不同,空难事故调查包括技术调查和司法调查。

(一)空难事故的技术调查

芝加哥公约附件13《航空器事故和事故征候调查》作为国际标准和建议措施,明确规定:"事故调查的唯一目的是查明事故原因,防止类似事故再次发生,而不是为了分摊过失或责任;任何分摊过失或者责任的司法或行政程序应与技术调查区分开。"国际民航组织还明确要求"国家立法和规章应该使技术调查与司法或行政程序保持分离,分摊过失或责任不是事故调查部门的任务"。

调查机构的独立性和权威性是事故调查的核心。为保证事故调查的客观性、公正性、可信性,事故调查须有专门机构负责:有的是政府机构组建,如成立于1967年并被视为独立调查机构鼻祖的美国国家运输安全委员会、法国航空事故调查与安全局(BEA)、英国交通部航空事故调查局(AAIB);有的独立于政府机构,尤其是交通运输监管部门和司法部门,有的是独立于航空安全监管机构。③ 芝加哥公约附件13《航空器事故和事故征候调查》第15次修订进一步增强了对事故调查独立性的要求,各国必须建立独立于国家航空当局和可能干预调查进行或客观性的其他实体的事故调查部门,有些国家如美国、加拿大、英国、澳大利亚等,为此创设了独立委员会监督事故调查机构。

(二)空难事故的司法调查

司法调查主要是指司法机构针对航空事故相关人员刑事及民事责任的判定而依据刑事诉讼法和民事诉讼法进行的调查。虽然检方刑事侦查和飞

---

① 以下部分内容主要参见郝秀辉:《海峡两岸航空法之比较研究》,法律出版社2013年版,第172~197页。

② 参见曾辉、陈国华:《对建立第三方事故调查机制的探讨》,载《中国安全生产科学技术》2011年第6期。

③ See Paul Stephen Dempsey, *Independence of Aviation Safety Investigation Authorities*: *Keeping The Foxes from the Henhouse*, Journal of Air Law and Commerce, 2010, 75 JALC 223.

行事故调查,都为发现事实真相;但航空事故调查要掌握百分之百的事实,刑事侦查需掌握的事实不必百分之百,只要检方认为有犯罪嫌疑即可启动追诉程序。

二、空难事故平行调查的冲突与优先顺序

航空事故的技术调查和追究刑责的司法调查同时进行,可能会相互冲突,那么技术调查和司法调查哪个具有优先性? 这不是哪个国家的问题,而是全球问题。技术调查应该具有优先性,理由如下:

第一,技术调查的巨大任务就是寻找事故的原因,以防止相同或类似的事故再次发生,具有较大的社会影响力。事故调查是发现问题隐患、采取改进措施、保障安全的重要手段。

第二,独立的航空事故调查机构可以保持中立性、专业性、固定性和超然性。司法机关第一时间介入航空事故调查,可能会模糊公、检、安监等机关之间的权力分工界限,混淆检察机关的法律监督职责①;因此,司法机关介入航空事故调查的程序及其调查职权,确须谨慎规定。

三、空难事故司法调查存在的问题与困境

(一)司法调查因面临很多技术难题而难以独立完成

就调查部门而言,空难事故的善后工作十分艰巨,尽快将飞行记录仪判读出来是必需的。因为证据有时是暂时性的,需要尽早找出问题所在;这不仅影响事故现场的调查,还可能产生用于预防发生类似事故所必要的安全建议。因此,调查部门需要作出决定的首要事项之一就是在何处判读和分析飞行记录仪,因为许多国家没有用于回放和分析飞行记录仪资料(话音和数据两者)的设备,需要请求别国予以援助,司法部门几乎不可能完成此项工作。

(二)司法部门使用事故调查所涉安全资料可能被视为不当使用

在实践中,许多国家的现行国内法律和规章未能以适当的方式充分地解决保护安全资料被不当使用的问题。所谓"不当使用",是指为收集安全资料的目的之外的其他目的使用这一资料,即为针对运行人员的纪律、民事、行政和刑事诉讼使用这一资料,和/或向公众公布这一资料。②

为收集安全资料,国际民航组织明确提出各国建立强制性和自愿性事

---

① 刘凯平、刘萍:《检察机关第一时间介入重大责任事故调查需合理规范》,载 http://www.cdh64. com/consultant/ 15740. html,最后访问日期:2012 年 7 月 21 日。

② 参见附篇 E《保护安全数据收集和处理系统的资料的法律指导》1. 5 c)款。

故征候报告系统,但事故征候和不安全情况的强制性报告系统是一个严重的有争议的问题。因为一旦报告的事故征候和不安全情况被不当使用,对于包括飞行机组、空中交通管制员、航空站操作人员、维修技术人员、客舱机组人员等航空运行人员,是极为严重的后果,由此可能造成航空运行人员不自愿或不主动报告事故征候和不安全情况,从而影响航空安全。

鉴于实践中将安全资料用于同安全无关的目的可能对航空安全产生不利影响,而许多国家的现行国内法律和规章也未能以适当方式保护安全资料被不当使用,国际民航组织制定了《保护安全数据收集和处理系统的资料的法律指导》,作为芝加哥公约附件 13《航空器事故和事故征候调查》的附篇 E,旨在协助各国制定国内法律和规章,保护来自安全数据收集和处理系统(SDCPS①)的资料,同时兼顾各国的正常司法,防止仅为提高航空安全之目的而使收集的资料被不当使用。保护安全资料的目的不是干预各国的正常司法,保护安全资料的国家法律和规章应确保在为提高航空安全而保护安全资料的需要和正常司法的需要之间达成平衡。

各国立法应确立安全资料的保护原则,明确可在民事、行政和刑事诉讼中使用安全资料的三种情形:第一,按照国家法律就此种记录的保密性和公众对此种记录的接触规定的适当具体保护措施进行使用;第二,符合例外原则;第三,公布安全资料中包含的有关个人资料符合适用的隐私法。只有在下述情况时,国家法律和规章方可对安全资料的保护实行例外:(1)有证据证明,事由是因在法律上视作有意造成损害,或明知可能造成损害的作为造成的,等同于轻率行为、严重渎职或有意不当行为;(2)有关当局认为,情况合理地表明,事由是因有意造成损害的行为,或明知可能造成损害的行为造成的,等同于轻率行为、严重渎职或有意不当行为;(3)有关当局进行的审查确定,发布安全资料对于正常司法有必要,而且发布资料的作用大于此种发布可能对今后获得安全资料造成的不利国内和国际影响。公布安全资料不仅需要说明公布的理由,而且至少应符合以下标准:(1)公布安全资料对于纠正损害安全和/或改变政策和规章的条件是必要的;(2)公布安全资料不会妨碍为提高安全而今后获得该种资料;(3)公布安全资料中包含的有关个人资料符合适用的隐私法;(4)公布安全资料采用了取消身份识别、简介和

---

① SDCPS 系指处理和报告系统、数据库、资料交换制度和所记录的资料。关于安全数据收集和处理系统的资料载于国际民航组织安全管理手册(SMM)(Doc. 9859 号文件)。参见附篇 E《保护安全数据收集和处理系统的资料的法律指导》1. 5 d)款。

综述的形式。①

由此可见,在相关国内立法规定缺失的情况下,司法部门要获得安全数据收集和处理系统的资料存在较大障碍,使用这些安全资料更为困难,由此会影响空难事故原因的确定和损害赔偿的认定。

(三)司法机关误用或滥用事故安全调查信息对航空安全造成危害

为查找空难事故原因,航空专家解读出来的驾驶舱语音记录和 ATC(空中交通管制)与飞行员间的对话录音、安全调查中的自愿证词等信息和事故调查报告的安全建议,是否可以被当成定罪的证据,实践中形成截然不同的观点。

从确保航空安全的视角来看,相关安全信息不能用于法庭诉讼,尤其是法官和检察官应尊重自愿证词的保密性;否则,以后所有参与调查的人就不会畅所欲言,事故真相和原因就无法找到,最终会引起更多事故发生,航空安全将因此受到危害,航空事故的定罪化处理趋势背离了事故调查目的。2006 年,航空安全基金会与法国航空航天学院、皇家航空学会、民用航空导航服务组织、欧洲地区航空公司协会、国际空中交通管制员协会联合会、航空维修专业人员协会以及国际航空安全调查人员协会起草的联合决议指出,在巴西、法国、瑞士、意大利、希腊和美国六个国家发生九次致命的航空事故,引起了该国刑事诉讼,航空安全正受到这些行为的损害。

但是,大部分司法部门认为,自己的本职工作就是维护法律权威、伸张正义。所有受《拿破仑法典》影响、以私有体系为基础构建其法律的国家,包括意大利、荷兰、比利时、西班牙、葡萄牙、波兰和罗马尼亚,在发生致命事故时,一定会导致刑事诉讼;在亚洲,每当飞行员在严重的事故中幸免于难时,也都会对其刑事责任进行评估。

芝加哥公约附件 13 规定事故调查收集的信息不应用于除飞行事故或事件调查以外的目的,除非相关司法机构认为这些信息的披露比这一行动对未来任何调查带来的不利影响更为重要。但是,实践中事故调查获得的信息遭到不当使用的问题越来越严重,即航空安全事故被作为刑事犯罪案件侦办的比例在提升。例如,2005 年,太阳神航空公司波音 737 飞机由于燃油耗尽而坠毁,机上 121 人全部遇难,4 名官员获罪入狱。② 2006 年,美国两

---

① 以上参见芝加哥公约附件 13《航空器事故和事故征候调查》附篇 E 载有保护安全数据收集和处理系统的资料的法律指导。

② 参见佚名:《太阳神航空机务人员被定罪,航空安全受到进一步挫折》,载 http://www.traveldailynews. com/ pages/show _ page/49125-Aviation-safety-suffers-further-setback-after-Helios-conviction,最后访问日期:2018 年 12 月 3 日。

名飞行员驾机在亚马逊地区与载有 154 人的巴西天马航空客机相撞,致该机坠毁。巴西州初审法院判处两人服刑和暂停飞行员执照的处罚,巴西最高法院 2015 年维持对二人的刑事判决,但驳回暂停飞行员执照的处罚。① 2007 年,嘉鲁达航空波音 737 飞机在中爪哇省燃烧起火,致 21 人遇难,机长被判犯有玩忽职守罪。② 2007 年,世界焦点航空公司(World Focus Airlines)租赁的代表亚特拉斯航空公司执行航班的飞机,在土耳其伊斯帕尔塔机场进近时撞山失事,50 名乘客和 7 名机组人员全部遇难,世界焦点航空公司总经理、维修总监、两名飞行员、培训经理以及亚特拉斯航空公司的总经理、前民航局局长和副局长等 8 人分别被判处不等刑罚。③ 2010 年,俄罗斯 Katekavia 航空公司的一架客机,从克拉斯诺雅茨克机场飞往伊加尔卡机场,在最后进近过程中坠机,11 名乘客和 1 名机组人员遇难。俄罗斯洲际航空委员会(MAK)调查显示,事故原因有二:一是当时天气条件低于最低标准,当飞机下降到低于最低安全高(100 米)时,无法看清楚进近灯光和跑道灯光,机组未及时中断进近并复飞;二是当时给机组的气象预报错误。法院认为,当班机长本应通过等待天气变好而避免事故发生,但在能见度很差情况下仍继续进近,判处飞行员入狱四年半,并驳回机组关于错误气象预报信息干扰的抗辩意见。④

　　由此可见,司法机关如何利用事故安全调查报告以及错误使用对事故安全调查信息问题,一直是争议焦点。从航空安全保障和事故责任认定的不同视角,对航空安全与惩罚孰轻孰重的态度是不同的。航空事故定罪化的案件数量不断上升,将使内部事件报告系统的形成梦想受到威胁,进而会危及全球航空业安全管理系统(SMS)目标的实现,因为一个高效的航空安全管理体系,完全依赖于自愿提供信息的人,相信他们提供的信息,不会被用来给他们定罪。⑤ 一次空难事故的发生会引起许多不同部门的利益,包括预防未来事故再次发生和适当的司法行政,这些利益超越了有关各方的

---

① See Richard Pedicini: *Brazil Sentence Final for Legacy Midair Pilots*, at http://www. ainonline. com/aviation-news/ business-aviation/2015－10－22/brazil-sentence-final-legacy-midair-pilots.

② 参见佚名:《航空公司试图削减刑事诉讼》,载 http://online. wsj. com/article/ SB10001424127887324355904578159600243251068. html,最后访问日期:2018 年 12 月 13 日。

③ Eight convicted over plane crash in Turkey that killed 57, at http://news. aviation-safety. net/ 2015/01/08/eight-convicted-over-plane-crash-in-turkey-that-killed-57/.

④ Russian pilots sentenced to prison over fatal accident, at http://news. aviation-safety. net/2013/ 10/02/russian-pilots-sentenced-to-prison-over-fatal-accident/.

⑤ 参见大卫・莱蒙特:《航空事故的定罪化处理威胁着安全管理理论》,载 http://www. flightglobal. com/news/articles/ in-focus-the-criminalisation-of-air-accidents-threatens-safety-man- agement-philosophy- 373858/,最后访问日期:2018 年 11 月 3 日。

个别利益及特定事故本身。因此,为确保公众的总体利益,需要在所有利益之间进行平衡,既要管理调查行为和司法行为,又要预防事故发生,明确司法机关在飞行安全中应承担的职责和角色定位。司法机关应把自己看成社会的组成部分,而不是仅将自己看成保护法律条款及实施惩罚的机构;当然,这取决于一个国家立法的价值导向。

四、平衡航空事故技术调查与司法调查的举措或方法

在大部分国家,凡是发生涉及人身伤亡和财产损失的空难事故的,都会正常地进行民航事故调查和刑事犯罪调查。这两类调查所涉安全技术和司法公正之间的关系处理,因国家的不同而不同;这两种相互独立调查之间的相互作用和相关程序问题,又会因权限的不同而不同。但无论如何,各国都应尝试在司法部门的目标(确定是否涉及犯罪行为)和航空业的需求(一个能够运行实时地自我诊断系统,而不是以公正的名义将其剥夺)之间找到一个平衡点。①

(一)避免空难事故调查报告被司法不当审查

空难事故调查是为防止此类事故再发生的措施,是事实调查程序,不是对抗性诉讼程序;空难事故调查报告与司法调查报告不同,法院不应该依据没有法律结果的事故调查报告确定相关法律责任,不应进行不当的司法审查。例如,2006 年,5 名印第安纳大学的学生在一起小飞机坠毁事故中遇难。美国国家运输安全委员会(NTSB)和 FAA 调查结果认为,飞机坠毁的原因可能是当时驾驶飞机的飞行员差错造成的。飞行员的父亲即飞机的拥有者,自己组织事故调查的结论是,另一架飞机可能干扰了该飞机的飞行路径,迫使飞行员采取规避动作导致坠机。该位父亲请求 NTSB 重新调查,被 NTSB 拒绝,该位父亲认为 NTSB 的报告及其拒绝修改报告的决定带来名誉损害和精神损害,随后向法院起诉。华盛顿特区巡回法庭认为,根据《美国联邦航空法》的规定,法院的管辖范围仅限于评估 NTSB 的"最终裁定",事故调查报告本身不是最终裁定,除非 NTSB 的行为导致法律后果,否则法院缺少对其进行审查的权利。

(二)加强航空安全与事故责任平衡的立法建设与完善

航空事故调查的唯一目标是在不追究责任的情况下,防止未来的事故和不安全事件的发生。这在国际民航组织的芝加哥公约附件 13 虽然已经

---

① 参见大卫·莱蒙特:《欧洲试图平衡司法规定和事故调查》,载 http://www.flightglobal.com/news/articles/in-focus-europe-attempts-to-balance-accident-investigation-with-judicial-imperatives-374593/,最后访问日期:2018 年 11 月 9 日。

被直接规定,但它毕竟是建议性措施,对各国没有强制性约束力。各国立法需要进一步重申和明确,以避免任何争议和疑惑。

立法不仅需要在有效的安全调查与司法程序之间的优先性问题上进行平衡,还需要明确安全调查机构和司法机构之间的职责,以及需要保护和可以披露的敏感安全信息,如飞行员的陈述或调查者所作的记录。

(三)保障技术调查者的优先权

在立法中,同时满足事故的技术调查者和司法机构的利益固然完美,但在存在冲突的情况下,确保事故技术调查者的优先权利非常重要,这可以保证事故安全调查机构尽快、顺利开展事故原因的调查工作。

如果给予警方和司法机构优先权,他们认为某一物件可能是证据,就享有在坠机现场占领该潜在证物的优先权,并对潜在证物进行隔离和扣押。在此情形下,空难事故安全调查者就不能展开事故原因的调查和分析工作,直到司法机关释放此证物。因此,应给予安全调查机构立即并不受限制地接近事故现场和所有必要要素的权力,在不损害司法调查目的的情况下,尽一切可能满足安全调查的要求。

当然,事故调查者在进行事故调查过程中,在保存证据的同时,如果怀疑有可能违反法律的情形,要负责召集警方或司法机构参与,但被视为保密的信息不得被提供或用于除安全调查或其他旨在改善航空安全以外的目的。

(四)防止安全信息数据被用于非安全的追责目的

就一定意义上而言,航空技术的每次进步都是以空难事故的代价换来的,航空业高度重视并不惜一切代价对每个空难事故开展有效调查,并确保吸取经验教训的机会不被司法程序干扰,因为很多重要经验都源于对空难事故的调查。

从提高事故预防措施的角度上看,建立一个自愿报告系统,即一个分享事故经验教训的共享平台应是不错的建议。通过收集和分析航空事故相关数据信息,可以识别萌芽状态的风险,包括识别机械缺陷、管制员错误、飞行员感知失误等不安全事件,从而减少空难事故发生率。正因如此,芝加哥公约附件13的第8章(事故预防措施),明确提出各国须建立强制性事故征候报告系统,以便收集有关现存或潜在安全缺陷的资料;并建议各国应建立自愿性事故征候报告系统,以便收集强制性事故征候报告系统可能收集不到的资料。

但是,这种自愿性报告系统的关键是必须提供一个非惩罚性的环境。在这个环境中,防止数据被用于非安全目的,如刑事诉讼或民事诉讼的追责,这样才能方便和提倡自愿报告那些可能有害航空安全的事件。如果将安全资料用于同安全无关的目的,会危及对危险的自愿报告,使报告数目减少,妨碍这种资料的提供,并且会阻碍航空公司从保密安全信息中受益,对航空安全会产生不利影响。只有保护安全资料免于不当使用,才能确保继续得到该种资料,因此,各国应遵循国际民航组织特别制作的法律指导,在兼顾正常司法的同时,制定国内法律和规章,或调整已适用的法律、规章和政策,保护来自安全数据收集和处理系统的资料,防止仅为提高航空安全之目的而收集的资料被不当使用。[①]

小结

航空事故的原因一般分为机械故障原因和人为差错原因。随着先进调查技术的广泛使用,机械故障原因的调查更加精准化;相比而言,对人为差错原因的调查不易判断。在司法调查和技术调查中,个人的故意行为和非故意的不作为有很大差别。航空事故的技术调查不是为了追责;但在有证据显示航空事故或严重事件造成了损害或事故是因轻率行为、重大过失或故意的不当行为造成的,司法机关或行政机构有权起诉追责。当两种调查同时进行就会相互冲突或相互干扰,只能保持一种调查优先,这可能又将最终导致两种调查的作用和效率降低。航空事故的任何以追责为目的的司法调查或行政调查必须与技术调查剥离,对航空公司经营人的刑事诉讼和惩罚的威胁对航空事故调查行为和调查质量有巨大影响,进而会威胁航空安全。目前,国际公约和各国国内法都需要努力加强空难事故的司法救济和安全预防的平衡建设。

第五节　空难事故调查报告对损害赔偿司法认定的影响

马航 MH370 航班失联引发全球众多人的瞩目和关切;在对该航班持续搜寻无果的情况下,航班乘客的损害赔偿问题也备受关注。对马航 MH370 航班上失联乘客该如何赔偿,乘客家属应否接受马航的先期赔付,存在不同认识和意见。[②] 在诸多争议背后,实际反映长期以来存在的航空事故调查

[①]　参见芝加哥公约附件 13《航空器事故和事故征候调查》附篇 E 载有保护安全数据收集和处理系统的资料的法律指导。

[②]　参见王英波:《不要轻易接受马航的赔偿》,载《经济参考报》2014 年 3 月 27 日,第 5 版;马乐:《马航空难索赔诉讼缘何复杂》,载《法制日报》2014 年 4 月 15 日,第 10 版;李暄:《马航理赔何去何从》,载《中国民航报》2014 年 4 月 11 日,第 3 版;蔡高强、钟婷:《马航失联家属索赔路径有哪些》,载《法制日报》2014 年 5 月 6 日,第 10 版。

报告与空难损害赔偿之间关系的认识困惑。二者到底是一种什么关系？航空公司在事故发生后与乘客家属达成的《空难赔偿支付收据暨解除责任书》(俗称免责协议)是否有效？航空事故调查报告对该免责协议有何影响？在实践中,这些问题存在诸多认识不清、定性不明的情况,亟须从理论上予以厘清,从而为事故损害赔偿和事故调查指明方向。①

一、空难事故调查报告不能直接决定空难事故损害赔偿责任

一场空难过后,人们对事故调查报告翘首以盼,因为事故原因、事故过程、事故预防建议措施等重要问题都有赖于事故调查报告进行解答和揭示。但航空事故调查报告并不是空难损害赔偿的必然依据。

(一)事故调查与事故损害赔偿是两种不同性质的法律关系

实行独立的航空事故调查,是国外发达国家事故调查普遍具有的共同特点及发展趋势。但是,我国的航空事故调查依然实行的是"政府领导、分级负责"和"属地管辖"原则。例如,根据 2020 年施行的《民用航空器事件调查规定》,民航局组织的调查包括:国务院授权组织调查的特别重大事故;运输航空重大事故、较大事故;外国公共航空运输承运人的航空器在我国境内发生的事故;民航局认为有必要组织调查的其他事件。地区管理局组织本辖区内发生的事件调查,包括:运输航空一般事故;通用航空事故;征候和一般事件;外国公共航空运输承运人的航空器在我国境内发生的严重征候;民航局授权地区管理局组织调查的事故;地区管理局认为有必要组织调查的其他事件。《生产安全事故报告和调查处理条例》依据事故的不同等级分别由各级政府负责组织完成事故调查处理工作,在其临时组成的"协作式"调查组中,包括了原监察部、人民检察院、国家安全生产监督管理局、民航局及各地区民航管理局、公安局、民航安监局、地方政府等机关人员和聘请的专家。从 2010 年 8 月 24 日伊春空难的调查机构组成看,经国务院批准成立调查组由国家安全监管总局副局长任组长,成员包括:国家安全监管总局、公安部、原监察部、国资委、民航局、全国总工会和黑龙江省人民政府及有关部门负责同志。② 可见,从我国航空事故调查的启动方式和实施主体来看,航空事故调查主要是一种行政调查。航空事故调查报告是由航空事故相当级

---

① 以下部分主要内容参见郝秀辉:《马航 MH370 事件的空难赔偿与事故调查报告之关系》,载《北京航空航天大学学报(社会科学版)》2014 年第 5 期。

② 参见《黑龙江伊春"8·24"特别重大飞机坠毁事故调查报告》,载中华人民共和国中央人民政府网,http://www.gov.cn/gzdt/2012-06/29/content_2173243.htm,最后访问日期:2012 年 6 月 29 日。

别的政府机关成立的事故调查组,对事故发生的经过、原因、性质进行调查,对事故责任人员的处理提出建议而形成的报告。

航空事故损害赔偿是航空器经营人或所有人对受害方进行赔偿的一种民事法律关系,这种民事法律关系的发生乃是基于航空运输合同的违约行为或航空侵权行为而导致的。从性质上来看,航空事故损害赔偿完全是一种私法关系,赔偿关系的双方主体在法律地位上是平等的,对于航空事故的损害赔偿数额,双方也可以相互协商。航空事故调查报告对司法机关处理航空事故的损害赔偿纠纷而言,并没有法律意义上的限制,不能作为处理案件的唯一依据。法官在司法实践中使用事故调查报告时只能予以参考,并要区分事故责任主体和事故行为主体,如空难事故可能是因飞行员的过失行为导致,飞行员则是事故的行为主体,但对受害人及其家属承担损害赔偿的责任主体却是飞行员所在的航空公司或雇主。

(二)事故调查报告不是确认事故损害赔偿责任的必要前提和唯一依据

航空事故调查具有较高的技术性,有些空难事故调查持续时间很长或至今无法确定事故原因,但并不因此免除航空经营人或所有人的赔偿责任。空难赔偿一般实行的是严格责任(或过错推定)制度、先行给付制度和强制保险制度。依据严格责任制度,航空事故调查报告即使确认空难发生是非航空承运人原因造成的,航空承运人对乘客或第三人的损害赔偿责任仍然无法免除,受害人依然有权要求赔偿;承运人也可基于“旅客本人的健康状况造成自身伤亡、行李本身的自然属性、质量或缺陷造成的毁损和遗失,货物的固有缺陷、质量或者瑕疵,承运人或者其受雇人、代理人以外的人对货物包装不良,战争行为或者武装冲突、公共当局实施与货物入境、出境或者过境有关的行为”等情形进行免责或减责的抗辩。① 在国际航空运输事故发生后,1999 年《蒙特利尔公约》规定的“先行付款”制度,解决了旅客经济窘迫的境地,而当事国应当要求承运人就其在本公约中的责任进行“充分保险”的规定,确保了承运人赔偿责任的实现。②

在实践中,航空事故调查报告结论具有可推翻性,不能为事故损害赔偿提供绝对充分的支持。航空事故调查往往主要依据飞机残骸和飞行中遗留的各种信息,特别是飞行数据记录器(FDR)和驾驶舱话音记录器(CVR)中记录的数据进行分析和技术鉴定。这两类记录器分别记录了飞机的技术参数和驾驶舱内的声音,在 20 世纪 60 ~ 90 年代对提高民航安全起到了重要

---

① 参见 1999 年《蒙特利尔公约》第 17 条和第 18 条之规定。

② 参见 1999 年《蒙特利尔公约》第 28 条和第 50 条之规定。

作用,但随着航空科技迅速发展,错综复杂的电脑技术、数据链和文本显示方式的大量使用,都会使语音导航信息大大减少,这意味着传统 CVR 捕获的空地对话关键信息越来越少,而且数据显示错误的情况并不是现有 FDR/CVR 能够捕获的,而一些微小疏漏在事故调查中也可能难以查知,但有的事故往往可能就是这系列微小疏漏合力促成的,航空事故的调查难度在不断增加,调查员、专家和航空安全官员们仍会面临调查窘境。① 根据《民用航空器事件调查规定》第 47 条的规定,调查工作结束后,发现新的重要证据,可能推翻原结论或者需要对原结论进行重大修改的,组织事件调查的部门应当重新进行调查。因此,事故调查报告的结论随着时间推移和技术提升可能会发生变化。例如,2009 年,法航 AF447 空客 A330 型客机从巴西城市里约热内卢飞往巴黎,起飞几小时后飞机失控坠入大西洋,机上 228 人全部遇难。2012 年,司法专家针对法航 AF447 航班事故原因展开调查后,提交的长达 356 页的调查报告将事故原因归为四点:皮托管结冰造成数据丢失;皮托管故障导致应急程序错误;机组人员处理不当;法国对 2004 年至今的航空事故未进行跟踪调查缺少监管。法航空难遇难者家庭互助会主席 Robert Soulas 表示,这份报告相较于法国航空事故调查局的解释更为公正。该司法报告认为,空客公司、法国航空公司及驾驶员都应承担部分责任,机械故障也是事故原因之一,但此前法国航空事故调查局表示驾驶员应负全责。②

(三)事故调查目的是查明事故原因和预防事故再发生而非责任追究

空难灾变事故之调查是一项极端困难、耗时和充满压力的工作。考察芝加哥公约附件 13《航空器事故和事故征候调查》作为国际标准和建议措施,明确规定"事故调查的唯一目的是查明事故原因,防止类似事故再次发生,而不是为了分摊过失或责任;任何分摊过失或者责任的司法或行政程序应与技术调查区分开"。国际民航组织还明确要求"国家立法和规章应该使技术调查与司法或行政程序保持分离,分摊过失或责任不是事故调查部门的任务"。

综观美国、英国、法国、澳大利亚、我国台湾地区的航空事故调查制度,皆秉持调查报告不得作为法院判决之依据。例如,在美国,虽然加利福尼亚州、北卡罗来纳州、明尼苏达州、印第安纳州和马里兰州等地的州法院允许

---

① 参见赵云帆、肖宪波:《民航驾驶舱图像记录器相关技术和发展》,载《中国民用航空》2011 年第 7 期。

② 参见《法航空难调查报告公布飞行员连续失误酿悲剧》,载 https://news.qq.com/a/20120706/000308.htm,最后访问日期:2012 年 7 月 6 日。

将国家运输安全委员会依法完成的航空事故调查报告作为证据,但联邦法一律禁止将事故调查报告作为法庭证据。① 如在 1998 年 Campbell *v.* Keystone Aerial Surveys 案,第五巡回上诉法院在判决中重申这一规定。②

长期以来,我国航空事故调查立法制度没有区分技术调查与司法调查或行政调查,且将事故调查与责任追究互相关联,调查目标偏重于明确事故责任。2020 年施行的《民用航空器事件调查规定》开始明确定位技术调查。在航空事故损害赔偿的诉讼中,事故调查报告的结论也不能直接作为理赔或索赔判决的唯一依据,因为我国现有航空事故的调查机构欠缺完全独立性,其进行的事故调查兼具多重目的性。

为预防系统事故的再次发生,在事故调查报告中,安全建议或事故防范和整改措施建议是其重要组成部分,③并对每一项安全建议都进行跟踪和监控,直到这些建议被采纳实施并取得预期效果。但是,事故调查报告的建议性措施不能成为追究法律责任的直接依据。事故调查报告的内容仅具有建议性,不具有惩戒性。调查报告只是调查组在查明事故真相基础上,对事故性质、事故防范整改措施等提出的一种意见或建议而已,其是否正确、适当以及事故行政责任或司法责任,应由有关政府机构或司法机构依据法定程序进行认定,不能依据调查报告的结论直接实施法律责任追究。

二、事故调查报告对空难损害赔偿数额认定的影响力

航空事故调查报告虽然不能成为追究法律责任的直接依据,但经依法调查核实和有关政府机构认定的调查报告及其证明材料④却具有证据性,具有法定的证明力。在航空事故损害赔偿诉讼中,航空事故调查报告具有一定的证据能力和证明力,⑤是法院审判案件的佐证材料之一,也可是争议双方当事人进行和解、法院进行调解的重要依据之一。

航空事故调查报告虽然不能决定事故损害赔偿责任的有无,但是,根据现

① 49 U.S.C. § 1154(b). See also 49 C.F.R. § 835.2 (1999).

② Campbell *v.* Keystone Aerial Surveys,138 F.3d 9,961,001 (5th Cir. 1998).

③ 《民用航空器事件调查规定》第 35 条,即调查报告应当包括六项内容:调查中查明的事实、原因分析及主要依据、结论、安全建议、必要的附件、调查中尚未解决的问题。

④ 调查报告及其证明材料包括:主报告及其附具的调查记录、讯问笔录、鉴定报告、书证、视听材料和其他相关材料。

⑤ 证据能力是指证据资料在法律上允许其作为证据的资格;证明力是就多个证据对同一证明对象证明的可靠性、可信度和充分性的强弱程度而言的。参见刘金友主编:《证据法学》,中国政法大学出版社 2001 年版,第 129 页、第 217 页。

有的相关国际航空公约和国内立法,调查报告对责任事故的性质认定将对事故受害人的损害赔偿限额产生一定的影响。由于航空运输被视为一种高度危险作业活动,为了平衡航空承运人和受害人的双方利益,在对航空承运人施加严格责任的同时,又规定了限额赔偿责任制度作为其对价,但是,这种限额赔偿责任在航空承运人一方存在过失的情况下却是被禁止援用的。例如,1999年《蒙特利尔公约》规定了两个层次的责任体系,即"双梯度责任制":第一梯度的责任为严格责任,除因旅客自身的健康原因所引起的伤亡外,无论承运人是否具有过失,承运人不得排除或限制责任,均须承担的赔偿责任最高限额为 100,000 特别提款权、行李为 1000 特别提款权、货物每公斤 17 特别提款权。第二梯度的责任基础为推定过失责任,基于推定是承运人的过失,赔偿责任如在 100,000 特别提款权以上则不限定赔偿限额,即承运人承担无限额赔偿责任。公约对责任限额规定了复审制度,2009 年和 2019 年分别进行两次复审,修改后的限额都对我国生效。详见表 7-1。

表 7-1　1999 年《蒙特利尔公约》的赔偿责任最高限额演变

单位:特别提款权

1999 年《蒙特利尔公约》	最初限额	2009 年 12 月 30 日起复审修改的限额	2019 年 12 月 28 日起复审修改的限额
第 21 条(旅客)	100,000	113,100	128,821
第 22 条第 1 款(延误)	4150	4694	5364
第 22 条第 2 款(行李)	1000	1131	1288
第 22 条第 3 款(货物)	17	19	22

我国《国内航空运输承运人赔偿责任限额规定》对每名旅客的赔偿责任限额规定为人民币 40 万元,但作为其上位法的《民用航空法》对此责任限制规定了例外原则,即航空运输中的损失是由于承运人或者其受雇人、代理人的故意或者明知可能造成损失而轻率地作为或者不作为造成的,承运人无权援用该法有关赔偿责任限制的规定①。因此,《国内航空运输承运人赔偿责任限额规定》只适用于航空公司对事故发生没有责任的情况;如果航空公司有过错,则不适用于最高限额赔偿方式,而应该适用《民用航空法》第 132条。

由此可见,航空事故调查报告对事故性质的认定自然极为引人关注,一旦事故被确认为是航空承运人一方的过失责任造成的,受害人的赔偿请求

---

① 参见《民用航空法》第 132 条。

将不受损害赔偿限额的约束,调查报告则成为受害人证明航空承运人存在过失责任的重要证据。例如,2004 年包头空难造成机上 55 人全部丧生。2006 年,原国家安监总局、原监察部通报包头空难事故调查处理结果,认定是责任事故。东航公司对事故负有一定的领导和管理责任,东航云南公司在日常安全管理中存在薄弱环节。包头空难公布的调查结果,仅有 200 字,公示内容过于简单,不能算是完整的调查报告,且源自报纸,也就无法作为起诉东航追究责任的证据。正因为无法拿到事故责任的过错证据,包头空难的死者家属只能到美国起诉美国通用电气公司,因为失事飞机的发动机是通用电气公司生产的。其实早在 2000 年的武汉空难中,死者家属也面临类似的遭遇。因此,2007 年曾有 5 位包头空难死者家属准备起诉原中国民航局,认为其迟迟未能发布空难调查报告,违反了 2008 年实施的《政府信息公开条例》。2009 年,包头空难的一位遇难者家属曾试图根据通报的空难事故调查处理结果和《民用航空法》第 132 条,起诉东航要求追加赔偿。2010 年的伊春空难,河南航空有限公司公布了"8·24"飞机坠毁事故遇难旅客赔偿标准,每位遇难旅客赔偿总额为 96 万元[(该数额构成为:法定的限额赔偿 59.23 万元(包括生命赔偿与行李等财物赔偿)和非法定赔偿(包括精神抚慰金、丧葬费、近亲属生活补贴以及家属交通食宿补贴费等共计36.77 万元)],但仍有 14 名遇难者家属拒绝接受。2012 年 6 月 29 日,原国家安监总局发布了《河南航空有限公司黑龙江伊春"8·24"特别重大飞机坠毁事故调查报告》,报告认定,此次特别重大飞机坠毁事故是一起"责任事故"。该次空难被认为是新中国历史上第一次被定性为"责任事故"的空难。

三、事故调查报告对"空难免责协议"的影响要具体分析

在航空事故发生后,航空承运人一方为缩小事故引发的相关负面影响,尽早息事宁人,再加上有保险公司能够为航空承运人分担一些空难损害赔偿责任,航空承运人通常都会抓紧制定赔偿标准,与受害者家属协商签署"空难赔偿支付收据暨解除责任书",即通常被称为"免责协议"。例如,2010年伊春空难发生后,河南航空有限公司于同年 8 月 30 日迅速公布"8·24"飞机坠毁事故遇难旅客赔偿标准,对每位遇难旅客赔偿总额为 96 万元,其中 30 名遇难者家属签订了免责协议,获得赔偿款。又如,2004 年包头空难中 48 位乘客丧生,事后,东方航空公司确定 20 万元人民币的赔偿数额,要求遇难者家属签署《11·21 空难赔偿支付收据暨解除责任书》,此被称为"免责协议"。该免责协议规定:"中国东方航空公司云南公司对上述罹难人员近亲属的赔偿责任是最后的和全部的赔偿责任;受偿方代表和罹难人员

的任何亲属、近亲属或有继承权的人同意并保证不在任何时间、任何地点、以任何事由向中国东方航空公司云南航空公司或者它的关联公司或它的代理人提出任何的索赔和求偿诉讼,否则,受偿方代表应当承担相应的赔偿责任。"对于包头空难的"免责协议"的效力问题,有人认为,遇难者家属与东航签订的责任解除书是可撤销的,其中的免责条款无效,理由在于:(1)原告签订责任解除书的意思表示属重大误解,遇难者家属对其内容不清晰,甚至错误认为这是前期赔偿;(2)被告在空难家属处于悲痛和震惊中和他们签订赔偿协议,属于乘人之危;(3)责任解除书是由东航单方面制定的格式合同,利用自己法律地位上的优势,致使双方的权利义务明显违反公平的原则;(4)责任解除书是东航单方根据1993年的《国内航空运输旅客身体损害赔偿暂行规定》作出的格式条款,没有与遇难者家属协商。①

在事故调查机构公布事故调查报告后,如果调查报告将空难认定为"非责任事故",可能航空公司与受害人家属之间的免责协议少有质疑,但如果报告将空难认定为"责任事故",此前双方签署的免责协议是否直接丧失效力?例如,在伊春空难事故调查报告公布后,空难的赔偿可能突破此前的限制。笔者认为,航空事故调查报告对空难事故双方达成的"免责协议"的影响还需具体分析,应区分事先免责协议和事后免责协议的不同情况,坚持事先免责协议一般无效、事后免责协议应予遵守的原则。

事前的免责协议,是指双方当事人预先达成一项协议,免除将来可能发生损害的赔偿责任。这种事先免责条款包括违反合同的免责条款和侵权行为的免责条款。对于事前达成的免责协议,立法一般都明确其无效。

事先的免责协议被立法禁止的缘由在于:(1)在航空事故发生之前,如果航空承运人和受害者或其家属达成遇难免责协议,不仅会存在道德风险,而且也是对受害人的人身权等基本民事权利的抛弃,这是现代的、理性的民法所禁止的。(2)事先免责协议会降低加害人应尽的合理注意义务,难为公序良俗原则所能容,更会引发社会不公。(3)事先免责协议的双方当事人协议的内容不确定,空难事故损害的程度和发生的可预见性都不明确,甚至可能会存在某些重大误解,因此,损害不明、责任不清的免责协议不是合法的协议,不符合意思表示真实的要求。

空难损害发生后达成的"免责协议"应和"事先"的免责协议是有所区别的。伊春空难和包头空难发生后,航空公司与遇难者家属签署的"免责协议"应属于"事后"自愿达成的免责协议,不应允许反悔。其理由是:

---

① 参见甘聪:《11·21包头空难事故案评析》,湖南大学2013年硕士学位论文,第13~14页。

首先,赔偿协议中的免责条款具有约定性、明示性和约束性,协议经双方认可后,明示的免责条款对航空公司和遇难者家属双方都有约束力。遇难者家属在领取完约定的空难赔偿金和签署完免责协议之后,即使航空事故调查报告确认了航空公司一方负有事故的过失责任,也不能就约定的赔偿金进行反悔而要求更高额的赔偿金,当事人应当按照约定全面履行自己的义务,不得擅自变更或者解除合同;当事人应当遵循诚信原则。① 因此,航空事故发生后达成的免责协议如果不具有《民法典》第 146～151 条、第 153～154 条规定的合同可撤销或无效的情形,应当认定其有效。

其次,"免责协议"并不是免除了一切责任,而是在已经承担了法定责任限额赔偿金额基础上再免除其他赔偿数额。在空难发生后,损害后果明确,遇难者家属应该知道航空公司无论如何都会承担一定的损害赔偿责任的,因为立法已经明定了航空承运人对空难受害人的严格责任和限额责任。从协议双方来分析,航空公司为尽早消除空难影响,一般是以高出法定责任限额的赔偿额为代价与遇难者家属签署的"免责协议"。因此,所谓的"免责协议"对航空公司而言,并不是真正地免除了一切赔偿责任,航空公司为此协议已经付出了一定的代价。而协议的另一方——遇难者家属是在明知获得高出法定赔偿金的基础上签署的"保证不再提出任何索赔和求偿诉讼的免责协议",实质上是对其自身民事权利的一种自由处分,也是对航空公司过失致害而应该获得的赔偿利益的一种放弃,充分体现了其作为民事主体的一种意思自治,也不存在有违公序良俗原则之嫌。

最后,遇难者家属对航空公司一方提供的格式协议条款有选择权。例如,包头空难中,当时有 32 位遇难者家属拒绝签署解除责任书;伊春空难中,也有 14 名遇难者家属对 96 万元人民币的赔偿方案及其免责条款予以拒绝。从航空公司提供的《空难赔偿支付收据暨解除责任书》分析,不能认为其是霸王协议,它并没有刻意地回避事故原因,也没有免除其全部法律责任的企图。因空难而发生的医药费、赔偿金等费用的追索权在性质上是一种私权利,可由民事主体以协议自由处分。因此,当事人双方协议免除航空公司的其他民事赔偿责任,只要该协议内容并未有显失公平或受欺诈、受胁迫的情形,就应为有效。当然,"免责协议"如果是免除责任人的刑事责任,则协议无效,追究刑事责任毕竟是公权力行使的结果,不能由民事主体通过协议予以免除。在《空难赔偿支付收据暨解除责任书》中,通常只是强调"某航空公司对上述罹难人员近亲属的赔偿责任是最后的和全部的赔偿责任",

---

① 参见《民法典》第 509 条。

并没有强调要免除法律责任中的行政责任和刑事责任,要求受偿方代表和罹难人员的任何亲属、近亲属或有继承权的人同意并保证的也只是"不在任何时间、任何地点、以任何事由向某航空公司或者它的关联公司或它的代理人提出任何的索赔和求偿诉讼"而已,就民事赔偿责任而言,这种约定并不违法和违反善良风俗。

综上所述,空难发生后,航空公司与遇难者家属签署的《空难赔偿支付收据暨解除责任书》是有效的,航空事故调查报告即使认定航空公司一方存在重大过失,也不能因此否决解除责任书的效力,随意扩大航空公司对遇难者家属的赔偿金数额,因为历次空难发生后的赔偿协议所约定的赔偿金已经远远高于法定限额,并不存在显失公平的情况。例如,2004年包头空难发生时,我国国内航空承运人法定的赔偿限额是7万元人民币,①但当时东航公司赔付的协议数额远高于法定额度。2010年伊春空难发生后,河南航空公司在协议中给付的赔偿金是96万元人民币,但法定的赔偿限额是40万元人民币。②

---

① 参见《国内航空运输旅客身体损害赔偿暂行规定》(1993年修订)第6条。
② 参见2006年3月28日实施的《国内航空运输承运人赔偿责任限额规定》第3条。

第八章 国际航空代码共享运输
空难损害的赔偿责任[①]

"代码共享"(code-sharing),是指一家承运人通过协议在航班上使用其他航空公司代码(两字代码),或两家承运人协议在一航班上共享同一航空公司代码的经营行为。[②]

代码共享为全球航空运输业内最重要的合作方式,[③]其实质是在不实际增加航班和相应开支的情况下,增强航空公司的竞争能力,并避开政府双边谈判和第六航权的限制,是航空公司拓展市场的极好方式。[④] 但是,代码共享也给旅客带来一系列问题,如在同一航班有两个航班号和代码的情况下,如果旅客遭受伤害、托运行李毁损或丢失、旅客被拒载、航班延误或取消,哪个承运人将对此承担责任,受害旅客将基于何种诉因选择和确定责任承担主体,代码共享的两个承运人实行不同责任制还是其中之一实行无限额责任,对旅客的赔偿责任应如何确定等,这些问题不仅困扰受害旅客,也困扰司法实践中的裁判者;因为代码共享运输的责任机制在国际航空立法上并不清晰和准确,亟须深入研究。

---

① 本部分主要内容参见郝秀辉:《国际航空代码共享运输的承运人责任——以 1999 年〈蒙特利尔公约〉为中心》,载《华东政法大学学报》2016 年第 1 期。

② 参见国际民航组织发布的 26P – AT/110 通告和出版的《国际航空运输管理手册》和我国《关于取消国内航线航班代码共享审批事项后加强市场监管工作的通知》。所谓"代码"是指 IATA 的航空公司二字代码(如国航 CA、南航 CZ、东航 MU、海航 HU、深航 ZH、上航 FM、山航 SC 等)和三字结算码(如国航 CCA、南航 CSN、东航 CES、海航 CHH、深航 CSJ、上航 CSH、山航 CDG 等)。IATA 为全球各航空公司指定的两个字母的代码,它由航班代码的两个首字母组成。IATA 也采用 ICAO 于 1987 年为全球各航空公司指定的三字代码,即由航班代码的三个首字母组成。两字母的航空公司代码表用于预约、时刻表、票务、征税、航空提单、公开发布的日程表和航空公司间的无线电通信,同时也用于航线申请。IATA 分发三种两字符的航空公司代号:唯一的英文号、唯一的数目字加英文号和有控制性的重复码。

③ 参见王新安、杨秀云:《航空公司之间的代码共享及其对民航业的影响》,载《兰州大学学报》2005 年第 1 期。

④ 参见王新安、杨秀云:《航空公司之间的代码共享及其对民航业的影响》,载《兰州大学学报》2005 年第 1 期。

第一节　国际航空代码共享运输责任制度的历史变迁

一、1966 年《瓜达拉哈拉公约》关于缔约承运人和实际承运人责任的修订

代码共享运输责任制度并非从《华沙公约》诞生之初就有,"代码共享"术语迄今也未出现于公约术语中。

1929 年《华沙公约》起草时,特别规定了连续运输和联合运输规则,也定义了"承运人"的术语。"二战"结束后,航空器的湿租、包租经营和航空设备互换经营迅速增长,出现了以自己名义实际运营国际航空运输却与旅客没有合同关系的承运人,但其并非缔约承运人的受雇人或代理人,也非连续承运人。由此引发了新的法律问题,即实际承运人在运输期间发生了旅客伤害,旅客可否起诉缔约承运人?

考察当时的司法实践,许多法院根据《华沙公约》都给予否定。[1] 例如,(美国)州地方法院在 Orovas v. Northwest Airlines 案[2]中,法官认为,原告无权对售票的被告西北航空公司提起诉讼,因为其所受损害并非发生在被告实际运营的航班上,承担责任的"承运人"应是实际运载的航空公司。但是,实际承运人与旅客并无合同关系,根据合同相对性原则,旅客无法对实际承运人提起诉讼。这种新出现的法律问题开始多由实施代码共享计划的航空公司自行解决,他们在有关商业合作协议中约定代码共享承运人与乘客之间责任的承担。[3] 《华沙公约》责任体制如何修补新问题的立法"漏洞",日渐迫切。

国际民航组织法律委员会的小组委员会就此曾提出讨论,但在 1955 年通过《海牙议定书》的外交大会上未能对该问题采取措施,直到 1961 年瓜达拉哈拉外交会议,法律委员会准备的草案才被通过。[4] 《瓜达拉哈拉公约》首次对缔约承运人和实际承运人作正式的区分,并对承运人之间责任归属

---

[1] See Paul Stephen Dempsy & Michael Milde, *International Air Carrier Liability: The Montreal Convention of* 1999, published by the McGill University Centre for Research in Air & Space Law, 2005, p. 231 – 233.

[2] 2005 U. S. Dist. Lexis 1822(E. D. Pa. 2005).

[3] 许多代码共享协议都有这样的约款:经营运输的承运人负担乘客因在经营承运人的航班上遭受伤害或死亡而对缔约承运人提出赔偿请求所发生的费用,除非该损失是因缔约承运人的过失引起的,反之也适用于乘客对经营承运人提出的诉讼。

[4] See Paul Stephen Dempsy & Michael Milde, *International Air Carrier Liability: The Montreal Convention of* 1999, published by the McGill University Centre for Research in Air & Space Law, 2005, p. 232.

以及不同承运人与乘客间的权利和义务进行明确和规范。①

二、1999 年《蒙特利尔公约》的代码共享运输责任制度

1999 年,《蒙特利尔公约》统一了华沙责任体制②中各个分散组成部分,其中包括吸收和继承了《瓜达拉哈拉公约》的成果,在第 5 章共计 10 个条款(第 39 ～ 48 条)特别规定了"非缔约承运人履行的航空运输责任"。第 5 章本质上就是解决代码共享所涉"替代运输"③问题,因此,凡批准 1999 年《蒙特利尔公约》的国家,不必再另行批准 1961 年《瓜达拉哈拉公约》。④

《蒙特利尔公约》于 2005 年 7 月 31 日起对我国正式生效,复审后修改的责任限额也已自 2009 年 12 月 30 日起对我国生效。我国未加入 1964 年 5 月 1 日生效的《瓜达拉哈拉公约》,但由于我国是《华沙公约》和《海牙议定书》的缔约国,现行《民用航空法》也借鉴了上述公约和议定书的内容⑤,在第 8 章第 4 节(第 137 ～ 144 条)共计 8 个条文特别规定了实际承运人履行航空运输的责任问题。目前,1999 年《蒙特利尔公约》是确定国际航空代码共享运输责任的主要依据。

根据《蒙特利尔公约》第 55 条规定,该公约与其他《华沙公约》的关系为:该项国际航空运输在本公约缔约国之间履行,而这些当事国同为其他《华沙公约》的缔约国,本公约应当优先于国际航空运输所适用的任何规则。因此,当一个国际运输不在两个《蒙特利尔公约》缔约国之间履行时,可能适用《华沙公约》,但国际运输是在两个《蒙特利尔公约》缔约国之间履行的,应该优先适用《蒙特利尔公约》。例如,在 2005 年智傲物流有限

---

① 《瓜达拉哈拉公约》确定的责任制度后来被《汉堡规则》采纳,引入海上货物运输领域。

② 国际航空私法领域中属于华沙责任体制的法律文件包括:1929 年《华沙公约》(《统一国际航空运输某些规则的公约》);1955 年《海牙议定书》(《修订统一国际航空运输某些规则的议定书》);1961 年《瓜达拉哈拉公约》(《统一非缔约承运人承担国际航空运输的某些规则以补充华沙公约的公约》);1971 年《危地马拉议定书》(《修改经 1955 年海牙议定书修正的 1929 年统一国际航空运输某些规则的公约》);1975 年四个《蒙特利尔议定书》(第 1 号议定书、第 2 号议定书、第 3 号议定书、第 4 号议定书)。

③ See T. J. Whalen, *The New Warsaw Convention*: *The Montreal Convention* (February 2000) XXV: 1 Air & Space Law Journal. p. 23.

④ 迄 2019 年 5 月 16 日为止,有 107 个国家和地区加入 1999 年《蒙特利尔公约》,有 86 个国家和地区加入 1961 年《瓜达拉哈拉公约》,其中只有 65 个国家和地区都加入了两个公约,有 56 个国家和地区仅加入了《蒙特利尔公约》,有 24 个国家和地区仅加入《瓜达拉哈拉公约》,载 http://www. icao. int/secretariat/legal/List%20of%20Parties/Mtl99_EN. pdf。

⑤ 参见孟庆芬:《〈统一国际航空运输某些规则的公约〉及其对中国民航业的影响》,载《中国民用航空》2005 年第 3 期。

公司诉法国航空公司等航空货物运输合同违约赔偿纠纷案①中,涉案法航的空运单背面条款虽然列明"如果运输涉及目的地或经停地与出发地不同,《华沙公约》将被适用",但审理法院认为,英国、中国均是《华沙公约》、《海牙议定书》和《蒙特利尔公约》的缔约国,且三公约均已对两国生效,因此,本案应该优先适用《蒙特利尔公约》。另根据《蒙特利尔公约》第49条"运输合同的任何条款和在损失发生前达成的所有特别协议,其当事人借以违反本公约规则的,无论是选择所适用的法律还是变更有关管辖权的规则,均属无效"的规定,判决法航在其空运单背面印制的适用《华沙公约》的条款无效。

从我国法院对《国际航空运输责任公约》适用的情况考察,司法实践中常采直接适用的做法,其法源依据是我国《民用航空法》第184条②和2011年《涉外民事关系法律适用法》第4条③的规定。例如,在2004年阿卜杜勒·瓦希德诉东方航空公司国际航空旅客运输合同纠纷案中,阿卜杜勒购买了一张由国泰航空公司出票的上海起飞至香港特别行政区再至卡拉奇的机票,其中,上海与香港特别行政区间的航程由中国东方航空股份有限公司实际承运,香港特别行政区与卡拉奇间的航程由国泰航空公司实际承运。东航执飞的航班因天气原因发生延误,因而引发国际航空旅客运输合同违约损害赔偿诉讼纠纷。由于机票背面条款注明,该合同应遵守《华沙公约》所指定的有关责任的规则和限制,因此,审理法院没有适用2005年7月31日起对我国生效的1999年《蒙特利尔公约》,对本案直接适用对《华沙公约》修订的相关1955年《海牙议定书》和1961年《瓜达拉哈拉公约》的规定,判决两家航空公司并非连续运输关系,而是构成国泰航空公司为缔约承运人、东方航空公司为上海与香港特别行政区间航段的实际承运人的关系。④

---

① 参见上海市浦东新区人民法院(2006)浦民二(商)初字第4384号民事判决书;上海市第一中级人民法院(2007)沪一中民五(商)终字第27号民事判决书。

② 《民用航空法》第184条规定:"中华人民共和国缔结或者参加的国际条约同本法有不同规定的,适用国际条约的规定;但是,中华人民共和国声明保留的条款除外。中华人民共和国法律和中华人民共和国缔结或者参加的国际条约没有规定的,可以适用国际惯例。"

③ 《涉外民事关系法律适用法》第4条规定:"中华人民共和国法律对涉外民事关系有强制性规定的,直接适用该强制性规定。"

④ 参见上海市浦东新区人民法院(2005)浦民一(民)初字第12164号民事判决书;上海市第一中级人民法院(2006)沪一中民一(民)终字第609号民事判决书。

第二节 国际航空代码共享运输承运人责任性质

一、航空代码共享运输承运人的界定

在航空代码共享运输关系中,承运人一方包括"缔约承运人"和"实际承运人",所谓"缔约承运人",又称"销售承运人",是指以本人名义与旅客或者托运人,或者与旅客或者托运人的代理人,订立航空运输合同的航空运输企业。所谓"实际承运人",是指缔约承运人以外,根据缔约承运人的授权,履行全部或者部分运输的航空运输企业。[①]

二、航空代码共享运输承运人对损害赔偿的连带责任及其特性

(一)实际承运人和缔约承运人对损害赔偿的连带责任

根据 1961 年《瓜达拉哈拉公约》和 1999 年《蒙特利尔公约》的制度设计,代码共享运输缔约承运人和实际承运人的行为被视为一种连带行为或共同行为,因而承担连带责任。其中不仅实际承运人的作为和不作为被视为缔约承运人的作为和不作为,而且实际承运人的受雇人、代理人在受雇、代理范围内的作为和不作为,关系到实际承运人履行的运输的,也应当视为缔约承运人的作为和不作为;反之,缔约承运人的作为和不作为,以及缔约承运人的受雇人、代理人在受雇、代理范围内的作为和不作为,关系到实际承运人履行的运输的,也应当视为实际承运人的作为和不作为。[②] 缔约承运人和实际承运人之间是一种代码共享合作关系,缔约承运人与乘客/托运人是航空运输合同关系,实际承运人和缔约承运人共同对乘客/托运人的损害赔偿负有连带责任关系。

基于这种连带责任,对实际承运人履行的运输提起的损害赔偿请求,不仅索赔人可选择对实际承运人或缔约承运人分别提起或者同时提起,而且如果损害赔偿诉讼只对其中一个承运人提起,该承运人也有权要求另一承运人参加诉讼。[③]

(二)航空代码共享运输损害赔偿连带责任的特性

航空代码共享缔约承运人和实际承运人的连带责任,与民法上的双向

[①] 参见 1961 年《瓜达拉哈拉公约》第 1 条、1999 年《蒙特利尔公约》第 39 条、《民用航空法》第 137 条。

[②] 参见 1999 年《蒙特利尔公约》第 41 条、1961 年《瓜达拉哈拉公约》第 2 条和第 3 条、《民用航空法》第 139 条第 1 款和第 2 款。

[③] 参见 1999 年《蒙特利尔公约》第 45 条。

连带责任原理不同,而是呈现部分单向的连带责任特性,主要表现为以下几个方面。

1.责任范围的部分单向性

代码共享缔约承运人对乘客承担绝对、全部的合同责任,对实际承运人及其受雇人或代理人的作为或不作为导致的赔偿负有连带责任。但是,实际承运人仅对其实际履行的运输承担责任,在代码共享的连续运输中如有数个实际承运人,每个实际承运人都仅对自己实际履行航段的运输损害承担连带责任,对缔约承运人的其他航段部分的运输损害不承担连带责任,即缔约承运人连带责任的范围比实际承运人的连带责任的范围要大得多,实际承运人对其实际运输范围外的损害赔偿不负有连带责任。

2.责任限制的部分单向性

实际承运人对缔约承运人与索赔人达成的超过法定责任限额的特殊赔偿,没有经过自己承允的,不承担连带责任。但是,缔约承运人因实际承运人(包括其受雇人)的行为引发的超限额赔偿,则负有连带责任,不可以未经自己同意为由进行排除。

当然,这种部分单向的连带责任可否在适用中对抗请求权人?答案应是否定的。缔约承运人和实际承运人的单向连带责任特性不具有对外效力,即两承运人之间有关旅客损害赔偿"责任条款"的约定,不能作为对抗旅客赔偿请求权的抗辩事由,也不影响原告对索赔对象的选择。①

但是,在此有两个问题值得注意,第一,这种连带责任救济的是受害乘客同一个损害赔偿,是一个救济目的,不是救济各个不同的损害,索赔人(可能有多个)仅有权获得一次完整的赔偿。对于实际承运人的运输致害赔偿,任一承运人都不承担责任限额外的赔偿,即使在受雇、代理范围内行事的受雇人、代理人的赔偿总额,也不得超过依法可从缔约承运人或者实际承运人那里获得的最高赔偿额。② 第二,国际航空运输公约关于缔约承运人和实际承运人对乘客的连带责任制度,仅是一种价值判断,两个承运人是否应该承担责任,司法实践中还有赖于国际公约关于"国际运输""事故""航空运输期间""承运人"等术语的界定和判断。例如,在阿卜杜勒·瓦希德诉东方航空公司纠纷案中,法院根据 1955 年在海牙修改的《华沙条约》第 19 条、第 20 条第 1 款规定,判定东方航空公司因未尽"为避免损害已经采取一切必

---

① 当然,缔约承运人或实际承运人对乘客履行的赔偿责任,如果与代码共享协议的约定不符,可以向对方追偿。参见 1961 年《瓜达拉哈拉公约》第 10 条规定和 1999 年《蒙特利尔公约》第 48 条规定。

② 参见《民用航空法》第 142 条规定。

要措施或者不可能采取此类措施"的义务,给换乘旅客造成的损失,应当承担赔偿责任。①

三、航空代码共享运输承运人损害赔偿连带责任的立法目的

《国际航空运输责任公约》关于代码共享承运人连带责任制度设计和立法构造的缘由,大致有两个方面的目的。一方面,旨在保护受害乘客利益,避免受害人及其家属因一承运人破产而索赔无果的风险,这种责任方式通过分散承运人无赔偿能力的风险,最大限度地确保了索赔人的全部受偿。同时,这种法定的连带责任既简化了识别责任人的立法难题,又可减少诉讼成本,提高诉讼效率,避免了循环诉讼的资源浪费,有效地解决争议。另一方面,则归咎于对国际航空代码共享法律关系本质性认知。法律关系理论是我们能够认识法律世界的重要路径,是观察和处理问题的基本方法论。只有从法律关系的思维方法入手,方能慎思明辨,探寻出代码共享运输空难中复杂的请求权基础,判其适当与优劣,厘清与落实相关主体的损害赔偿责任。不难发现,在代码共享航班的空难赔偿责任体系中,缔约承运人和实际承运人之间的代码共享合作关系是至关重要环节。代码共享协议是双方合作的基础,这种合作关系并非民法上的显名代理或隐名代理关系,并不适用民法的代理规则。例如,在航空运输合同订立和履行过程中,缔约承运人不是实际承运人的显名代理人,因机票上显示了缔约承运人的代码;缔约承运人也非实际承运人的隐名代理人,因缔约承运人在售票时对乘客需要告知实际承运人的相关信息②。在航空代码共享的运营目的上,代码共享的缔约承运人和实际承运人都非为对方利益而行为,而是都在谋求自己利益,通过共享代码,各获利益,如互换航线权获得分配收入或直接按收入比例分配收益。虽然缔约承运人和实际承运人可以相互代理地面服务(如为旅客提供客票签转、变更、退票及值机手续等服务),但缔约承运人与乘客订立合同完全是自己行为,非为实际承运人代理签署合同的行为。

因此,国际航空公约关于航空代码共享运输损害责任的承担,设计了缔约承运人和实际承运人的"共同但有区别性"责任制度,即对于实际承运人履行的全部或部分运输,缔约承运人和实际承运人都有责任约束,缔约承运人对合同所涉全部运输负责,也要为代码共享相关方的航段运输损害承担责任,而实

---

① 参加上海市浦东新区人民法院(2005)浦民一(民)初字第 12164 号民事判决书;上海市第一中级人民法院(2006)沪一中民一(民)终字第 609 号民事判决书。

② 例如,网上购买机票时,航班右侧会有一个"享"字,鼠标放上去,会有浮动窗口提示该航班的实际承运航空公司是谁,窗口下方也有相关提示。

际承运人只对其履行的运输负责。① 由此可见,代码共享运输损害的请求权人可在缔约承运人和实际承运人的住所地、主要营业地、订立合同的营业地、目的地或发生事故时旅客的主要且永久居所地的法院确定管辖权。

第三节　国际航空代码共享承运人的连带责任

代码共享承运人连带责任的制度价值是值得肯定的,但支撑这种连带责任的理论基础是什么,尤其是索赔人对实际承运人的请求权基础是什么,需要进行探讨。缔约承运人对乘客的责任基础在于彼此的航空运输合同,此点无争议,1999 年《蒙特利尔公约》规定乘客对实际承运人造成的损害,可以向缔约承运人寻求损害赔偿,体现了航空运输合同的逻辑诉因。

但是,《蒙特利尔公约》虽然规定原告起诉实际承运人时可以援用过错推定,实际承运人也可利用责任限额进行保护和抗辩,但这并没有解决实际承运人在航空运输责任诉讼中的"合理"身份问题。自 1929 年以来,确立的华沙责任体制,主要规范的是承运人和旅客之间的合同关系,以此区别承运人对地(水)面第三人责任的罗马公约责任体制。华沙责任规则的适用主要取决于合同的存在,1999 年《蒙特利尔公约》虽然规定了旅客的违约之诉和侵权之诉竞合的选择权,但依然没有解释实际承运人对缔约承运人的损害承担连带责任的基础问题。因此,代码共享运输实际承运人的连带责任的请求权诉因问题,长期以来模糊不清、争议不断。

一、航空代码共享运输承运人连带责任的理论基础

关于实际承运人(非合同当事人)与缔约承运人一并对受害人承担连带责任的理论基础问题,能够予以合理解释的有以下四种理论。

(一)合同拘束力扩张理论

通过法定方式,使合同之外第三人也受合同的约束,并与合同当事人承担连带责任。这一思路虽以过度突破合同相对性②原则为代价,但可简明维持合同责任体制,又能实现对特定人权益的保护,可谓一妥当做法。代位

---

① 参见 1961 年《瓜达拉哈拉公约》第 2 条、1999 年《蒙特利尔公约》第 40 条、《民用航空法》第 138 条。

② 合同相对性,是指合同当事人之间存在的联系或关系。按照惯例,提起有关的合同诉讼,原告和被告必须就系争事项存有利害关系。合同相对性原则的价值在于维护契约自由精神和意思自治原则,防止缔约一方陷人可能对不特定的第三人承担责任的风险,从而限制合同的责任范围,保护交易的积极性。

权之规定实则为其突出体现。代码共享运输的实际承运人,虽不是与乘客订有合同关系的《华沙公约》意义上的承运人,但为突出保护乘客的利益,应与缔约承运人一起受合同的约束。

正是基于这种考量,1961 年《瓜达拉哈拉公约》确立了实际承运人与缔约承运人的连带责任制度后,一些法院就对实际承运人直接根据该公约裁定其为合适的被告,并不考虑其与原告是何种合同关系,也不考虑承运人是否为航空运输合同的当事人。[①]

1999 年《蒙特利尔公约》继续全盘吸收瓜达拉哈拉公约的责任规则,赋予代码共享实际承运人享受运输合同承运人所享有的相应权益外,以"实际所从事运输"为中心赋予其与缔约当事人的相互诉权,并配置了相应的运输合同义务。这种合同拘束力的法定扩张路径,体现了《蒙特利尔公约》强化航空消费者权益保障的立法宗旨,具有特定的时代意义。

(二)侵权连带责任理论

航空代码共享的缔约承运人(合同当事人)承担违约责任或侵权责任,实际承运人(合同第三人)承担侵权责任。这种解释路径既合理确立了连带责任的发生根据,又不违反合同相对性原则,我国司法实务中也有认可。例如,实务上承认,海上货物运输承运人(合同当事人)、无正本提单提取货物的人(第三人)对正本提单持有人都构成故意侵权,无正本提单交付货物的承运人与无正本提单提取货物的人承担连带赔偿责任。[②] 这应是目前航空代码共享实际承运人对乘客承担连带责任能够予以借鉴的最合理的解释理由。

(三)并存债务承担理论

航空代码共享运输的实际承运人以第三人身份与缔约承运人一起作为乘客的共同债务人而承担赔偿责任。这种并存债务承担的根基则源于代码共享声明或告知。代码共享声明通常会集中体现在航空运输合同的核心条款——"航空运输总条件"(包括旅客、行李运输国际或国内运输总条件和货物运输国际或国内运输总条件)之中。经过主管机关审核批准后的航空运输总条件,在被订入合同时会被明示告知,即代码共享航班的销售会告知购票人执飞的实际承运人,缔约承运人出售的客票也被视为实际承运人所

① Christlan Conti. Code-Sharing and Air Carrier Liability, Air & Space Law, Vol. XXVI/1 (February 2001). p.14.
② 参见刘寿杰:《〈关于审理无正本提单交付货物案件适用法律若干问题的规定〉的理解与适用》,载《人民司法》2009 年第 9 期。

售。① 由此意味着旅客、缔约承运人和实际承运人三方共同形成了并存的债务承担合意。关于并存债务承担的连带责任性质,虽有争议,但我国大陆学者多数持赞同观点②,日本也存在承担连带责任的判例和学说③。缔约承运人与实际承运人的代码共享协议通常会依法作出连带责任的约定,尽管其中会明确"实际承运人仅对其实际承担的运输负责、缔约承运人对全部运输负责",但就实际承运人载运期间发生的损害而言,此种约定已经足以保护旅客权益。

（四）合同体系扩张理论

把代码共享协议视为航空运输合同的附属协议,从而扩张航空运输合同体系,确定实际承运人承担责任。这种扩张合同体系的方式,实际上就是缔约承运人将自己的运输义务,分包给了实际承运人。关于分包的授权问题,可以将缔约承运人售票时对旅客告知代码共享并征询订约意愿,视为乘客对分包的默示授权。如果未对旅客告知航班是代码共享的航班,则可视为航空运输合同订立过程中的程序瑕疵,事后可予以补正。当然,合同体系扩张理论的逻辑性也遭有质疑,如有人认为,未告知代码共享,则构成特定情况下的重大违约,缔约承运人是否有权援引公约的抗辩事由和责任限额值得怀疑。④ 也有人认为,实际承运人的最终责任实质上受制于代码共享协议的约束,与客票条款显然形成冲突,使实践中实际承运人的责任承担会变得极为复杂。⑤

上述四种理论分别从不同视角阐释了代码共享实际承运人与缔约承运人一起对受害人承担连带责任的正当性和依据。无疑,这四种责任理论增加和强化了受害人权益保障的诉请路径,均有其一定的合理性。

二、航空代码共享承运人连带责任认定的判例考察

在司法实践中,法院判决通常并不阐述实际承运人与缔约承运人连带责任承担的理论基础问题,多是直接依据国际公约的立法规定,判定航空运输行为的连带性或损害赔偿责任的连带承担者。例如,在 1977 年 General

---

① 在实践操作中会以星号或"享"字标示航班为代码共享的情形。
② 参见王家福主编:《中国民法学·民法债权》,法律出版社 1991 年版,第 87 页;王利明:《合同法研究》(第 2 卷),中国人民大学出版社 2003 年版,第 254 页;张广兴:《债法总论》,法律出版社 1997 年版,第 249 页。
③ 参见韩世远:《合同法总论》,法律出版社 2004 年版,第 581 页。
④ See Chitty on Contracts,27 ed. Vol. Ⅱ,Sweet & Maxwell:1994 Sec. 34 – 028 at p.415.
⑤ R. I. R. Abeyratne. *Legal and Regulatory Issues of Computer Reservation Systems and Code Sharing Agreements in Air Transport*,copyright 1995 by Editions Frontières,p. 89.

Electric Co. & Circle Air Freight Corp 案中,General Electric 公司(以下简称 GE 公司)和 Circle Air Freight 公司(以下简称 CAC 公司)签约,之后,CAC 公司和法国航空公司(Air France)订约,委托法航承运。法航为实际承运人,CAC 公司为缔约承运人。当法航公司将货物运抵目的地时,GE 公司发现货物有毁损,要求赔偿,并认为法航公司是直接承运的第一承运人,CAC 公司未依据《华沙公约》第 8 条规定,在航空货运单上填写第一承运人法航公司的名称和地址,而是填写 CAC 公司的名称和地址,显然违反公约规定,且载运途中停降巴黎部分未在航空货运单上注明,因此不得主张承运人的责任限额。但美国联邦法院认为,CAC 公司是货物运输合同的缔约承运人,符合《华沙公约》第 8 条第 5 项所指的第一承运人,而法航公司的货运单已纳入 CAC 公司所制作的航空货运单附件,在法航公司货运单上已注明途中停降巴黎,因此,CAC 公司并未违反《华沙公约》的规定。[①] 在本案中,以自己名义实际运营国际航空运输却与 GE 公司没有合同关系的法航公司,既不是缔约承运人 CAC 公司的受雇人或代理人,也非连续承运人。法航公司实际承运而未缔约、CAC 公司缔约而未实际承运,这种情况在《华沙公约》责任体制中没有规定,但联邦法院基于更好保障托运人利益,判定 CAC 公司作为缔约承运人,符合《华沙公约》第 8 条第 5 项所指的第一承运人,并将法航公司货运单上的说明视为缔约承运人 CAC 公司的行为,因而驳回 GE 公司要求 CAC 公司不得主张承运人责任限额的诉请。[②]

在司法实践中,对运输应承担责任的主体有不同认定。有的法院判决要求缔约承运人对运输应承担责任。例如,在 2005 年"广州中远国际航空货运代理有限公司诉中山市宏源灯饰电器有限公司案"中,被告于 2002 年 10 月委托原告将一批货物于同年 11 月 15 日前空运到奥斯陆,原告向被告签发了空运单,并将货物交由韩亚运输公司实际运输;因货物迟延到达,被告要求原告赔偿货物迟延造成的损失。审理法院认为,原告以自己名义承揽货物并不承担实际运输义务,为缔约承运人;韩亚运输公司承担具体的运

① 本案介绍转引自张又升:《航空货运单之研究》,台湾海洋大学 2000 年硕士学位论文,第 106～107 页。
② 此案涉及惩罚航空承运人的失权条款。即根据《华沙公约》第 9 条规定,如果承运人接受货物而没有填写航空货运单,或航空货运单没有包括"声明运输应受本公约所规定责任制度的约束"一项,承运人就无权引用本公约关于免除或限制承运人责任的规定。此条款即为"惩罚航空承运人的失权"规定,后来的 1955 年《海牙议定书》继续沿袭该失权规定。但是,如果本案适用 1999 年《蒙特利尔公约》,则不会发生此种纠纷,因为 1999 年《蒙特利尔公约》已经废止了该失权规定,该公约第 9 条规定:"未遵守第四条至第八条的规定,不影响运输合同的存在或者有效,该运输合同仍应当受本公约规则的约束,包括有关责任限制规则的约束。"

输责任,为实际承运人;原告作为缔约承运人也应保证货物准时送达,并对运输迟延承担违约责任。① 有的法院判决认定实际承运人直接承担货损赔偿责任。例如,在 2007 年美国"威农场诉美国航空公司案"中,原告威农场委托货运代理人将一批芦笋从秘鲁利马运往美国迈阿密,被告为实际承运人;货物运抵后,被告没有及时通知报关员报关,亦没有采取冷冻方式保存芦笋,芦笋因温度过高全部毁损。被告表示其与原告并没有运输合同关系,原告不应向其主张赔偿。审理法院认为,被告系实际承运人,应对运输责任范围内的货损承担赔偿责任。② 也有判例驳回追加缔约承运人参加诉讼的情形。例如,在 2004 年阿卜杜勒·瓦希德诉东方航空公司的国际航空旅客运输合同纠纷案中,被告东方航空公司(实际承运人)在法庭辩论终结前提出了追加缔约承运人(香港国泰航空公司)参加诉讼的申请,审理法院根据1961 年《瓜达拉哈拉公约》赋予旅客诉讼对象选择权的立法目的、审理案件的实际需要、诉讼成本、旅客维权的便捷性等因素考量后,对东方航空公司追加当事人的申请未予采纳,判决支持原告要求实际承运人东方航空公司承担延误损害赔偿责任的诉请。③

三、国际航空代码共享承运人连带责任适用的疑难问题

在国际航空代码共享运输实践中,承运人连带责任的适用常会产生两个有影响的问题,一是不同责任限额对代码共享承运人连带责任适用的影响问题,二是连续运输对代码共享运输连带责任适用的影响问题。这两个问题所造成的疑难与困惑,需要辨析。

(一)不同责任限额对代码共享承运人连带责任适用的影响与处理

在航空运输实践中,实际承运人和缔约承运人运输条件可能不同,其赔偿责任限额也会有所差异,代码共享各方有不同责任风险负担,这势必对连带责任的承担产生影响。如何确定对乘客的赔偿责任数额和责任主体,即如果 A 和 B 都对 V 负有责任,但就同一损害,其中一人的责任要多于另一人(如由于 A 和 V 之间有合同约定,或者 A 据以负责的责任制度不允许某些类型的损害),这对赔偿责任以及追偿权利有什么影响?④

---

① 参见广州市中级人民法院(2005)穗中法民二终字第743号民事判决书。
② Wea Farms *v.* American Airlines, Inc., 2007 WL 1173077.
③ 参见上海市浦东新区人民法院(2005)浦民一(民)初字第12164号民事判决书;上海市第一中级人民法院(2006)沪一中民一(民)终字第609号民事判决书。
④ See W. V. H. Rogers, *Unification of Tort Law: Multiple Tortfeasors*, KluwerLaw Internationa, 2004, p. 5.

航空运输实践中,一些立法或特别协议经常存在航空公司放弃责任限额或责任抗辩的情形。例如,根据欧盟 2027/97 号条例①,欧盟成员方发放营运执照的承运人在其"运输条件"中必须规定"对事故中的乘客因伤亡或其他身体伤害提起的索赔放弃责任限额",也必须放弃《华沙公约》规定的抗辩。根据 1966 年《蒙特利尔协议》②的规定,参加该协议的承运人,对于因旅客死亡、受伤或其他身体损害提出的任何赔偿要求,承运人不得援引 1929 年《华沙公约》或 1955 年《海牙议定书》规定的任何辩护理由。根据 1999 年《蒙特利尔公约》的规定,承运人可以订立运输合同适用高于本公约规定的责任限额或者无责任限额,也不妨碍承运人放弃根据本公约能够获得的任何抗辩理由③,尤其是承运人除法定责任抗辩事由④外,必须放弃其他一切责任抗辩。

在航空公司运输总条件中,代码共享的两个航空公司有无放弃责任限额,责任风险明显不同。如果缔约承运人放弃责任限额,运输条件优于实际承运人的责任限额,乘客从实际承运人那里获得的赔偿则会较少,乘客则陷入不利的境地。如果实际承运人在其运输总条件中放弃责任限额,承诺承担无限责任或放弃免责利益,显然对乘客有利,但这会造成代码共享的缔约承运人面临高额赔偿的风险。因为按照国际公约的规定,缔约承运人对全程运输负责,因而会成为乘客索赔的首要对象。显然,实际承运人和缔约承运人的运输条件差异可能影响对乘客的赔偿责任数额。

对于实际承运人和缔约承运人的上述责任风险,立法通常是授权航空承运人自行解决。例如,1999 年《蒙特利尔公约》第 48 条规定:"除第四十五条规定外,本章的规定不影响承运人之间的权利和义务,包括任何追偿权或者求偿权。"⑤实践中,经常采用的协调解决方案是代码共享协议,如协议经常约定"实际承运人承担旅客对缔约承运人的索赔费用,缔约承运人有过

---

① 该条例的全称为:Council Regulation of 9 October 1997 on air carrier liability in the event of accidents (No. 2027/97/EC),即"航空承运人事故责任条例"。

② 1966 年《蒙特利尔协议》不是强制性的,并且其内容必须在承运人的运输条件中予以落实方能有效,但不受承运人所在国是否批准该协议的影响。

③ 1999 年《蒙特利尔公约》第 25 条、第 27 条。

④ 根据 1999 年《蒙特利尔公约》第 20~21 条规定,在第一责任梯度下,承运人只有能够证明损失是旅客本人或由索赔人或者索赔人从其取得权利的人的过错造成的,可相应全部或者部分免除承运人的责任,除此之外,承运人不得免除或者限制其责任。在第二责任梯度下,承运人只能证明有下列情形的,才不应承担责任:(1)损失不是由于承运人或者其受雇人、代理人的过失或者其他不当作为、不作为造成的;(2)损失完全是由第三人的过失或者其他不当作为、不作为造成的。

⑤ 我国《民用航空法》第 144 条也有类似规定。

失的除外",因此,没有放弃责任限额和责任抗辩的航空承运人在签署代码共享协议时,应该警惕或谨慎起草该特殊条款。代码共享协议应明确代码共享相关承运人的法律身份、赔偿责任类型、缔约承运人和实际承运人之间权利、义务及相关追偿权或求偿权。如果没有明确这些问题,就可能导致《蒙特利尔公约》对代码共享国际航班的适用,增加协议当事人的责任风险。在代码共享航班发生空难后,如果一方放弃责任限额或放弃法定限额的抗辩,以高于其所在国的责任限额进行赔偿,往往更有助于赔偿纠纷的解决。①

如果缔约承运人和实际承运人之间没有协议或协议约定不明,按法定机制处理。根据《蒙特利尔公约》的规定,实际承运人承担的责任不超过法定的旅客伤亡赔偿限额或延误、行李和货物的责任限额②,任何有关缔约承运人承担未规定的义务或者放弃本立法赋予的权利或者抗辩理由的特别协议或相关特别声明,除经过实际承运人同意外,均不得影响实际承运人。③值得注意的是,由于缔约承运人对合同考虑到的全部运输负责,缔约承运人因实际承运人或其受雇人的行为引发的无限额责任,则不可以进行限制。换言之,对于实际承运人的故意或过失行为导致的无限额责任,立法剥夺了缔约承运人可以援引的责任限额保护,其立法宗旨无非是为了强化缔约承运人选择代码共享合作伙伴的注意义务。

(二)连续运输对代码共享运输连带责任适用的影响与处理

1999 年《蒙特利尔公约》明确区分了代码共享运输和连续运输,其中第 36 条规定的是"连续运输",第 39~48 条规定的是代码共享运输。代码共享关系的特点在于旅客和一个承运人缔结了运输合同,而其他承运人借助于第一承运人的授权,履行了全部或部分运输,并没有都变成连续运输,旅客可能也不是必然地知道运输不是由缔约承运人履行的。因此,代码共享运输不都是连续运输,反之亦然。

因代码共享运输和连续运输在形式上都会涉及两个或两个以上的承运人,可能会被旅客混淆或误解。在航空运输实践中,一个代码共享航班可能涉及几个连续承运人共同履行的运输,这种运输合同的形式是以一个合同订立或者一系列合同订立的,但运输合同各方认为几个连续的承运人履行

---

① See Mark Franklin, *Code-Sharing and Passenger Liability*, Air & Space Law, Vol. XXIV Number 3, 1999, p. 132-133.

② 有过失的则可超过责任限额。

③ 参见 1999 年《蒙特利尔公约》第 41 条、1961 年《瓜达拉哈拉公约》第 2~3 条和《民用航空法》第 139 条第 3 款的规定。

的运输是一项单一业务活动的,应当视为一项不可分割的运输,并不因其中一个合同或者一系列合同完全在同一国领土内履行而丧失其国际性质。①但是,缔约承运人同时销售两种不同航段的运输,当航程涉及一个连接点时,就可能出现连续运输与代码共享运输交织的情形。客票上载明的两个代码共享承运人对同一航程的不同航段履行运输,一个航段是缔约承运人自己承运的,另一个航段运输是由挂有自己代码的其他承运人承运。例如,乘客从承运人 A 处购买一张从北京经过东京到纽约的机票,从北京到东京航段的航班是承运人 A 实际运输的,从东京到纽约航段的航班是代码共享承运人 B 实际运输的,承运人 B 载有 A 和 B 两个承运人的航班号码。如果后一航段的航班出现索赔诉讼,应适用连续运输责任规则还是代码共享运输责任规则?

因连续运输和代码共享运输的责任规则有异,适用不同的规则会产生不同的后果。如果承运人 B 被视为连续承运人,除非承运人 A 承担了全程责任,否则,乘客只能对发生事故航段的承运人进行索赔诉讼;如果承运人 B 被视为代码共享的实际承运人,乘客有诉讼选择权,可以选择承运人 A 或承运人 B 分别诉讼,也可对两者共同诉讼,要求两承运人共同承担赔偿责任。

关于连续运输和代码共享运输的关系问题,素有争议。有人认为,连续运输规则可以适用于代码共享②,但有学者对此持否定意见③。从代码共享运输的实质考察,代码共享意味着乘客是与一承运人达成了一个单一运输协议,该承运人是唯一合同相对人,并应持有国际航协颁发的代码,自己应该能够承担赔偿责任。代码共享协议不是简单地约定几个承运人在定期航班中连续地承担各自的责任,代码共享航班的第一航段承运人和整个航程的其他航段承运人是有关联的,乘客根据缔约承运人的广告和服务承诺,从始至终会认为缔约承运人对全部运输负责,而其他代码共享承运人也会承担各自的连带责任。因此,对连续运输和代码共享运输交织时责任主体的判断,取决于实际承运人是否为代码共享,如果航班挂有共享代码,则按代码共享运输责任规则处理,否则按连续运输责任规则处理。对于上述后一

---

① 参见 1999 年《蒙特利尔公约》第 1 条第 3 款。

② See Mark Franklin, *Code-Sharing and Passenger Liability*, Air & Space Law, Vol. XXIV Number 3, 1999, p. 129 – 130.

③ Günther Klaus, *Legal implications of Code-Sharing services – A German perspective* [1997] ASL 11; Dettling-Ott, supra note 12, 113ff.; Barry Desmond T., *Recent change in the Warsaw Convention: The effects on airline liability claims*, The Air and Space Lwayer, Vol. 14, No. 1, 1999. p. 10.

航段运输的责任,有些缔约承运人即使在其"运输总条件"中以单独的声明文件等排除了自己的责任,但这种责任排除声明因会损害索赔人权益的实现和选择权而无效,对乘客并没有约束力。缔约承运人必须遵守其与乘客之间合同义务的约定,非缔约承运人承运的航班发生空难损害赔偿的,缔约承运人和实际承运人必须承担连带被追索的责任,因为毕竟缔约承运人和乘客的航空运输合同关系与缔约承运人和实际承运人之间的代码共享合同关系是两种不同的法律关系。

第九章　恐怖劫机致空难损害的
赔偿责任

在国际法中,恐怖主义是指从事恐怖活动的各种刑事案件的总和,是具有恐怖性质的犯罪活动,是一种综合性的多元社会和法律现象。① 恐怖主义者通过绑架人质、劫持飞机等伤及无辜的活动,以达到造成恐怖局面的目的,对人类社会造成巨大伤害。早在 1934 年,国际联盟就成立了国际遏制恐怖主义委员会,1937 年制定《防止和惩治恐怖主义公约》。20 世纪六七十年代,恐怖主义劫机犯罪猖獗,国际民航组织积极寻求解决办法,制定了一系列反劫机公约,如《东京公约》、《海牙公约》、《蒙特利尔公约》、《北京公约》和 2010 年《北京议定书》等。关于恐怖劫机致人伤亡或财产损失的,航空承运人是否应负赔偿责任,其关键问题是要考察航空承运人对恐怖劫机的发生是否有过失,航空承运人的过失责任源于安全保障注意义务违反。

第一节　航空承运人在恐怖劫机中的过失问题

过失的概念在不同法系有不同表述,基本内涵是指缺乏合理谨慎的行为或违反注意义务的行为。对过失外延的界定,学者主张应采取综合考量方法,即对过失的判断考虑原告、被告和社会三方面利益的重要因素②。根据过失的一般要求,原告提起过失诉讼须满足和证明下列要素:(1)损害的存在;(2)被告对原告负有的注意义务;(3)被告违反对原告的义务,包括对被告行为合理性的分析;(4)注意义务的违反是损害的近因,包括恐怖主义劫机是否为被告可预见的风险的分析。本节结合"9·11"恐怖主义劫机事件对这四要素进行解析,以判断航空承运人过失的有无。③

一、恐怖劫机中过失的构成要素之一:损害的存在

"9·11"事件是发生在美国本土最为严重的恐怖攻击行动,遇难者高达

---

① 李世安:《恐怖主义的历史考察》,载《烟台大学学报(哲学社会科学版)》2008 年第 4 期。

② 参见王泽鉴:《侵权行为法》,法律出版社 2001 年版,第 261 页。

③ 本节主要内容在下文基础上修改而成,郝秀辉:《恐怖主义劫机事件的"过失"论证》,载《甘肃政法学院学报》2009 年第 4 期。

2996 人;对于事件的财产损失,联合国报告称对美经济损失达 2000 亿美元,
对全球经济所致损害达到 1 万亿美元;对美国民众造成极为深远的心理影
响。2016 年,纽约法官作出判决,伊朗应向"9·11"恐怖袭击遇难家庭和保
险公司支付 105 亿美元的赔偿金。① 如此巨大的人身伤亡和财产损害与破
坏是客观存在和无可置疑的。

二、恐怖劫机中过失的构成要素之二:注意义务的存在

注意义务的概念是普通侵权法,特别是过失侵权责任中最为混乱的概
念,包括许多方面内容。② 在航空高风险活动领域,侵权人的"过失"基础就
是其对特定关系人的安全注意义务,这种注意义务来源较多,既可源于先前行
为、契约约定和法律法规,也可源于侵权人自己的章程细则或航空惯例。

法律责任的成立以法律义务为前提和基础,无义务即无责任,责任是义
务违反的当然后果。首先必须明确被告是否负有注意义务,其次才涉及该
注意义务的违反。注意义务的概念一方面是法官手中的司法工具,法官利
用它可以控制或确定过失侵权责任的范围和界限③,另一方面也是"政策的
监控器",是"法官用来决定限制或扩张责任的政策中介"④,研究过失侵权
责任,必须研究注意义务这个要素。

在航空器飞行运营过程中,无论是立法、判例、契约或习惯,航空器承运人
或经营人都负有不为加害行为或不让加害行为发生的法律义务。例如,根据
航空旅客运输合同,承运人对旅客负有安全及时运达目的地的注意义务。根
据相关立法,承运人还对地面的任何第三人负有航空安全飞行的注意义务,这
种注意义务是对每一个人都负有的,不是单独保护 A、B 或 C,是其对世人承
担的预防社会不必要危险的义务,包括在危险区域范围之外的人。

恐怖主义劫机事件的预防是否属于经营人应尽的航空安全注意义务范
畴? 考察航空法律实践,航空器在住宅区失事坠落是少数,出现一般航空事
故时,航空器经营人一般情况下会承认对地面受害人的责任⑤,这不仅因法

---

① 转引自"科普中国"科学百科词条,https://baike. baidu. com/item/9% C2% B711% E4% BA%
8B% E4% BB% B6/5536910? fr = aladdin,最后访问日期:2020 年 12 月 27 日。

② McLaren, *Negligence*. 1 Sask. L. Rev. 53 (1967).

③ Vgl. Dazu Stoll,Handeln auf eigene Gefahr,168.

④ McLaren,*Negligence*,1 Sask. L. Rev. 48,50 (1967).

⑤ A. K. Hellerstein. *Opinion and Order Denying Defrendants' motion to dismiss*,United States
District Court Southern District of New York,in Re September 11 Litigation,at 8 - 9. 指一系列与
恐怖主义无关的航空事故,如 Rehm v. United States,196 F. Supp. 428 (E. D. N. Y. 1961)和
In re Air Crash Disaster at Cove Neck,885 F. Supp. 434 (E. D. N. Y. 1995)。

律规定和事故极少发生,更主要的是一般性航空事故造成地面损害的规模和受害人范围一般是可调查和可保险的①,其对地面第三人的赔偿责任几乎都由保险公司承担和兑付。"9·11"事件造成的损害数量或规模史无前例,天文数字的赔偿额令所有被告和保险公司都发抖,在望而却步的同时急忙寻求对注意义务范围的解释,相比一般航空事故,"9·11"恐怖袭击使航空安全注意义务的范围被不合理扩大②,故"9·11"事件后,在众多侵权损害赔偿之诉中,作为被告的经营人认为,他们对地面受害人不负有注意义务,受害人的伤害超出了可归责的任何可预见注意义务范围,即使可归责,恐怖袭击也切断了最近因果关系链条。③

在此必须注意,被告的这种自认非常狡猾和隐晦,这暗示即使被告对地面受害人负有注意义务,但是"9·11"这种史无前例的恐怖袭击消除了这种注意义务。逻辑果真如此?诉讼原告曾提出,被告未尽到禁止恐怖主义者携带武器登机以保障航空器安全的注意义务,被告知道或应该知道这种航空风险,而且应该采取特别安全措施防御劫机风险的发生。原告的这种观点被认为具有特别意义,美国地区法院 Hellerstein 法官认为,恐怖主义是一个重大问题,恐怖主义者通过寻求造成尽可能多无辜的人死亡、伤害和大破坏的自杀行为已是"一个频繁使用的策略"④。那么,"9·11"恐怖劫机事件是否超出航空安全注意义务的合理范围?

笔者认为,无论恐怖劫机的损害程度如何,都无法消除航空器经营人所负的安全注意义务。考察劫机犯罪的历史,恐怖劫机目前已不是新鲜或陌生事件,早在20世纪三四十年代就已发生⑤,六七十年代全球性的劫机浪潮高峰迭起,为此国际民航组织曾先后制定《东京公约》、《海牙公约》和《蒙特利尔公约》。在国际航空实践中,不断引进高科技手段和技术、实施严格的登机安检程序,本身足以证明预防和打击劫机是有关部门高度重

---

① 1933年《罗马公约》和1952年《罗马公约》都包含了某些强制保险的要求,并规定航空器飞行时应携带保险、担保或正式登记表等。这种强制性的第三人责任保险的目的是保护第三人的利益,防止投保人和承保人逃避对地面第三人的赔偿责任。

② A. J. Mauritz, *Liability of Operations and Owners of Aircraft for Damage Inflicted to Persons and Property on the Surface*, Printed in The Netherlands, Copyright Shaker Publishing, 2003, p. 198 – 199.

③ A. K. Hellerstein, *Opinion and Order Denying Defendants' motion to dismiss*, United States District Court Southern District of New York, in Re September 11 Litigation, p. 4 – 5.

④ A. K. Hellerstein, *Opinion and Order Denying Defendants' motion to dismiss*, United States District Court Southern District of New York, in Re September 11 Litigation, p. 8.

⑤ 人类历史上第一次劫机事件发生在1932年,秘鲁几名失败的"革命者"劫机逃走,但一般将1947年发生在保加利亚的那次叛逃劫机算作近代劫机事件的第一桩。

视和必须履行的注意义务。"9·11"恐怖劫机事件产生的人身伤亡或财产损害的补偿请求,应被认为是在限定的义务范围之内,不应被看成是不许索赔的扩散。这种观点被联邦制定法规定的被告责任这一事实所证实。①

三、恐怖劫机中过失的构成要素之三:安全注意义务被违反

航空器经营人在恐怖主义劫机事件中的安全注意义务是存在的,其对这种安全注意义务是否存在未尽到安全注意义务的情形,这实际上涉及对其行为合理性的分析。这个问题在"9·11"事件中极具争议。

无论从大陆法上的"善良家父"标准还是从英美法上的"合理人"标准考察,航空器经营人恐怖主义劫机所负的航空安全注意义务并不是高不可攀的,不同领域的义务人,有不同注意程度。航空活动是一个高风险领域,理智的航空器经营人应该知道其需要的注意程度较大。如果航空承运人/经营人未加注意,或施加的注意未达到法律所要求的标准或程度,或根本未采取或未有效采取避免损害要求的预防措施,即构成注意义务的违反。在恐怖劫机事件中,航空承运人/经营人故意制造劫机事件几乎不太可能,但欠缺注意程度致恐怖劫机事件发生的情形却经常出现,并致乘客或第三人损害发生,与其说是劫机行为,不如说是航空承运人/经营人未尽到安全注意义务或未提供充分的安全救助更恰当。② 如果航空器经营人自身违反安全规定,注定是有过失的。③

运用成本效益规则分析恐怖劫机事件中的安全注意义务,体现了经济分析方法在过失责任上的逻辑推演,可以成为判断恐怖劫机损害中注意义务违反与否的常用规则。此点也被 Hellerstein 法官认同,其认为,航空公司和航空港安全公司根据成本和效益,对乘客和一般公众都负有预防未知风险的义务。④ 航空安全是航空经营活动的首要任务,劫机行为使旅客和地面第三人的人身与财产安全受到严重威胁,一旦演变为无法挽回的伤亡事故,造成的损害十分巨大,航空公司应在各环节都竭尽全力保障飞机的安

① A. K. Hellerstein, *Opinion and Order Denying Defrendants' motion to dismiss*, United States District Court Southern District of New York, in Re September 11 Litigation, p. 11 – 13.

② Seguritan v. Northwest Airlines, Inc. ,446 N. Y. S. 2d 397,398 (N. Y. App. Div. 1982). Aff d,440 N. E. 2d 1339 (N. Y. 1982).

③ Hall v. Osell,102 Cal. App. 2d 849,228 P. 2d 293 (1951); Notes,32 Calif, L. Rev. 80 (1944),13 Calif. L. Rev. 428 (1925).

④ A. K. Hellerstein, *Opinion and Order Denying Defrendants' motion to dismiss*, United States District Court Southern District of New York, in Re September 11 Litigation, p. 13 – 14.

全,采取各种反劫机措施,即使这些措施和防范设备会使航空器经营人付出昂贵的成本代价,但它换取的众多生命和飞机安全的效益是无价的。今天,利用包括金属探测器、X射线扫描机和高级心理测试等先进技术,发现可疑乘客、炸弹藏匿处所或其他故意破坏行为已不是难事,关键在于航空承运人/经营人是否愿意或者尽全力采取这些反恐预防措施。预防和控制恐怖劫机作为航空器经营人应尽的注意义务,于情于法都说得通,施加这种注意义务更能调动反劫机行为的积极性。一个现代的社会必须承认行为自由的价值,调整行为自由的法律应当设法调动人们防止不法行为和避免损害结果的自觉能动性,因为不法行为和损害结果是人们通过主观努力所能够避免的,为调动这种自觉能动性,法律就必须把责任限定在过错范围内。① 这意味着航空承运人/经营人没有达到法律和道德要求的注意程度,即可判断其违反了注意义务。因此,在恐怖劫机事件的发生原因上,航空承运人/经营人在航空活动的某些环节上未能有效、全力尽到安全注意义务,对于发生的损害有着难以推卸的责任。

四、恐怖劫机中过失的构成要素之四:注意义务的违反是损害的近因

在"9·11"恐怖劫机袭击事件中,也许有人认为,灾难性的损害后果是由自杀性劫机者的行为直接造成的,劫机后撞击大楼的行为才是众多无辜生命丧失和财产毁坏的近因。但是,搜寻整个事件的因果链条,不难发现,航空器经营人在防止恐怖主义者登机环节和空中飞行环节没有尽到足够的安全注意义务,致使恐怖主义者能够登机并在飞机运行中能够成功挟持飞机撞击预定目标,才造成毁灭性损害后果。即使地面登机的安全检查义务由航空器经营人转移给航空港经营人或其他地面服务公司,也无法免除航空器经营人对乘客和第三人应尽的安全注意义务,更不能摆脱其安全注意义务违反的可归责性。因此,航空承运人/经营人安全注意义务的违反是成功劫机的直接原因,也是劫机损害的根本性原因。

综上所述,依据过失判断的四要素分析,在恐怖劫机造成的损害赔偿中,作为航空承运人/经营人难逃过失之嫌。如果没有可以免责的情形,航空承运人/经营人注定要承担过失责任。

---

① 参见王卫国:《过错责任原则:第三次勃兴》,中国法制出版社2000年版,第247页。

第二节　恐怖劫机是否属于不可抗力的探究

一、恐怖劫机事件是否属于不可抗力之争议

恐怖劫机事件是否属于不可抗力,实际上涉及劫机风险的可预见性问题。不可抗力一般是指人力所不可抗拒的力量,包括自然现象和社会现象(如战争),是独立于人之外的一种现象,而非某种行为。

作为法律所规范和调整的"劫机"是一种可能导致损害的行为,这与新闻报道中所使用的作为已经发生和存在的客观事实情况的"劫机"在内涵上有所不同。更为重要的是,对于劫机的发生,航空器经营人或航空港经营人并非不存在过失。例如,在机组人员劫机情形下,航空器经营人的过失是明显的,因为作为雇主的经营人具有对其雇员的机组人员选任不当、疏于管理和监督的过失之责。在乘客劫机情形下,航空港具有对乘客及其行李和随身物品疏于检查和防范的过失之责。无论是恐怖主义还是其他人的劫机造成的损害,经营人无法以不可抗力为由免责,也无法切断劫机行为与损害发生之间的因果关系链条。尽管损害是恐怖主义者的劫机行为直接造成的,但航空器经营人在运营不同环节存在的行为不合理性或不适当性,应是极其重要的前置原因或诱因。

劫机风险的可预见性标准不应以损害赔偿的结果为基础,而应以特定预见主体的预见能力和风险回避可行性为基础。在已预见并有回避与预防劫机风险的情况下,没有采取或没有成功地采取预防措施致劫机行为发生,对劫机损害后果具有可责性。

二、恐怖劫机危险的可预见性之争议

危险的可预见性是注意义务产生的前提,因为只有可预见的危险才有预防和避免的可能,因未有预防而发生的行为才是可归责的。[①] 但是,可预见性的概念却是侵权法中一个比较困难的问题,因为可预见性是相对的,其与三个重要方面相关,一是可预见性与事情描述的细节或多或少有关;二是可预见性与一个人的职业和知识有关,但到底依据谁的知识,法律的回答是:处于被告位置上的合理人拥有的知识,处于被告位置上的合理人概念最终要依赖于价值判断,即一个人对他人的保护应该采取怎样的注意;三是人

---

① 参见于敏:《日本侵权行为法》,法律出版社1998年版,第116页。

们对风险的不同态度,有人认为,风险是不利的,有人认为,风险是有利的,而有人认为风险是中立的,越是认识到风险不利的人就会越预见未来的损害风险,越能采取预防措施,反之亦然。①

在"9·11"恐怖主义袭击造成的损害索赔诉讼中,关于劫机危险的可预见性存在三种观点:第一种观点认为,美国地区法院的 Hellerstein 法官认为可将注意义务的范围限制在潜在原告可预见的范围上②;第二种观点认为,被告提出的"9·11"事件不在合理可预见风险范围内③;第三种观点认为,劫机风险是可预见的,因为历史上已经发生无数次劫机事件,但对利用民用航空器做人制炸弹袭击预定目标这种从未发生过的风险在"9·11"事件之前是不可预见的。换言之,即使可以预见恐怖劫机者会闯入驾驶舱的风险,但故意支配被劫持的航空器通过撞击预定目标来造成尽可能多损害的风险是无法预见的,在驾驶舱内飞行员和劫机者搏斗导致飞机失事造成地面损害的严重程度,远小于航空器被故意飞进靶场意图造成破坏所带来的损害。因此,使用航空器当做人制炸弹是一种新的航空风险,如果认可被告对"9·11"这种极端风险的注意义务,实质上扩张或创造了一种"新的责任途径"。④

(一)关于"注意义务范围应限制在潜在原告可预见范围内"观点的商榷

对于第一种观点,笔者认为值得商榷,因为原告不可能预见的航空风险并不代表被告也不能预见,在防范恐怖主义劫机的专业性知识和操控能力上,作为受害人的原告远远不如航空器或航空港经营人。如果将原告可预见的风险作为航空器经营人应尽注意义务的范围,必定会大大缩小航空安全注意义务的范围,不利于对受害人的保护,增加注意义务承担人的懒惰性和消极性,对全世界的反恐活动和斗争都将产生消极影响。因此,无论是在预防恐怖主义在空中劫持飞机还是在指导飞机登机过程中的过失,都受同一基本原则支配,即航空器经营人对乘客和地面的第三人都负有安全注意义务。

---

① 参见[澳]Peter Cane:《意外事故、赔偿及法律》(第 6 版),袁雪石、朱呈义、张国宏编注,中国人民大学出版社 2006 年版,第 41 页。

② See A. J. Mauritz, *Liability of Operations and Owners of Aircraft for Damage Inflicted to Persons and Property on the Surface*,Printed in The Netherlands,Copyright Shaker Publishing,2003,p. 198 – 199.

③ See A. J. Mauritz,*Liability of Operations and Owners of Aircraft for Damage Inflicted to Persons and Property on the Surface*,Printed in The Netherlands,Copyright Shaker Publishing,2003,p. 200 –201.

④ See A. J. Mauritz, *Liability of Operations and Owners of Aircraft for Damage Inflicted to Persons and Property on the Surface*, Printed in The Netherlands, Copyright Shaker Publishing, 2003, p. 201.

（二）关于"9·11"恐怖主义劫机事件不在合理可预见风险范围内观点的商榷

"9·11"袭击事件本质上是一种恐怖主义劫机行为,只是手段和后果与以往劫机有所差别。"9·11"劫机事件应属于合理可预见的航空风险范围,因为劫机是航空活动长期以来一直存在并始终打击的行为。航空运输活动的相关经营人有能力也应该预见这种风险的存在,这种风险的发生是因某些环节欠缺了一定程度的注意,这种注意的欠缺或者是在执行安全检查方面或者是控制劫机成功方面。尽管恐怖主义者以前没有故意驾驶飞机撞击大楼的行为,但航空公司应该能够合理地预见劫机者控制飞机会产生危险。如果把恐怖主义者闯入驾驶舱同劫机情形的反复无常联系起来,就产生一个可预见的风险,即被劫持的飞机可能会失事,该种失事可能会威胁地面和机上无辜生命。尽管失事飞机坠进世贸中心、五角大楼等地的特别位置未被预见,但常识是失事飞机必定会落地。检查机上乘客和携带物品以预防劫机,不仅是对乘客和机组应尽的义务,也是对被劫持飞机失事致害地面第三人的义务。①

因此,判断劫机风险的可预见性标准不应该以损害的后果为基础,而应该以特定预见主体的预见能力和风险回避的可能性为基础。在已经预见并有回避与预防劫机风险的情况下,没有采取或没有成功地采取预防措施导致劫机行为发生,就应对劫机损害后果具有可责难性。被造成的损害不需要被很好地预见,即使是以一种未预见的"人制炸弹"的方式造成的损害也可能导致责任,关键的要素是劫机风险应该预见并应有效地预防和回避。

"9·11"受害人补偿基金的施行并不表明过失的法律功能与道德功能的完全背离,也不表明法律不再鼓励注意,仅是因为赔偿目标是现代法的最高目标而已。从历史发展的视角来看,过失责任法的目的在不同时代总有一些变化,如果法律目的是强化过失的道德观念,法律就会对个人能力要求高;如果法律的目的是阻止未来的过失行为,法律就会要求个人尽其所能避免有问题的种种行为,但现代过失法首先考虑的是要对过失所致伤亡予以赔偿。②

在灾难性航空事故造成的损害超出所有金钱预期情况下,国家能在什

---

① A. J. Mauritz, *Liability of Operations and Owners of Aircraft for Damage Inflicted to Persons and Property on the Surface*, Printed in The Netherlands, Copyright Shaker Publishing, 2003, p. 200 – 201.

② 参见[澳]Peter Cane:《意外事故、赔偿及法律》(第6版),袁雪石、朱呈义、张国宏编注,中国人民大学出版社2006年版,第44页。

么程度上承接航空承运人经营人及其保险人的责任,这是"9·11"事件后值得思考和面对的问题。在面临众多亟须补偿的受害人时,虽然国家救助措施是一个更好和更可行的选择,但是如果国家对损害承担全部补偿责任,无论如何都会被人质疑,因为这种国家责任会变成是对过失责任承担者的变相袒护。

第十章　国际空难损害赔偿的国家责任①

第一节　国际空难损害赔偿国家责任的正当性证成

一、国际空难损害赔偿国家责任的界定与案例考察

国际空难损害赔偿责任体系中的国家责任,主要表现为国家对国际空难的损害赔偿责任。有关国家责任的规则要解决的问题,是国际不法行为的实施对受害国或国际社会产生的法律后果,这种"国际不法行为"包括作为和不作为以及由若干作为或不作为一起构成国际不法行为的行为。② 国际空难损害赔偿的国家责任规则,有其存在的正当性基础。

（一）国家责任的界定问题

国家责任有广义和狭义之分。广义上的国家责任,是指国家的国际不法行为或损害行为所应承担的国际法律责任。③ 狭义上的国家责任,是指国家的国际不法行为所引起的法律后果。④ 国际法上的国家责任应与国内法上的国家责任区别开来。国际法上的国家责任在性质上应主要是一种民事责任,⑤并且不区分违约责任和侵权责任。诚如有学者认为,所有违反国际义务的行为,都称为"国际侵权行为"。⑥

（二）空难引致国家责任的案例

2014 年 7 月 17 日,马来西亚的马航 MH17 航班在乌克兰东部靠近俄罗斯的边境地区坠毁,15 名机组人员和 283 名乘客全部遇难,其中包括 193 名荷兰人。飞机坠毁地点处于乌克兰民间武装控制区域。2016 年,马航

---

① 本部分主要内容在下文基础上修改,郝秀辉:《论国际空难损害赔偿的国家责任》,载《北京航空航天大学学报(社会科学版)》2015 年第 1 期。

② 参见赵建文:《国际法上的国家责任——国家对国际不法行为的责任》,中国政法大学 2004 年博士学位论文,第 10 页。

③ 参见周忠海等:《国际法学述评》,法律出版社 2001 年版,第 457 页。

④ 参见王铁崖主编:《国际法》,法律出版社 1995 年版,第 136 页。

⑤ 国家责任是否具有刑事责任的性质,存在争议,即使有刑事责任性质,也应仅是一种例外或居于次要地位。

⑥ 参见吴嘉生:《国家之权力与国际责任》,台北,五南图书出版有限公司 1999 年版,第 331 页;周鲠生:《国际法》,商务印书馆 1976 年版,第 233 页。

MH17 客机空难联合调查组发布中期调查结果,认为击落马航 MH17 客机的导弹来自俄罗斯,2020 年 3 月 9 日,马航 MH17 空难案在荷兰海牙法庭开审,4 名嫌疑人受审。如果最终调查显示,击落马航 MH17 飞机是芝加哥公约缔约国所为,该国家应承担国家责任。

由此可见,国际空难国家责任问题的研究尤显重要,只有明确国家责任,才能更好地督促其履行国际义务和更加严格规范自己滥用武力的行为,自觉维护国际民用航空安全;国家责任的明确也给受害国或当事人的索赔提供了依据,有利于遭受损害的当事主体寻求最佳的救济途径,以弥补损失。

二、主权责任理论是空难损害赔偿国家责任的源泉和基础

主权责任理论是国际社会建立良好法治秩序的根本基础,其理论精髓与主权相对论、限制论和主权层次化理论不同,其认为,在当今国际社会,主权不仅意味着一种权利(权力),而且意味着一种责任,主权作为一种权力(权利),从责任意蕴中,才能获得正当性支撑和存续发展的自由度。[①] 换言之,国家主权内在地包含或承载着法律义务和责任,这反映了国际社会和平共处、进步发展的文明要求,也是国际社会基本结构和秩序的应然要求。"一个国家之所以拥有主权权利,不仅是因为它在联合国和各种国际制度内占有名义上的席位,更由于它能够在国内尊重和维护本国公民的基本权利,在国际上尊重和维护得到公认的一般准则(和平稳定、合作发展、相互尊重等)"。[②]

国家主权责任理论不仅要求主权国家应承担其名义下造成的不法损害责任,而且国家对私人行为也负有"适当注意"和"适当行动"的主权责任,如果未能恰当地履行这样的主权责任,国家就需要对这些私人损害承担国际责任,因为国家的主权权力使其能够也应该提供安全、良治等公共服务,其国际基本主体的身份责任内含了深层次的要求。[③] 因此,在主权国家领土范围内发生武力袭击过境民航客机的悲剧,意味着主权国家存在谨慎注意义务的缺失和国家不作为或作为不适当等情形,即使这些因素可能是和反政府民间武装的私人行为因素糅合在一起,但也无法抹杀主权国家的失职或疏忽等因素的作用,如果因此推卸和逃脱国家的主权责任,显然是与规范主权权力建设国际法治秩序的现代理念和实践需要相背离的;相反,确立

---

① 参见赵洲:《主权责任论》,法律出版社 2010 年版,第 3 页。
② 王逸舟:《重塑国际政治与国际法的关系——面向以人为本、社会为基的国际问题研究》,载《世界经济与政治》2007 年第 4 期。
③ 参见赵洲:《主权责任论》,法律出版社 2010 年版,第 119 ~ 121 页。

主权国家与该类国际空难损害之间的因果责任归属关系,不仅有利于保障受损方的权益,对主权国家构成潜在的全面赔偿责任压力,而且更有利于规范和约束国家主权的适当行使,符合国际航空法治秩序的发展趋势。

三、国际公约关于"禁止对民用航空器使用武力原则"的基本要求

(一)禁止对民用航空器使用武力原则的由来

禁止对民用航空器使用武力原则,是目前国际社会普遍承认的国际法原则,其形成和发展经历了一个由习惯法到成文法的漫长曲折历史时期。在 1984 年之前是该原则国际航空立法的空白期;1984~1998 年是该原则的制定期;1998~2001 年是该原则的实施期;2001 年至今是该原则的修订期。1919 年《巴黎公约》、1944 年芝加哥公约及 1971 年《蒙特利尔公约》都没有明确禁止对民用航空器的武力攻击。

禁止对民用航空器使用武力原则的最终确立,与 1955 年、1973 年和 1983 年的三起武力袭击民航客机空难密切相关。1955 年保加利亚拦截机击落了以色列的商业飞机,因此受到国际社会多个国家的谴责和诉讼。1973 年利比亚客机被以色列空军击落,①该事件发生后曾有国家提议将禁止对民用航空器使用武力纳入芝加哥公约,但因遭到一些国家反对最终未被采纳。1983 年大韩客机因失误偏离航线进入苏联军事战略区上空被苏联空对空导弹击落。这三起空难遭到国际社会对民用航空器使用武力行为的一致谴责,但多数谴责声明援引的依据仅是《联合国宪章》禁止使用武力原则或人道主义的倡议,在芝加哥公约方面却无力提供有效支持。因此,为保护国际民用航空飞行安全,1984 年,国际民用航空组织增设芝加哥公约第 3 条分条②,明确规定"武力攻击飞行中的民用客机是每个国家都必须避免的

---

① 1973 年 2 月 21 日,利比亚一架定期航班被以色列空军击落,当时该机从利比亚首都前往埃及开罗,因恶劣天气迷路误入当时被以色列占领的领空,机上 108 人遇难,幸存者仅 5 人。See N. Y. Times,Feb. 22,1973,at A1,cols. 5 - 6. 最后,以色列同意出于人道主义考虑赔付遇难者家属,并同意与国际调查组合作调查此事。但仍坚称以色列的空中武力行为符合国际法。1973 年 3 月 5 日,国际民用航空委员会通过技术调查查明飞机被摧毁的原因,1973 年 6 月 4 日,国际民用航空组织通过决议对"毫无根据击落利比亚民用航空、严重威胁国际民用航空安全的行为"给予强烈谴责。参见国际民用航空委员会 1974 年 6 月 4 日决议。

② 在国际民航组织第 25 届(非常)大会上,有些国家代表建议用修订附件规则的方式解决问题,但鉴于涉及问题重大,最后还是决定增设第三分条,国际民航理事会后来按照会议精神修订了有关附件的规则。之所以采用分条规定的立法形式而不采用公约附件的形式,除了问题重大之外,还因根据芝加哥公约第 54 条第 12 款规定,公约附件的性质属于"国际标准及建议措施",仅是为便利起见而设,其法律约束力比正式条文差。参见赵维田:《国际航空法》,社会科学文献出版社 2000 年版,第 35 页。

行为,如果不得不对客机实施拦截,①必须确保机内乘客、机组人员及客机的安全;缔约国对于拦截的相关规定须对国际社会公布"等内容。

自1984年芝加哥公约第3条分条诞生后,直到1998年10月1日,几内亚向国际民航组织递交芝加哥公约第3条分条修订议定书的批准书,批准国家达到了生效所要求的最低102个,芝加哥公约第3条分条修订议定书才正式生效。②迄2013年为止,有188个缔约国批准该议定书,我国在1997年递交了该修订议定书的批准书,并分别于1997年与1999年12月20日对我国香港特别行政区和澳门特别行政区地区适用。

(二)禁止对民用航空器使用武力原则的调整

在"9·11"事件后,美国、俄罗斯、中国等国都对涉及恐怖袭击情形下的"禁止对民用航空器使用武力"原则有所调整。例如,2006年《俄罗斯反恐怖主义法》第7条规定,如掌握有关可能使用航空器实施恐怖主义行为或航空器被劫持的可靠情报,在迫其降落的一切必要措施均未奏效,且将对人员生命构成威胁或导致生态灾难的情况下,可动用武器和战斗装备将其击落。2004年《德国航空安全法案》(2005年1月15日生效)第14条第3款规定,在载有乘客的航空器被劫持并被用作夺取地面公民生命的手段时,如果将其击落是对抗这种威胁的唯一有效的手段,那么国防部有权将其击落。但在2006年2月15日,德国联邦宪法法院判决宣告《航空安全法案》第14条第3款无效,判决明确表明:在任何情况下,多数人的安全都至少不具有比个人的权利更高的宪法地位。因此,在个人的生命权与安全保障的平衡上,法院实际上是赋予了个人权利更高的地位。③

有法院认为,即使可以击落被劫持的飞机,也应区分具体情况:如果被劫持的飞机上只有恐怖主义袭击者或者犯罪分子,可以将其击落,这种击落行动属于对犯罪行为的正当防卫或者反击,不负有包括刑法上的故意杀人罪在内的法律责任;如果被劫持飞机上除犯罪分子还有其他无辜人员,则不可以将其击落,机上无辜人员的生命权必须得到宪法的保护。④

---

① 在芝加哥公约附件2—《空中规则》,国际民航组织理事会还通过了本附件附录1(规定了拦截时所使用的信号),并鉴于在各种情况下拦截民用航空器均有潜在的危险,还制定了特殊的建议,敦促各缔约国以统一的方式予以采用,这些特殊建议载于附篇A。

② 根据芝加哥公约第94条,修订公约需经大会以2/3以上票数通过,2/3以上国家批准,始可"对已经批准国家……生效"。

③ See Olive rLepsius, *Human Dignityand the Downing of Aircraft: The German Federal Constitutional Court Strike Down a Prominent Anti-terrorism Provision in the New Air-transport Se-curity Act*, German Law Journal, Vol. 07, No. 09, 2006.

④ 参见王永茜:《论人的生命权与击落航空器》,载《法制与社会》2013年第2期。

值得注意的是,一些国家因恐怖袭击对"禁止对民用航空器使用武力原则"所作的调整,其合法性争议很大,必须明确的是,这并不是对芝加哥公约所确立的"禁止对民用航空器使用武力原则"的彻底否定。

第二节　国际空难损害赔偿国家责任的要件分析

一、国家责任的基本要素理论

有学者认为,三个基本要素引起国家责任:一是国际法承认的法律义务的存在;二是行为或不行为违背有关义务;三是对义务的违背引起了损失或明确的损害。[①] 1998 年中国代表团在联合国大会第六委员会阐述中国政府立场时曾指出:"国家责任源于一国的国际不法行为,应包括三个重要因素:一是国际不法行为的存在;二是该国际不法行为可归因于某一国家;三是国际不法行为所产生的后果。"[②]2001 年国际法委员会起草的《国家责任条款草案》,明确国家责任的构成需要国际不法行为、国际法定义务的违反和可归因性三个要素。

就马航 MH17 客机被武力击毁而言,损害后果不言而喻。根据芝加哥公约的规定,禁止对民用航空器使用武力原则,是所有缔约国应履行和遵守的国际义务之一,该国际法原则也是国际社会普遍承认的。显然,武力击毁马航 MH17 客机的行为是违反法定国际义务的国际不法行为,这是国际空难损害赔偿国家责任要件中不容争议和辩驳的。致空难发生的可归因于国家的不法行为的具体类型和国际空难国家责任的"过错"要件,需要具体分析。

二、引发国际空难损害赔偿国家责任的相关情形

将某种行为归因于国家的归责依据,是该行为与国家的某种客观联系,这种联系包括个人或机关代表国家或代替政府行使职权,或者国家与某种行为有继承关系或某种连续性。例如,根据国际法委员会的《国家对国际不法行为的责任条款草案》第 2 章的规定,可归于一国的行为包括:"一国的机关的行为、行使政府权力要素的个人或实体的行为、由另一国交由一国支配的机关的行为、逾越权限或违背指示的行为、受到国家指挥或控制的行为、

---

① See William R. Slomanson, *Fundamental Perspectives on International Law*, Fourth Edition, Thomson Learning Inc., Australia/Canada/Mexico/Singapore/Spain/United Kingdom/United States,2003,p.79.

② 中国联合国协会编:《中国代表团出席联合国有关会议发言汇编(1998 年)》,世界知识出版社1999 年版,第 135 页。

正式当局不存在或缺席时实施的行为、叛乱运动或其他运动的行为、经一国确认并当作其本身行为的行为。"①

随着航空技术的发展,技术故障导致的空难比例逐渐下降,人为因素导致的空难呈上升趋势,而人为因素中存在相当一部分可归属于国家行为的范畴,由此导致国际空难损害的国家责任问题,尤其是航空运输活动具有天然的国际性,常需要跨越国界经过其他国家领空飞行的航空器,其安全运行不得不借助于其他国家空管部门的服务。因此,在国际空难损害赔偿中,出现国家责任的情形主要包括但不限于以下几种。

(一)武装力量的不当行为所致国际空难而造成的国家责任

这种情形的国家责任,主要是一国武装力量以导弹等武力将他国民用航空器击落,典型案例是 1983 年大韩航空 007 号客机被苏联空军导弹击落,2014 年马航 MH17 航班在乌克兰境内被导弹击落。不可否认,武装力量是一个国家生存与发展的重要保障,但武装力量的运用应当恪守谨慎原则,尤其是对于在本国领空通过的国际民航客机应秉持人道主义态度,更应遵守国际法义务。修订后的 1944 年芝加哥公约规定:缔约各国承认,每一国家必须避免对飞行中的民用航空器使用武器,如拦截,必须不危及航空器内人员的生命和航空器的安全。在国际航空运输业全球化的时代,国际民用航空的安全必须给予充分保障,尤其是机上众多生命的安全更应给予保护,毫无理由或动辄以国家安全为由击落民航客机,是对人最基本生存权利的漠视,也是对人类生命权的犯罪。

(二)国家航空器不当操作与他国民用航空器空中相撞产生的国家责任

依据 1952 年《罗马公约》第 7 条规定,两架航空器相撞造成第三人损害时,两架航空器都要对造成的损害承担责任。如果是国家航空器因故意或过失与他国民用航空器相撞,国家航空器的国际不法行为是客观存在的,国家航空器的行为自然被视为是国家的行为,此时则会发生空难损害赔偿的国家责任。

(三)不法分子对他国民用航空器非法干扰②致空难而产生的国家责任

一国不法分子受有关机关的指导或帮助,对他国民用航空器实施滋扰行为或采用危险手段危害民用航空安全,导致空难的国家责任的典型案例是 1988 年洛克比空难。泛美航空的 103 号班机成为恐怖袭击目标,飞机在英国边境小镇洛克比上空爆炸致 270 人罹难,这次炸弹袭击被视

① 参见 2001 年《国家对国际不法行为的责任条款草案》第 4～11 条。
② 对非法干扰行为的定义,目前有多种学术界定,但根据芝加哥公约附件17,非法干扰行为是指诸如危害民用航空和航空运输安全的行为或未遂行为。

为一次利比亚对美国象征性的袭击。2002年,利比亚表示愿意提供27亿美元,赔偿给洛克比空难的受难家庭,每个受难者家庭分到1000万美元。①

（四）机关或个人错误/失误行为致他国航班空难而产生的国家责任

国家作为一个国际法基本主体,应为以其名义行事的所有机关或个人的行为负责,无论他们依国内法是否具有单独的法律人格,这是国际司法判决久已确认的。以国家名义行为的国家机关的行为归因于国家的原则,被国际法委员会称为"为了追究国际法上的国家责任而确定行为国的第一原则"。当然,这并不是唯一原则,因为在特定情况下,个人或不具备国家机关地位的实体的若干行为在国际法中也归因于国家。② 例如,在航空器起飞、着陆、空中飞行等阶段,空中管制员③在管理、指导和监控等工作中有故意或重大过失的行为,如有酿成空难,基于雇主责任理论,国家必然承担损害赔偿责任,因为一旦政府提供了要求的服务,提供这些服务的人员必须尽到合理的注意义务,政府在服务人员所致损害时也因缺乏合理注意义务而应具有可归责性。④

（五）武装叛乱行为可否归因于国家行为

马航MH17空难的最终调查报告显示空难确为导弹击毁所为,发射该导弹的可能主体是乌克兰政府军和乌克兰民间武装。如果是乌克兰政府军的行为,则由乌克兰承担国家责任,自不待言。如果是乌克兰民间武装的行为所致,乌克兰是否需要承担国家责任,是需要思考和研究的国际法问题。

在现代国际法理论和实践上,主权国家对私人损害承担责任有特定条件。主权国家不是对其领土内发生的一切损害的无条件保证者,与国家没有关联的私人损害责任不能归属于国家,只有在国家对私人行为及其损害后果的发生缺乏"适当注意"及未能采取适当的防范、控制措施或未采取有

---

① 参见杨万柳:《国际民用航空干扰行为的国家责任——以洛克比空难为例》,载《学术探索》2014年第4期。

② 参见赵建文:《国际法上的国家责任——国家对国际不法行为的责任》,中国政法大学2004年博士学位论文,第36页。

③ 在航空运输活动的飞行人员依靠自身只能获得有限信息的情形下,国家航空管理部门及其工作人员的信息传递以及指挥,成为保障航空安全的重要屏障,飞行员经常基于对空中交通管理人员的高度信任并服从其指挥。但是,空中交通管理部门在实践中有时存在未遵从相关规定的情形,空中管制员的精神状态、职业操守及对生命价值的重视程度,都会影响其职责履行程度和适当性。

④ See Charles F. Krause & Kent C. Krause, *Aviation Tort and Regulatory Law*, Second Edition (Volume 2), West Group. p. 15 – 61,62.

效的事后惩治时,才能将私人损害责任归因于国家。① 一个国家发生的叛乱运动或其他反政府运动,一般是纯粹的私人行为,即使这种反叛行为成为有组织的运动,因为国家对这类运动无法实行有效的控制。根据《国家对国际不法行为的责任条款草案》第 10 条规定,成为一国新政府的叛乱运动的行为应视为国际法所指的该国的行为;在一个先已存在的国家的一部分领土或其管理下的某一领土内组成一个新国家的叛乱运动或其他运动的行为,依国际法应视为该新国家的行为。就马航 MH17 空难而言,如果是武装叛乱组织的行为击中客机,乌克兰政府面临两难选择,要么承认武装组织的独立地位,可免去自己对马航 MH17 空难的赔偿责任,要么否定武装组织的国际地位,但不可避免地面临巨额的空难赔偿责任。

关于国家责任的仲裁案例也充分表明,对于主权国家范围内因私人因素如内战、叛乱、起义革命而造成的损害,如果由于已超过主权权力的控制范围,国家也并未缺失应有的注意和采取适当措施,主权国家一般并不为私人损害承担国际责任。例如,在 1928 年索利斯(Solis)案裁决指出,任何政府在本身未违背诚信,或在镇压叛乱方面无疏忽可言的情况下,都不应对叛乱集团对抗政府当局而实施的行为负责。② 在 1958 年英国圣弗拉维阿诺号等船艇事件(San Flavino,etc. Case,1958)中,印度尼西亚政府军和反政府武装发生冲突,英国商船在印尼领水先后遭到反政府武装的空中轰炸,其中一艘商船被炸沉。英国政府认为不可将叛军的不法行为归因于印尼国家,成为印尼国家责任的来源。③

(六)为武力袭击民航客机者提供武器装备的国家是否具有可归责性

首先,为有效地维护和保障国际社会的和平与安全,在武器进出口方面,理论上和实践中已出现日益严格的国家责任要求。武器出口国要充分考虑武器目的地国对国际法的尊重程度。如果这种武器出口将会明显地被用于严重侵犯人权或违反人道法的行为,出口国依然许可武器出口,则该出口国可被认定为在资助另一国的国际不法行为,出口国为此将承担国家责任。④ 究其原

---

① 参见[英]蒂莫西·希利尔:《国际公法原理》,曲波译,中国人民大学出版社 2006 年版,第 161 页;[英]奥本海:《奥本海国际法》(第 1 卷第 1 分册),詹宁斯、瓦茨修订,王铁崖等译,中国大百科全书出版社 1995 年版,第 425~426 页。

② 索利斯案(Solis Case):在墨西哥内乱期间,美国人索利斯因遭墨西哥武装叛乱分子的攻击而受伤害,主张追究墨西哥政府的责任。参见《联合国国际仲裁裁决报告书》(1928 年),第 4 卷,第 358~361 页。

③ 参见赵洲:《主权责任论》,法律出版社 2010 年版,第 119 页。

④ See Alexandra Boivin, *Complicity and beyond: International Law and the Transfer of Smallarms and Light Weapons*, International Review of the Red Cross, Vol. 87, Number 859, 2005, p. 467 - 496.

因,则是因国家享有主权身份,就必然对其管辖下的所有行为包括私人行为承担适当注意、控制、处理等责任,如未能适当履行这些责任,根据相当因果关系,国家应对损害承担国际责任。

其次,个别国家为了有效达到自己的目的和利益,可能是通过幕后支持、指挥和控制他国的某些私人或有组织的(武装)集团的活动。某些私人或有组织的(武装)集团的行为在表面上甚至法律上与施加影响、支持、控制的国家没有联系,间接行使主权的国家对损害的因果责任构成目前尚不十分明确。在马航MH17空难中,假设是民间武装击毁客机的,能否可以把乌克兰民间武装(反政府军)这种侵犯人权的行为归责于为其提供武器装备的俄罗斯?答案应是否定的,即使俄罗斯为乌克兰民间武装(反政府军)提供了大量的武器和其他支持帮助,但如果没有足够明确的证据显示是俄罗斯指挥或有效控制反政府军袭击马航MH17客机的,仅凭提供武器帮助的一般情况并不足以构成把不法行为归因于俄罗斯的理由。尤其是为能够逃避国际责任,国家都会尽力掩饰和隐瞒其对武装军的支持、指挥和控制行为,不仅想要证明国家的一般性支持、指挥和控制是十分困难的,而且要想证明国家对特定不法行为的明确指示更是难上加难。

三、国际空难损害赔偿国家责任"过错"要件辨析

(一)"过错"要件争议的代表性学说

"过错",是指一种故意或过失的主观心理要素。在国际空难损害赔偿中,国家责任的过错要件,应是指责任国存在致国际空难发生的故意或过失的情形。《国家对国际不法行为的责任条款草案》第4~11条共列举8种可归因于国家的国际不法行为,但各种国际不法行为是否需要具有故意或过失的主观过错要件,并没有明确。这是否可以认为国家责任不以国际不法行为作出时的主观过错为基础,只要行为具有可归因性即构成国家责任,或者说"由于国际法上的过失与行为违背国际义务在概念上具有同一性,国际责任的构成要件中没有必要将其单列为一个独立的构成要件"。① 显然,学界对此是存有争议的,代表性学说主要体现为"过失责任说""客观责任说""效果责任说"。

(1)"过失责任说"认为,蓄意或过失是责任存在的必要条件。② 罗马法

---

① 李寿平:《现代国际责任法律制度》,武汉大学出版社2003年版,第66页。
② 参见[英]劳特派特修订:《奥本海国际法》(第8版上卷第1分册),王铁崖、陈体强译,商务印书馆1971年版,第256~257页。

中"无过失无责任"原则适用于国际法。① 使国家担负责任的国际不当行为包含故意和疏忽的主观因素,一国加害于另一国的行为原则上如无故意又无过失,就不是国际不法行为,国家责任就不成立。②

(2)"客观责任说"认为,国家责任法在一般情况下不采取过失责任说,过错责任原则没有说服力,过错不是国际责任的构成要件。③ 国家责任的一般原则,是只要一国违反了自己所承担的国际义务,就应当承担由此而产生的国家责任,否定过失责任说的原因是国际法上行为者的主观状态不可等同于国家的主观状态,如果将行为者的过错作为引起国家责任的必然条件,将会不可避免地产生一些法理上的困难,在很多情况下,行为者的主观态度与国家责任之间并没有必然联系。④

(3)"效果责任说"认为,传统国际法理论是将过失作为国家责任构成要件的,无过失则不承担责任,过失责任不再是固定、统一的规则,当今各国实践和联合国际法委员会似乎倾向于效果责任。⑤

(二)"过错"对国际空难损害赔偿国家责任的意义

在国际空难损害赔偿中,国家责任虽然有时不是必须依赖于故意或过失的要件,但并不是说国家的过错在国家责任法上毫无意义,过错对于国际责任的方式、程度有重要影响。⑥ 过错不是国际空难国家责任的必要要件,可能原因有三:一是国际社会中拥有、行使主权的国家与国内法上的自然人和法人实体不同,国家在行使主权时主观状态的认定具有更大的困难和虚拟性,尤其是很多国际空难往往机毁人亡或如马航 MH370 一样"人间蒸发",消失得无影无踪,或如马航 MH17 一样发生于乌克兰内乱的复杂环境之中,举证责任负担的分配十分不易。二是主权国家之间的国际义务一般是各国权益关系协调平衡的结果,违反该义务就是对他国权益的损害,无论有无过错,均须通过责任来恢复或补偿受损权益。三是各国批准或参加各国际航空公约的情形不同,承担的国际义务也不完全一致,违反国际义务的不法行为即表明过错存在这种"事实自证规则",有时

---

① 参见[美]依格尔顿:《国家责任论》,姚修竹译,台北,台湾商务印书馆 1969 年版,第 154 页。

② 参见王铁崖主编:《中华法学大辞典·国际法学卷》,中国检察出版社 1996 年版,第 252 页。

③ See Ian Brownlie, *System of the Law of Nations*: *State responsibility*, (Part I), Clarendon Pr., 1983, p. 41.

④ 参见王华:《国际法律责任问题研究》,大连海事大学 2003 年硕士学位论文,第 14 页。

⑤ 参见[德]英戈·冯·闵希:《国际法教程》,林荣远、莫晓慧译,世界知识出版社 1997 年版,第 177~178 页。

⑥ See Ian Brownlie, *System of the Law of Nations*: *State responsibility*, (Part I), Clarendon Pr., 1983, p. 46.

难以适用。

过错在国际空难损害赔偿国家责任中有重大意义,如在评估损害赔偿时,有意或恶意的国际不法行为与过失的违法行为,赔偿总是有很大区别。①正如国际法委员会特别报告员指出,《国家对国际不法行为的责任条款草案》规定的责任构成要素只是为了适用于一切情形而进行的立法抽象,它并不意味着可以在一切特定案件中排除目的、过错等主观因素的重要意义和作用。②《国家对国际不法行为的责任条款草案》规定的两个构成要素只是为分析确立国际不法行为责任提供了基本原则和框架结构,只有通过主权行使上的主观因素的分析应用,才可以准确、恰当地确定具体主权行为是否导致了相应国际不法行为责任及其引起的第二性赔偿责任的具体种类、程度、大小等。③ 就马航MH17客机被导弹击落的空难而言,无论击毁MH17客机的导弹是乌克兰政府军发射的,还是乌克兰民间武装力量发射的,无论导弹发射的具体行为人是故意行为还是过失行为,至少可以确认,乌克兰主权国家在防范、阻止或惩治私人的不法侵害行为方面,存在不作为的过失责任。理由分析如下:如果乌克兰官方对马航MH17飞越的境内航路和区域进行了限制,并发过航行通告,则表明乌克兰不存在不作为的情形,自然可排除其国家责任。但至今没有证据表明事发领空当时已经被限制。如果乌克兰通告了事发领空当时受到限制,马来西亚民航管理局没有发出飞行员航行通告,禁止本国航空器飞越乌克兰东部上空,并将这片空域划定为危险区,则马来西亚对马航MH17客机被导弹击落的空难有一定的国家责任。如果马航MH17飞过东乌克兰领空只是为了节油,违规飞越该限制区域,则乌克兰和马来西亚没有国家责任,但目前没证据说马航MH17偏离航向,马航MH17的领航计划是经过空管部门审核通过的,则表明马来西亚航空公司没有违反禁飞的情形。

(三)对国家"过错"的认定和判断标准

如果将"过错"作为国际空难损害赔偿国家责任的构成要件,如何对国家"过错"予以认定和判断?目前,有过错因素客观化认定的趋势和做法,如通过客观行为进行推定,或通过客观标准认定。④ 在国际空难损害赔偿国

---

① 参见[英]奥本海:《奥本海国际法》(第1卷第1分册),詹宁斯、瓦茨修订,王铁崖等译,中国大百科全书出版社1995年版,第416页。

② See James Crawford, *the international Law Commission's Articles on State Responsibility*: *Introduction*, Text and Commentaries, Cambridge University Press, 2002, p. 13.

③ 参见赵洲:《主权责任论》,法律出版社2010年版,第76~77页。

④ 参见赵洲:《主权责任论》,法律出版社2010年版,第91页。

家责任中,过错判定标准客观化更为必要,对于诸多空难受害人能够获得充分的损害救济具有重大意义。国际航空公约的法定义务是批准的主权国家必须遵守的,同时,所有国家(包括为批准或参加某项国际公约的国家)在国际航空活动中还应遵循权力(权利)行使的正当原则和善意原则,要求主权行为在形式合法性与实质合法性上高度统一。所有武力攻击民航客机的行为,一方面违反法定的国际义务,另一方面违背权力(权利)行使的正当原则和善意原则。即使武力攻击民航客机的行为存在维护领空主权这种表面上的合法性,但实际上还是实质违反维护国际航空安全、国际人权等国际义务,也明显缺乏对人道主义原则和国际民用航空安全的维护和考量,严重违背主权权力行使的谨慎、谦抑、善意和正当等基本要求,因此,这种所谓形式合法的主权行为存在过错,应是被谴责的行为,主权国家应承担由此产生的国家责任。

第三节　国际空难损害赔偿国家责任实现的障碍和路径分析

一、空难损害赔偿国家责任实现的障碍

国际空难损害赔偿的国家责任,不同于普通私法主体责任,国家责任的履行存在一定的障碍。第一,国家主权原则是国际法的基本范畴,也是一项最主要的国际法原则。在多种因素交互影响下,国家主权的神圣性、不可让渡性以及国家作为私法主体时存在的司法管辖、诉讼程序以及强制执行等方面的豁免机制,使国家对国际空难损害赔偿的责任往往难以落实,国家绝对主权理念更是国家责任承担的最大壁垒。第二,主权国家法律地位一律平等的国际法原则,使主权国家成为责任主体的判定主体的确定,往往成为一道难题。作为国际宪法性文件的《联合国宪章》,并未规定某种争议由某一特定机构处理,也未规定国家责任的追究仅限于国际法院的判决。从洛克比空难中对利比亚政府的制裁来看,作为政治机构的安理会比国际法院具有天然的执行优势,已然成为左右国家责任机制的重要力量。第三,国际空难损害国家责任的追究和赔偿数额的多寡,往往受制于大国博弈和国际形势变化等影响。例如,1983年苏联击落韩国民航客机案,直到苏联解体后的1992年,俄罗斯才向韩国交出飞行记录仪,但赔偿追责至今没有结果。第四,国际法本身具有局限性。一国违反国际法,必定发生诸多国际法争论和道德争论的纠缠不清;国际法不像国内法那样发挥道德约束力,因为其不

具备民主特质或认知性权威。它反映了国家近期的所作所为,但并不必然体现人们的道德判断、利益和需求,国际法不可能具有民主特质,因为不存在一种能够有效地将世界人民的需求和利益纳入国际法,并随着世界人民需求和利益的变化对现行国际法进行变更的国际机制。①

二、空难损害赔偿国家责任实现的路径

对一国国际不法行为造成的损失给予赔偿,在国际法的理论和实践中,是比较完整的,也是国家责任法的核心内容。② 国家责任具有强制性,正如国际法的强制性一样,只是国家责任的履行通常是以尽量不影响国际社会和平、安全与秩序的方式进行,说国际法没有强制力,国家责任没有强制性,是不成立的,只是国际法的强制力没有国内法那样得心应手。③ 因此,国际空难损害赔偿的国家责任,自有其特定的实现路径。

(一)国际政治解决路径

政治解决,是指通过联合国安理会来解决争端,通过国际制裁路径来促使国家责任的落实,这种国际制裁既包括有受害国的单方制裁措施,有时也有集体制裁措施;有经济社会领域的制裁措施,有时也有政治军事领域的制裁措施。政治解决路径是一种基于道义的制裁方式,虽然会遭遇执行中的国家豁免难题,但可通过中断贸易交流等外部方式,促进国家责任的落实,有助于维护受害人利益。例如,英美两国对 1988 年洛克比空难采取的解决方法,就是通过联合国安理会,认定利比亚政府涉案,承担恐怖犯罪的法律责任,并补偿受害者家属。安理会是联合国处理政治之机构,其根据《联合国宪章》第 39 条,④通过第 731 号决议案,谴责利比亚政府危害飞行安全的恐怖行动。1992 年 3 月 31 日,安理会通过 748 号决议,决定利比亚政府必须执行安理会 731 号决议,停止一切形式的恐怖主义行动和对恐怖主义集团的一切援助,并决定呼吁一切国家于 1992 年 4 月 15 日采取安理会制定的制裁措施,直到安理会决定利比亚政府已执行上述决定。安理会在国际法规则所不及的范围内作出的这种"政治判决",促使利比亚在 2003 年正式向安理会表示,愿意提供 27 亿美元的赔偿,每个受难者家庭分到 1000 万美

① 参见[美]杰克·戈德史密斯、埃里克·波斯纳:《国际法的局限性》,龚宇译,法律出版社 2010 年版,第 197 页。
② 参见贺其治:《国家责任法及案例浅析》,法律出版社 2003 年版,第 220 ~ 221 页。
③ 参见赵建文:《国际法上的国家责任——国家对国际不法行为的责任》,中国政法大学 2004 年博士学位论文,第 7 页。
④ 《联合国宪章》第 39 条,安理会有义务断定任何对和平之威胁、破坏及侵略行为是否存在。

元,但此赔款的附加条件是:其中 4 成要在联合国对其禁运取消时给付,4 成在美国对其贸易禁令取消时给付,2 成在美国把利比亚从支持恐怖的国家名单中划掉时给付。由于利比亚的"国家恐怖主义"未获得国际法院的司法确认,利比亚承担数额如此之巨的赔偿责任,既非经济补偿亦非惩罚性赔偿,显然是要求联合国解除对其长达 11 年系列制裁的政治赎金。①

(二)国际诉讼路径

追究国际空难损害赔偿的国家责任,也可通过向国际法院提起诉讼的路径进行。根据《联合国宪章》第 24 条和第 92 条之规定,国际法院是联合国处理司法之机关,国际法院和安理会之间不存在上下隶属关系。当安理会处理某一争端时,安理会与国际法院可同时依法行使各自职权,相互合作、相互尊重各自职责。因此,即使安理会作出决议,也可向国际法院提请诉讼。例如,利比亚受到经济制裁的威胁后,利比亚政府于 1992 年向国际法院提出两个诉案,分别针对英国和美国政府对 1971 年《关于制止危害民用航空安全的非法行为的公约》的解释与适用所引起的争端。② 利比亚主张《蒙特利尔公约》是双方处理罪行的唯一现行公约,请求国际法院判定:利比亚完全履行了《蒙特利尔公约》规定的义务;美国已违背并继续违背其依《蒙特利尔公约》对利比亚应尽的法律义务;美国有义务立即停止这种对条约的违反和停止对利比亚使用一切武力或威胁,停止一切对利比亚的主权、领土完整和政治独立的侵犯;请求法院指示迅速采取临时措施,保护利比亚的权利。法院认为,作为联合国的会员国,对于安理会作出决定的义务优于它们依任何其他国际条约包括《蒙特利尔公约》所承担的义务;利比亚和美国都有义务接受和执行安理会依《联合国宪章》第 25 条作出的决定,无论通过决议前的情况如何,不能认为利比亚主张根据《蒙特利尔公约》享受的权利适用于指示临时措施进行保护,利比亚请求指示的措施可能会损害美国所享有的权利。故法院裁定本案不需法院指示临时措施。1999 年,利比亚交出两名被指控的犯罪嫌疑人由海牙国际法院审判。③ 又如,1955 年,保加利亚拦截机击落一架经过保加利亚领空的以色列商业飞机,客机坠毁,机上51 名乘客和 7 名机组人员罹难。④ 事后,美国、英国和以色列都以对民用航

① 参见杨万柳:《国际民用航空干扰行为的国家责任——以洛克比空难为例》,载《学术探索》2014 年第 4 期。

② 参见赵国材:《论洛克比空难案所涉及之国际法问题》,载杨惠、郝秀辉主编:《航空法评论》第3 辑,法律出版社 2013 年版,第 377~379 页。

③ 参见梁淑英主编:《国际法教学案例》,中国政法大学出版社 1999 年版,第 132 页。

④ N. Y. Times,Aug. 4,1995,at I,col. 7.

空器使用武力为诉由,向国际法院提起诉讼,要求保加利亚依据国际法承担法律义务。但遗憾的是,这个诉请没有被国际法院采纳,而是以对该案没有管辖权为由拒绝受理。① 后保加利亚政府承认空中防卫过于匆忙,没有采取必要措施阻止客机改变航向,承诺调查和惩罚灾难的制造者,采取一切必要措施以防再犯,并对 51 名遇难者进行赔偿。②

对于国际法院的判决,为促使责任国履行国际法院裁决的赔偿义务,受害国不必消极等待,可对责任国采取反措施,尽可能促使其履行赔偿义务。

(三)相互协议的解决路径

在发生对某国航空器造成损害时,通过谈判协议解决补偿,也是一种解决问题的路径。例如,在 1988 年两伊战争结束前,伊朗航空公司 655 号班机被美国海军发射的两枚地对空导弹击落,290 名乘客和机组人员全部罹难。击落客机事件引发激烈争执,美国政府事后辩称击落事件属战时事故,是把伊朗客机误认为正在执行攻击的战斗机,伊朗政府严正斥责击落事件是野蛮行径,并指出美方对击落客机是完全知情的。双方在 1996 年终达成赔偿协议,美国答应支付伊朗 6180 万美元赔偿给 248 名遇难伊朗人,但美国未支付被击落客机的任何赔偿款项。双方同意和解后,伊朗撤销了 1989 年在国际法院对美国提起的诉讼,但美国明确表明这笔赔偿为特惠金,不承认对事件负有法律责任。1999 年,伊朗宣布收到 1.3 亿美元的全部赔款。③ 又如,2001 年,俄罗斯西伯利亚航空 1812 号班机在途经黑海上空时,被正进行防空演习的乌克兰地对空导弹击中后坠毁,机上 66 名乘客和 12 名机组人员全部遇难。2003 年,以色列与乌克兰签署了协调黑海空难赔偿问题的政府间协议。根据该协议,乌克兰将平均向每位以色列遇难者赔付 20 万美元。④

---

① See generally Gross, Bulgaria Invokes the Connally Amendment, 56 Am. J. Int'l L. 357 (1962).
② 参见温湘波:《关于禁止对民用航空器使用武力原则的国际法问题》,湘潭大学 2013 年硕士学位论文,第 9 页。
③ 《伊朗航空 655 号班机空难》,载 http://baike. baidu. com/view/2744967. htm? fr = aladdin,最后访问日期:2019 年 7 月 17 日。
④ 参见赵宇:《乌克兰因黑海空难向以赔付 750 万美元》,载 https://www. chinacourt. org/article/detail/2003/11/id/92706. shtml,最后访问日期:2003 年 11 月 22 日。

参考文献

一、中文文献

（一）著作

1. 王瀚:《国际航空运输责任法研究》,法律出版社 2012 年版。

2. 郝秀辉:《航空器致第三人损害的侵权责任研究》,中国政法大学出版社 2010 年版。

3. 郝秀辉:《海峡两岸航空法之比较研究》,法律出版社 2013 年版。

4. 赵维田:《国际航空法》,社会科学文献出版社 2000 年版。

5. [美]格瑞尔德·J.波斯特马主编:《哲学与侵权行为法》,陈敏、云建芳译,北京大学出版社 2005 年版。

6. 王泽鉴:《民法学说与判例研究》(1~8 册),中国政法大学出版社 1998 年版。

7. 王利明:《侵权行为法研究》(上册),中国人民大学出版社 2004 年版。

8. 王军:《侵权法上严格责任的原理和实践》,法律出版社 2006 年版。

9. 王卫国:《过错责任原则:第三次勃兴》,中国法制出版社 2000 年版。

10. [德]克雷斯蒂安·冯·巴尔:《欧洲比较侵权行为法》(下卷),焦美华译,法律出版社 2001 年版。

11. 邱聪智:《从侵权行为归责原理之变动论危险责任之构成》,中国人民大学出版社 2006 年版。

12. [德]乌尔里希·贝克:《风险社会》,何博闻译,译林出版社 2004 年版。

13. 张文显:《二十世纪西方法哲学思潮研究》,法律出版社 1996 年版。

14. 张新宝主编:《人身损害赔偿案件的法律适用》,中国法制出版社 2004 年版。

15. 王利明主编:《侵权责任法热点与疑难问题解答》,人民法院出版社 2010 年版。

16. 郝秀辉、刘海安、杨万柳:《航空保险法》,法律出版社 2012 年版。

17. 美国法学会:《侵权法重述·第三版:产品责任》,肖永平、龚乐凡、汪雪飞译,法律出版社 2006 年版。

18. 吴建端:《航空法学》,中国民航出版社 2005 年版。

19. 张民安:《侵权法上的替代责任》,北京大学出版社 2010 年版。

20. 徐爱国:《英美侵权行为法学》,北京大学出版社 2004 年版。

21. 唐明毅、陈宇:《国际航空私法》,法律出版社 2004 年版。

22. 王守潜:《国际航空运输与责任赔偿的问题》,台北,水牛出版社 1994 年版。

23. 黄涧秋:《国际航空法研究》,中国法制出版社 2007 年版。

24. 梁慧星:《民法解释学》,中国政法大学出版社 2000 年版。

25. 王泽鉴:《侵权行为法》,中国政法大学出版社 2001 年版。

26. 黄力华:《国际航空运输法律制度研究》,法律出版社 2007 年版。

27. 杨立新:《侵权责任法》,高等教育出版社 2010 年版。

28. 王利明:《侵权责任法研究》,中国人民大学出版社 2011 年版。

29. 程啸:《侵权责任法教程》,中国人民大学出版社 2014 年版。

30. 方新军主编:《侵权责任法学》,北京大学出版社 2013 年版。

31. 朱岩:《侵权责任法通论》,法律出版社 2011 年版。

32. 王胜明主编:《中华人民共和国侵权责任法释义》,法律出版社 2013 年版。

33. 张文显:《法哲学范畴研究》,中国政法大学出版社 2001 年版。

34. 郝秀辉:《航空运输合同法》,法律出版社 2016 年版。

35. 董念清编著:《航空法判例与学理研究》,群众出版社 2001 年版。

36. 董念清:《中国航空法:判例与问题研究》,法律出版社 2007 年版.

37. 于敏:《日本侵权行为法》,法律出版社 2006 年版。

38. 王立志、杨惠、聂晶晶:《航空旅客权益保护问题与规制》,法律出版社 2013 年版。

39. 黄居正:《国际航空法的理论与实践》,台北,新学林出版股份有限公司 2006 年版。

40. 覃华平:《航空器致第三方损害赔偿责任公约研究》,中国政法大学出版社 2013 年版。

41. 王瀚:《华沙国际航空运输责任体制法律问题研究》,陕西人民出版社 1998 年版。

42. 张君周:《国际航空安保公约中的非法干扰行为研究》,中国检察出版社 2012 年版。

(二)期刊论文

1. 陈宇:《国际航空运输概念界定——兼论 1999 年〈蒙特利尔公约〉的适用》,载《法学家》2006 年第 3 期。

2. 董念清:《试析〈华沙公约〉中的"事故"》,载《民航经济与技术》2000年第 11 期。

3. 解兴权:《经济舱综合症与航空承运人法律责任分析》,载《中国民用航空》2004 年第 12 期。

4. 郝秀辉:《论航空人身侵权赔偿中的"过失"》,载《法商研究》2008 年第 4 期。

5. 郝秀辉:《论代码共享航空承运人的告知义务》,载《北方法学》2019年第 2 期。

6. 郝秀辉:《航空器对地(水)面第三人侵权责任归责原则论》,载《北方法学》2008 年第 1 期。

7. 杨惠:《关于航空事故赔偿权利人的几个问题》,载《河北法学》2008年第 1 期。

8. 赵家仪:《美国法上基于异常危险行为的严格责任》,载《法商研究》2004 年第 2 期。

9. 吴亚芸:《论空难精神损害赔偿的请求主体及赔偿请求范围》,载《浙江万里学院学报》2015 年第 5 期。

10. 鲁晓明:《论纯粹精神损害赔偿》,载《法学家》2010 年第 1 期。

11. 薛生全:《空难事故案例若干法理问题研究》,载《法学杂志》2008 年第 1 期。

12. 王德辉:《〈蒙特利尔公约〉下的赔偿责任体系及相关问题》,载《太平洋学报》2006 年第 5 期。

13. 周友军:《论侵权法上的民用航空器致害责任》,载《北京航空航天大学学报(社会科学版)》2010 年第 5 期。

14. 许凌洁:《民用航空器损害责任研究》,载《社会科学研究》2016 年第 2 期。

15. 王瀚、张超汉:《国际航空产品责任法律问题研究》,载《法律科学(西北政法大学学报)》2010 年第 6 期。

16. 郝秀辉、王锡柱:《论航空产品责任的承担主体及其归责原则》,载《北京理工大学学报(社会科学版)》2016 年第 1 期。

17. [奥]海尔穆特·库奇奥:《比较法视角下的产品责任法基础问题》,王竹、张晶译,载《求是学刊》2014 年第 2 期。

18. [英]肯·奥立芬特、王竹、王毅纯:《产品责任:欧洲视角的比较法评论》,载《北方法学》2014 年第 4 期。

19. 刘冰沙:《论产品责任法中的严格责任制度》,载《当代法学》2003 年第 2 期。

20. 杜康平:《论航空零部件供应商的产品责任》,载《北京航空航天大学学报(社会科学版)》2013 年第 1 期。

21. 黄涧秋:《国际航空运输的责任限制制度及其发展脉络》,载《无锡商业职业技术学院学报》2007 年第 5 期。

22. 刘磊:《与华沙体制相衔接的航空公司协议的效力问题》,载《政治与法律》2004 年第 3 期。

23. 刘伟民:《论国际航空运输的责任制度》,载《中国国际法年刊》1983 年卷。

24. 张秋婷:《中法航空承运人责任沿革与发展比较研究——以旅客人身损害为核心》,载《新疆大学学报(哲学·人文社会科学版)》2013 年第 2 期。

25. 董念清:《民航空难事故赔偿:制度检视与完善路径》,载《法学杂志》2018 年第 10 期。

26. 雷涛:《限额赔偿的正当性基础及适用规制》,载《甘肃政法学院学报》2015 年第 5 期。

27. 樊静、张钦润:《从"华航"空难谈高度危险作业的损害赔偿》,载《当代法学》2002 年第 11 期。

28. 张新宝、郭明龙:《论侵权死亡的精神损害赔偿》,载《法学杂志》2009 年第 1 期。

29. 张新宝、明俊:《空难概括死亡赔偿金性质及相关问题》,载《法学研究》2005 年第 1 期。

30. 何祥菊:《国际航空法中的旅客精神损害赔偿问题探讨》,载《华东政法学院学报》2004 年第 5 期。

31. 贺富永:《国际航空旅客运输中的精神损害赔偿探讨》,载《郑州航空工业管理学院学报(社会科学版)》2008 年第 2 期。

32. 郝秀辉、姚昌金:《论航空旅客的精神损害赔偿》,载《北京航空航天大学学报(社会科学版)》2011 年第 3 期。

33. 贺元骅:《不可抗力与航空承运人延误责任——以"全日空"两起延误案为例》,载《社会科学研究》2003 年第 6 期。

34. 孙黎:《航空旅客运输中承运人拒载的权利》,载《人民司法》2009 年第 1 期。

35. 张新宝:《从司法解释到侵权责任法草案:精神损害赔偿制度的建立与完善》,载《暨南学报(哲学社会科学版)》2009 年第 2 期。

36. 杨万柳:《国际民用航空非法干扰行为的国家责任——以洛克比空难为例》,载《学术探索》2014 年第 4 期。

37. 王利明:《论高度危险责任一般条款的适用》,载《中国法学》2010 年第 6 期。

38. 张新宝:《民法分则侵权责任编立法研究》,载《中国法学》2017 年第 3 期。

39. 张宪初:《从国际公约看国际航空运输承运人对旅客的责任》,载《政法论坛》1985 年第 1 期。

40. 崔建远:《不可抗力条款及其解释》,载《环球法律评论》2019 年第 1 期。

41. 袁文全:《不可抗力作为侵权免责事由规定的理解与适用——兼释〈中华人民共和国侵权责任法〉第 29 条》,载《法商研究》2015 年第 1 期。

42. 孙学致:《过错归责原则的回归——客观风险违约案件裁判归责逻辑的整理与检讨》,载《吉林大学社会科学学报》2016 年第 5 期。

43. 王立兵:《关系论视阈下第三人违约问题研究——以〈合同法〉第 121 条为中心》,载《学术交流》2010 年第 2 期。

44. 郝秀辉:《恐怖主义劫机事件的"过失"论证》,载《甘肃政法学院学报》2009 年第 4 期。

45. 杨立新、赵晓舒:《我国〈侵权责任法〉中的第三人侵权行为》,载《中国人民大学学报》2013 年第 4 期。

46. 郝秀辉:《航空器噪音损害及其补偿性救济途径之探索》,载《甘肃社会科学》2009 年第 4 期。

47. 郝秀辉:《论机场噪音损害赔偿的责任主体》,载《北京理工大学学报(社会科学版)》2014 年第 4 期。

48. 朱子勤:《航空器失联后的搜寻与事故调查法律责任研究——兼谈马航客机失联后的搜寻与事故调查》,载《政法论坛》2014 年第 5 期。

49. 宣增益:《国际空难事故管辖权机制:问题与建议》,载《澳门法学》2018 年第 2 期。

50. 郝秀辉:《事实自证规则适用的考察与分析——以美国航空侵权法的视角》,载《社会科学战线》2009 年第 7 期。

51. 郝秀辉:《马航 MH370 事件的空难赔偿与事故调查报告之关系》,载《北京航空航天大学学报(社会科学版)》2014 年第 5 期。

52. 郝秀辉:《国际航空代码共享运输的承运人责任——以 1999 年〈蒙特利尔公约〉为中心》,载《华东政法大学学报》2016 年第 1 期。

53. 孟庆芬:《〈统一国际航空运输某些规则的公约〉及其对中国民航业的影响》,载《中国民用航空》2005 年第 3 期。

54. 耿淑香:《航空公司代码共享的利与弊》,载《国际航空》1999 年第 6 期。

55. 李晨丹:《航空运输消费者知悉权保护研究》,载《河北法学》2014 年第 1 期。

56. 董念清:《论航空承运人的告知义务》,载《北京航空航天大学学报(哲学社会科学)》2009 年第 2 期。

57. 穆书芹:《浅谈航空承运人航运延误之法律责任》,载《武汉科技大学学报(社会科学版)》2002 年第 2 期。

58. 韩松:《人身侵权损害赔偿中的第三人损害及其赔偿请求权》,载《华东政法学院学报》2006 年第 3 期。

(三)硕博论文

1. 俞娣:《国际航空运输承运人对空难事故的法律责任研究》,上海社会科学院 2015 年硕士学位论文。

2. 许堃:《国际航空运输法中"事故"的法律问题研究》,中国政法大学 2011 年硕士学位论文。

3. 郑派:《国际航空旅客运输承运人责任研究》,华东政法大学 2015 年博士学位论文。

4. 郑派:《1952 年〈罗马公约〉现代化的国际现实问题研究》,华东政法大学 2012 年硕士学位论文。

5. 陈熊:《海峡两岸民用航空损害赔偿制度比较研究》,武汉大学 2012 年博士学位论文。

6. 贺磊:《国际航空运输承运人对空难事故的责任研究》,华东政法大学 2011 年硕士学位论文。

7. 叶乃锋:《国际航空侵权责任研究》,西南政法大学 2007 年博士学位论文。

8. 冯志军:《产品责任归责原则的法经济学分析》,上海财经大学 2008 年博士学位论文。

9. 陈诗麒:《国际民用航空器适航责任研究》,华东政法大学 2014 年硕士学位论文。

10. 李梦杨:《由马航事件看航空旅客人身损害赔偿限额制度》,北京交通大学 2016 年硕士学位论文。

11. 栾海宁:《航班延误法律问题之探究》,对外经济贸易大学 2005 年硕士学位论文。

12. 刘霞:《关于我国航班延误问题的法律分析》,华东政法大学2007年硕士学位论文。

13. 咸慧晶:《航空旅客索赔诉讼中承运人的抗辩事由比较研究》,中国民航大学2015年硕士学位论文。

14. 蔡雅洁:《论不可抗力规则的适用》,中国政法大学2007年硕士学位论文。

15. 张云贵:《国际航空客运人身损害赔偿制度研究——论国际航空承运人对旅客的人身损害赔偿责任》,外交学院2015年硕士学位论文。

16. 黄世玮:《由新航SQ-006事故检视我国飞安事故调查制度》,台湾大学2000年硕士学位论文。

17. 赵建文:《国际法上的国家责任——国家对国际不法行为的责任》,中国政法大学2004年博士学位论文。

18. 温湘波:《关于禁止对民用航空器使用武力原则的国际法问题》,湘潭大学2013年硕士学位论文。

二、外文文献

（一）著作

1. Lee S. Kreindler, *Aviation Accident Law*, Matthew Bender & Co. , Inc. Pub. 332, Rel. 34. , 1996.

2. Charles F. & Kent W. Krause, *Aviation Tort and Regulatory Law*, Second, West Group, 2002.

3. George N. Tompkins, Jr. *Liability Rules Applicable to International Air Transportation as Developed by the Court in the United States——from Warsaw 1929 to Montreal 1999*. Kluwer Law International B. V. 2010.

4. I. H. Ph. Diederiks-Verschoor, *An Introduction to Air Law*, Revised by Pablo Mendes de Leon in Cooperation With Michael Butler, Published by Kluwer Law International, 2012.

5. Ludwig Weber, *Aviation Law：Cases And Materials*, Kluwer Law International, 2007.

6. Charles F. Krause & Kent C. Krause, *Aviation Tort and Regulatory Law*, Second Edition（Volume 2）, 2002.

7. A. J. Mauritz, *Liability of Operations and Owners of Aircraft for Damage Inflicted to Persons and Property on the Surface*, Printed in The

Netherlands, Copyright Shaker Publishing, 2003.

8. B. A. Koch & H. Koziol, eds, *Unification of Tort Law*: *Strict Liability*, Kluwer Law International, 2002.

9. Jean-Michel Fobe, *Aviation products liability and insurance in the EU*: *legal Aspects and Insurance of the Liability of Civil Aerospace Products Manufacturers in the EU*, *for Damage to Third Parties*, Kluwer Law and Taxation Publishers, 1994.

10. RoNaln M. ScnNrrKER and Drcr van HEr KAAR, *Aviation Accident and Incident Investigation Concurrence of Technical and Judicial Inquiries in the Netherlands*, Eleven International Publishing, 2010.

11. Donal Hanley, *Potential Risks and Liabilities for Owners and Lessors under Aircraft Operating Leases*, LL. M. (Adv.) Air and Space Law Faculty of Law Leiden University, 2009.

12. Dempsey & Paul Stephen, *Public International Air Law*, Published by the McGill University, 2008.

(二) 论文

1. Michel Attal, *The Interpretation of a Treaty by a National Jurisdiction* (*France And The United States*), Whittier Law Review, Spring 2007.

2. Donald R. Andersen, *Recent Developments In Aviation Law*, Journal of Air Law and Commerce, Spring 2009.

3. Tory A. Weigand, *Accident*, *Exclusivity*, *and Passenger Disturbance Under The Warsaw*, American University International Law Review, 2001.

4. Jeffery C. Long, *The Warsaw Convention Liability Scheme*: *What It Covers*, *Attempts To Waive It and Why The Waivers Should Not be Enforced Until The Airlines Are Financially Stable*, Journal of Air Law and Commerce, Winter 2004.

5. Brett C. Rowan, Caution, *Your Civil Liberties May Have Shifted During The Flight*: *Judicial Interpretation Of The Warsaw Convention*, Washington University Global Studies Law Review, 2008.

6. Julian Hermida, *a Proposal Toward Redefining the Model of Application of International Law in the Domestic Arena*, Singapore Journal of International and Comparative Law, 2003.

7. Jonathan E. De May, *Recent Developments in Aviation Law*, Journal of Air Law and Commerce, Spring 2008.

8. Nicole Lachance, *The Sky is the Limit: Accident, Bodily Injury and Liability under the Montreal Convention*, Annals of Air and Space Law, Vol. 26, 2001.

9. George N. Tompkins Jr. , *The 1999 Montreal Convention: Alive, Well and Growing*, Air and Space Law 34, No. 6 (2009),

10. C. J. J. M. Stolker & D. I. Lerine, *Compansation for Damage to Parties on the Ground as a Result of Aviation Accidents*, Air and Space Law, 1997.

11. Sidhant Sharma, *Lessor Liability for Damage Resulting from an Aviation Accident*, Air and Space Law, Issue 3, Vol. 43 (2018).

12. J. Wool, Lessor, *Financier, and Manufacturer Perspectives on the New Third-Party Liability Conventions*, Air & Space Law. (2010).

13. Sidhant Sharma, *Lessor Liability for Damage Resulting from an Aviation Accident*, Air and Space Law, Issue 3, Vol. 43 (2018).

14. R. Abeyratne, *Negligent Entrustment of Leased Aircraft and Crew: Some Legal Issues*, Air & Space Law. Vol. 35 (2010).

15. Blanca I. Rodriguez, *Recent Development in Aviation Liability Law*, Journal of Law and Commerce, 2000.

16. Petkoff G S. , *Recent Developments in Aviation Law*, Journal of Air Law & Commerce, 1997.

17. Tribunal of Marsala. e N. Tompkins Jr. *The 1999 Montreal Convention: Alive, Well and Growing*. Air and Space Law 34, No. 6 (2009).

18. Ruwantissa I. R. Abeyratne, *Aviation Trends in the New Millennium*. USA: Ashgate Publishing Limited, 2001.

19. Paul Stephen Dempsey, *Independence of Aviation Safety Investigation Authorities: Keeping The Foxes From The Henhouse*, Journal of AirLaw and Commerce Spring 2010, 75 JALC 223.

20. Paul Stephen Dempsy and Michael Milde. *International Air Carrier Liability: The Montreal Convention of 1999*, Published by the McGill University Centre for Research in Air & Space Law, 2005.